普通高等学校教材

突发事件应急救援与处置技术

Emergency Rescue and Response Techniques

陈明毅　曹淑超　刘家豪　主编

化学工业出版社
·北京·

内容简介

本书共八章，具体内容包括绪论、突发事件应急管理体系、突发事件风险评估与情景构建技术、应急通信与信息技术、应急救援资源管理技术、应急预案与演练技术、应急疏散技术以及应急医学技术，系统介绍了突发事件应急救援与处置的基本原理、技术方法和实践应用，旨在使读者全面了解突发事件的应急管理体系，提升在实际应急救援与处置中的技术能力与应对水平。

本书将应急管理理论、技术和案例有效结合，具有较强的理论性和实用性，可供普通高等学校应急管理、应急技术与管理、安全工程等专业的学生与从业人员参阅，也可以供高职高专学校相关专业学生、企事业单位人员参考和使用。

图书在版编目（CIP）数据

突发事件应急救援与处置技术 / 陈明毅，曹淑超，刘家豪主编．-- 北京：化学工业出版社，2025. 6.（普通高等学校教材）. -- ISBN 978-7-122-47523-7

Ⅰ. X928.04

中国国家版本馆 CIP 数据核字第 2025BG6334 号

责任编辑：刘 婧 刘兴春　　文字编辑：李 静
责任校对：宋 玮　　装帧设计：孙 沁

出版发行：化学工业出版社
（北京市东城区青年湖南街 13 号 邮政编码 100011）
印 装：北京天宇星印刷厂
787mm×1092mm 1/16 印张 16½ 彩插 4 字数 349 千字
2025 年 12 月北京第 1 版第 1 次印刷

购书咨询：010-64518888　　售后服务：010-64518899
网 址：http：//www.cip.com.cn
凡购买本书，如有缺损质量问题，本社销售中心负责调换。

定 价：68.00 元

前言

突发事件的频发与复杂性使得应急救援与处置技术日益成为社会安全保障体系中的核心内容。在全球化、城市化迅速发展的背景下，各类突发事件已不再是偶发事件，而是可能在任何时刻对社会、经济和人民生活产生重大影响的常态问题。如何应对这些突发事件、减轻其对人民生命财产安全的威胁，如何在最短时间内动员和调配各类资源完成高效的应急处置，已成为世界各国和地区亟需解决的共同难题。在科技日益进步的今天，结合先进的理论与技术，提升公众和应急管理者的综合应急能力，将会成为我们应对未来突发事件、保护人民生命财产安全、建设更加稳健社会的有力保障。希望本书能够为读者提供系统的知识体系和实践框架，成为应急救援和处置工作的参考。

本书系统阐述了突发事件应急救援与处置的核心技术与理论，旨在帮助读者全面理解应急管理的基本概念与实践应用。本书介绍了突发事件的定义、类型及应急管理的基本概念，探讨其发展历程，解析了应急管理的体制、机制和法制，阐述了风险评估与情景构建的理论和方法，介绍了应急通信与信息技术、应急救援资源管理技术、应急预案编制与演练技术、应急疏散技术以及应急医学技术。本书覆盖面广，理论与实践并重，可供应急管理人员、从业者及相关领域学习者参考。

本书共分八章，由陈明毅、曹淑超、刘家豪主编，各章具体编写分工如下：第一章和第二章由陈明毅编写；第三章由王睿睿编写；第四章由耿晓磊和杨蒙编写；第五章由刘家豪编写；第六章和第七章由曹淑超及其团队研究生王宇航、马露涵共同编写；第八章由陈明毅和周雨共同编写。全书最后由陈明毅统稿并定稿。

编者在本书编写过程中参考了部分应急管理相关的资料，在此谨对原作者表示最诚挚的感谢。

限于编者水平及编写时间，书中疏漏在所难免，敬请读者多加指正。

编者

2024 年 12 月

目录

第一章　绪论

第一节　突发事件概述

一、突发事件的定义

突发事件是指发生突然，可能造成严重社会危害，需要采取应急处置措施的紧急事件。在我国，自 2007 年开始实施、2024 年 6 月 28 日修订的《中华人民共和国突发事件应对法》（下简称《突发事件应对法》）中突发事件指突然发生，造成或者可能造成严重社会危害，需要采取应急处置措施予以应对的自然灾害、事故灾难、公共卫生事件和社会安全事件。

从狭义上来讲，突发事件是指在一定区域内，突然发生的规模较大，对社会产生广泛负面影响的，对生命和财产构成严重威胁的事件和灾难。

从广义上来说，突发事件是指在组织或者个人原定计划之外或者在其认知范围之外突然发生的，对其利益具有损伤性或潜在危害性的一切事件。

突发事件有四个方面的含义。一是事件的突发性。事件发生突然，难以预料。二是事件的严重性。事件造成或者可能造成严重社会危害。三是事件的紧急性。事件需要采取应急措施予以应对，否则将出现严重后果。四是事件的类别性。在 2006 年 1 月 8 日发布的《国家突发公共事件总体应急预案》及 2007 年 11 月 1 日开始实施的《突发事件应对法》中，我国把各种突发事件划分为自然灾害、事故灾难、公共卫生事件和社会安全事件四类，从而便于事件的分类管理。

突发事件应急技术与管理就是在突发事件的爆发前、爆发后、消亡后的整个时期内，用科学的方法和技术手段对其加以干预和控制，使其造成的危害达到最小，造成的损失达到最小。

二、突发事件的特征

突发事件涉及的类型众多，每类突发事件都具有各自独有的一些特性。但整体来看，突发事件具有以下共同特征。

1. 突发性

绝大多数突发事件是在人们缺乏充分准备的情况下发生的，使人们的正常生活受到影响，使社会的有序发展受到干扰。由于事发突然，首先，人们在心理上没有做好充分的思想准备，会产生烦躁、不安、恐惧等情绪；其次，社会在资源上没有做好充分的保障准备，需要临时调集各类应急资源；再次，管理者在措施上没有做好充分的设计准备，必须针对具体情况制定处置措施。虽然有些突发事件存在着发生征兆和预警的可能，但由于真实发生的时间和地点难以准确预见，同样具有突发性。

2. 不确定性

突发事件具有高度的不确定性。一是发生状态的不确定性。突发事件在什么时间、什么地点、以何种形式和规模爆发通常是无法提前预知的。有些自然灾害通过科技手段和经验知识，能够减少某些不确定因素，但是很难确定是哪些不确定因素造成的结果。如果突发事件没有不确定因素，也就不属于突发事件，这样的事件可预先做好充分的准备工作，用通常的办法去应对。二是事态变化的不确定性。突发事件发生之后，由于信息不充分和时间紧迫，绝大多数情况的决策属于非程序化决策，响应人员与公众对形势的判断和具体的行动以及媒体的新闻报道，都会对事态的发展造成影响。许多不确定因素在随时发生变化，事态的发展也会随之出现变化。

3. 破坏性

突发事件的破坏性来自多个方面：对公众生命构成威胁、对公共财产造成损失、对各种环境产生破坏、对社会秩序造成紊乱和对公众心理造成障碍。在危害发生后，人们缺乏各方面的充分准备，难免出现人员伤亡和财产损失，造成自然环境、生态环境、生活环境和社会环境的破坏，打乱社会秩序的正常运行节奏，引发公众的不安、烦躁和恐慌情绪。有些破坏是暂时性的，随着突发事件处置的结束逐步消除，而有些破坏产生的影响则是长期的，少则几年，多则几十年甚至达到百年、数百年。如果对突发事件的处置不当或不及时，可能还会带来经济危机、社会危机和政治危机，造成难以预计的不良后果。

4. 衍生性

衍生性是指由原生突发事件的产生而导致其他类型突发事件的发生。有两种情况：一种情况是衍生突发事件的危害程度、影响范围低于原生突发事件，社会的主要力量和精力集中于原生突发事件的处置，应急活动的主要对象不会发生改变；另一种情况是衍生突发事件的危害程度、影响范围高于原生突发事件，从本质上讲，问题的主要矛盾已发生了转移，应急活动的主要对象已发生了变化，需要重新调整社会力量和精力，解决面临的主要问题。对于第二种情况，只有少数情况是难以避免的，多数情况是由处置时对问题考虑不周和控制失误所导致。

5. 扩散性

随着社会的进步和现代交通与通信技术的发展，地区、地域和全球一体化的进程在不断加快，相互之间的依赖性更为突出，使得突发事件造成的影响不再仅仅局限于发生地，会通过内在联系引发跨地区的扩散和传播，波及其他地域，形成更为广泛的影响。而且有些突发事件本身带有一定的国际性色彩，其产生的背后具有某些国际势力的支持，自然会出现联动效应，例如恐怖事件、社会骚乱，这些都会给突发事件的应对带来更大的难度。

6. 社会性

社会性是指突发事件会对社会系统的基本价值观和行为准则构架产生影响，其影响涉及的主体是公众。在突发事件的应对过程中，整个社会会重新审视以往的群体价值观念，通过认识和思考重新调整社会系统的行为准则和生活方式，重新塑造自身的基本价值观。

7. 周期性

突发事件类型多种多样，但都具有基本相同的生存过程，都要经历潜伏期、爆发期、影响期和结束期四个阶段，这也就是突发事件的生命周期。

① 潜伏期一般具有较长的时期，在此期间突发事件处于质变前的一个量的积累过程，待量积累至一定的程度后，便处于一触即发的状态，一旦“导火索”被引燃就会立即爆发出来，给社会带来危害。

② 爆发期是突发事件发生质变后的一个能量宣泄过程，此阶段一般持续时间比较短而猛烈。受导火索的触发，潜伏期逐步积累起来的能量通过一定的形式快速释放，产生巨大的破坏力，给整个社会带来不同程度的危害。

③ 影响期是在突发事件爆发之后，由此造成的灾难还在持续产生作用，破坏力还在延续的阶段。许多情况下，影响期与爆发期之间没有明显的界限划分，两者是交叉重叠的。

④ 突发事件的危害和影响得到控制之后进入结束期。这一时期按照不同的标准会有不同的结论。从管理的角度出发，可以以社会恢复正常运行状态为结束标志；从过程的角度出发，可以以危害和影响完全消除作为结束标志。

三、突发事件的类型

突发事件的种类纷繁复杂，可以从不同的维度对其进行划分。在我国，突发事件根据发生原因、机理、过程、性质和危害对象的不同分为四大类，即自然灾害、事故灾难、公共卫生事件和社会安全事件。

1. 自然灾害

自然灾害是由自然力量引起的突发性灾害事件，对人类和环境造成严重影响。主要包括干旱、洪涝、台风、冰雹、沙尘暴等气象灾害，地震、山体滑坡、泥石流等地震地质灾害，风暴潮、海啸、赤潮等海洋灾害，森林草原火灾，农作物病虫害等生物灾害，等等。我国是世界上遭受自然灾害侵袭最为严重的国家之一。特大自然灾害经常发生，给社会生活造成了巨大的损失，给公众的生命、健康和财产安全带来了严峻的挑战。特别是在全球气候变暖的背景下，经常出现极端天气引发的自然灾害。

根据我国应急管理部发布的2022年全国自然灾害基本情况信息，2022年我国各种自然灾害共造成 1.12 亿人次受灾，因灾死亡失踪 554 人，紧急转移安置 242.8 万人次；倒塌房屋 4.7 万间，不同程度损坏 79.6 万间；农作物受灾面积 $1.20716\times10^7hm^2$；直接经济损失达 2386.5 亿元。与近 5 年均值相比，因灾死亡失踪人数、倒塌房屋数量和直接经济损失分别下降 30.8%、63.3% 和 25.3%。

案例：

① 地震：2010 年 1 月 13 日（北京时间），海地发生 7.3 级地震，震源距首都太子港约 15km，震中深度 8km。地震造成太子港基础设施严重损毁，22.25 万人死亡，19.6 万人受伤。中国国际救援队于震后 15 小时内集结完毕，于 1 月 13 日晚从北京启程，成为第一批抵达海地的救援队伍。队员们在极为艰苦的条件下展开搜救和医疗救治，圆满完成救援任务。

② 洪涝灾害：2021 年，印度马哈拉施特拉邦遭遇严重洪灾，强降雨影响了超过 1020 座村庄，37.5 万人紧急撤离。水灾造成 209 人死亡，8 人失踪。2021 年 7 月 17 日至 23 日，我国河南省遭遇历史罕见特大暴雨，发生严重洪涝灾害，特别是 7 月 20 日郑州市遭受重大人员伤亡和财产损失。灾害共造成河南省 150 个县（市、区）1478.6 万人受灾，因灾死亡失踪 398 人。

③ 冰雪暴：2021 年 2 月，美国得克萨斯州遭遇罕见冰雪暴，导致广泛的停电、供水中断和交通受阻。天然气供应中断使居民无法取暖，医疗和通信服务也受到严重影响。冰雪暴导致数十人死亡，暴露了得克萨斯州基础设施的脆弱性，凸显了气候变化对极端天气事件的影响，并引发了对提高应急响应和韧性建设的讨论。

2. 事故灾难

事故灾难是指突发的、通常是意外的事件，造成严重的人员伤亡、财产损失和环境破坏。主要包括铁路、公路、民航、水运等交通运输事故，工矿商贸等企业的安全生产事故，城市水、电、气、热等公共设施、设备事故，核与辐射事故，环境污染与生态破坏事故，等等。

案例：

① 自建房倒塌事故：2022 年 4 月 29 日，湖南省长沙市望城区金山桥街道金坪社区发生自建房倒塌事故，造成 54 人死亡、9 人受伤，经济损失 9077.86 万元。调查显示，事故因房主违法加层、扩建并用于出租，当地政府未能有效整治违法建筑和隐患，导致长期安全隐患未得到解决，最终酿成悲剧。

② 火灾事故：2023 年 4 月 18 日，北京市丰台区北京长峰医院发生火灾，造成 29 人死亡、42 人受伤，经济损失 3831.82 万元。调查认定，火灾发生是由于医院违法改建、施工管理不善、安全隐患未排除，施工单位违规操作，且应急处置不当，政府及相关部门未落实职责。

③ 燃气爆炸事故：2023 年 6 月 21 日，宁夏银川市富洋烧烤店发生燃气爆炸，造成

31 人死亡、7 人受伤，经济损失 5114.5 万元。调查显示，企业违法经营、不合格气瓶配送以及烧烤店违规操作，地方政府及相关部门未有效监管燃气安全，最终导致事故发生。

3. 公共卫生事件

公共卫生事件指的是对人群健康产生重大影响并需要采取集体行动的突发性疾病、疫情或其他卫生相关事件。主要包括传染病疫情、群体性不明原因疾病、食物与职业中毒、动物疫情及其他严重影响公众健康和生命安全的事件。

案例：

① 新型冠状病毒疫情：新型冠状病毒在全球暴发，导致数亿人感染，数百万人死亡。疫情严重冲击公共卫生系统，各国采取隔离、封锁和保持社交距离等措施应对，医疗资源短缺，医护人员承受巨大压力。疫情还对全球经济造成重大影响，旅游、航空、零售等行业遭受重创，企业破产、供应链中断、失业增加，全球经济衰退。

② 埃博拉疫情：埃博拉病毒在刚果民主共和国暴发，导致数千人感染和死亡，给当地卫生系统和社区带来沉重负担。

4. 社会安全事件

社会安全事件是指对社会秩序、公共安全和人民生活稳定性造成威胁或带来危害的事件。主要包括恐怖袭击事件、经济安全事件、民族宗教事件、涉外突发事件、重大刑事案件、群体性事件等。我国正处在人民内部矛盾的凸显期、刑事犯罪的高发期和对敌斗争的复杂期。因而，绝不能对社会安全事件的防范与处置有丝毫的懈怠和麻痹，特别是要建立社会公众的利益表达诉求机制和矛盾调处机制，标本兼治，铲除社会安全事件滋生的土壤。

案例：

① “9·11”恐怖袭击（2001 年，美国）：恐怖分子组织策划并执行了针对美国的恐怖袭击，劫持多架民航客机并将其中两架飞机撞向纽约的世界贸易中心双子塔，造成近 3000 人死亡，对全球安全形势产生了深远影响。

② 伦敦地铁爆炸案（2005 年，英国）：自杀式炸弹袭击发生在伦敦地铁和巴士上，导致 52 人死亡，700 多人受伤。这次事件震惊了英国和全球，凸显了恐怖主义的威胁。

③ 巴黎恐怖袭击（2015 年，法国）：恐怖分子组织“伊斯兰国”策划并实施了一系列袭击，包括巴黎音乐厅、巴塔克兰剧院和多个咖啡馆等地。共造成 130 人死亡，数百人受伤。这次袭击引起了国际社会的关注，对欧洲的安全形势产生了深远影响。

突发事件的分类有着重要的意义。在应急管理中，要明确责任主体，方便专业性、技术性强的突发事件的处置。在突发事件的处置过程中，要遵循专业处置的原则以避免次生、衍生灾害的发生。在突发事件处置过程中，救援可以是综合性的，而处置必须体现专业性。此外，突发事件的分类是静态的，但是突发事件的演进却是动态的。各类突发事件之间往往是相互关联、相互渗透的，需要各个部门协同应急、合力应急。因而，在现代社会要关注系统性的风险，一定要以系统的眼光来认识突发事件。应急管理在坚持分类管理的同时，也要提倡部门之间的相互协同，从而形成应对突发事件的强大合力。

四、突发事件的分级

在我国，按照社会危害程度、影响范围、突发事件性质和可控性等因素将自然灾害、事故灾难、公共卫生事件分为四级，即特别重大、重大、较大和一般。法律、行政法规或国务院另有规定的，从其规定，例如核事故等级的划分。

① 一般事件：预计将要发生一般以上的突发事件，事件即将临近，事态可能会扩大。

② 较大事件：预计将要发生较大以上的突发事件，事件即将临近，事态有扩大的趋势。

③ 重大事件：预计将要发生重大以上的突发事件，事件即将临近，事态正在逐步扩大。

④ 特大事件：预计将要发生特别重大的突发事件，事件会随时发生，事态在不断蔓延。

突发事件分级的主要意义在于：规定我国各级人民政府对突发事件的管辖范围。一般和较大的突发事件分别由县和地市级人民政府领导处置，重大突发事件由省级人民政府领导处置，特别重大的突发事件由国务院统一领导处置。这是因为我国应急资源的配置特点是：政府的行政级别越高，所掌控的应急资源越多，处置突发事件的能力也就越强。

对于突发事件的分级，必须注意以下几点：第一，根据《突发事件应对法》，突发事件的分级标准由国务院或者国务院确定的部门制定；第二，突发事件处于不断的演进过程中，分级是动态的；第三，当突发事件情势不够明朗时，分级应遵循“就高不就低”的原则；第四，分级要突出“三敏感”的原则，即对敏感时间、敏感地点和敏感性质的事件定级要从高。

此外，还必须注意社会安全事件是不分级的。这是因为社会安全事件不同于其他三类突发事件，其演进呈现出非线性的特点。美国气象学家洛伦茨提出：南美亚马孙河流域的一只蝴蝶轻微地振动一下翅膀，两周后在美国的得克萨斯州就可能掀起一场龙卷风。社会安全事件经常会出现发展变化的“蝴蝶效应”。

第二节　突发事件应急

一、突发事件应急基本原则

应急管理（emergency management，EM）是为了降低突发灾难性事件的危害，基于对造成突发事件的原因、突发事件发生和发展过程以及所产生的负面影响的科学分析，有效集成社会各方面的资源，对突发事件进行有效的应对、控制和处理的一整套理论、方法和技术体系。

我国“十四五”国家应急体系规划指出，坚持人民至上、生命至上，坚持总体国家安全观，更好统筹发展和安全，以推动高质量发展为主题，以防范化解重大安全风险为主线，深入推进应急管理体系和能力现代化，坚决遏制重特大事故，最大限度降低灾害事故损失，全力保护人民群众生命财产安全和维护社会稳定，为建设更高水平的平安中国和全面建成社会主义现代化强国提供坚实安全保障。

我国应急管理的基本原则如下：

① 以人为本，减少危害。切实履行政府的社会管理和公共服务职能，把保障公众健康和生命财产安全作为首要任务，最大程度地减少突发公共事件及其造成的人员伤亡和危害。

② 居安思危，预防为主。高度重视公共安全工作，常抓不懈，防患于未然。增强忧患意识，坚持预防与应急相结合，常态与非常态相结合，做好应对突发公共事件的各项准备工作。

③ 统一领导，分级负责。在党中央、国务院的统一领导下，建立健全分类管理、分级负责，条块结合、属地管理为主的应急管理体制，在各级党委领导下实行行政领导责任制，充分发挥专业应急指挥机构的作用。

④ 依法规范，加强管理。依据有关法律和行政法规，加强应急管理，维护公众的合法权益，使应对突发公共事件的工作规范化、制度化、法制化。

⑤ 快速反应，协同应对。加强以属地管理为主的应急处置队伍建设，建立联动协调制度，充分动员和发挥乡镇、社区、企事业单位、社会团体和志愿者队伍的作用，依靠公众力量，形成统一指挥、反应灵敏、功能齐全、协调有序、运转高效的应急管理机制。

⑥ 依靠科技，提高素质。加强公共安全科学研究和技术开发，采用先进的监测、预测、预警、预防和应急处置技术及设施，充分发挥专家队伍和专业人员的作用，提高应对突发公共事件的科技水平和指挥能力，避免发生次生、衍生事件；加强宣传和培训教育工作，提高公众自救、互救和应对各类突发公共事件的综合素质。

二、突发事件应急基本流程

1. 预防和应急准备

预防和应急准备作为应急管理体系的基石，旨在通过前期的准备工作来防患于未然，减少突发事件的发生概率，提高应对突发事件的能力。这一阶段的工作涵盖了社会管理机制的建立、风险防范机制的完善、应急准备机制的制定、宣传教育和培训的广泛开展以及社会动员机制的构建。通过建立突发事件源头预防机制、加强安全教育与培训，社会各界能够提前做好准备，确保在突发事件发生时能快速、有效地响应。

2. 预测与预警

预测与预警环节强调对可能发生的突发公共事件进行科学分析和预判，建立健全预警机制，确保一旦发现潜在风险能够及时发出预警，以便采取有效措施预防或减轻其影响。预警信息的发布需要明确事件的类别、级别、可能影响的范围等关键信息，以便社会公众和相关部门做出相应的准备和响应。预警级别依据突发公共事件可能造成的危害程度、紧急程度和发展势态，一般划分为四级：Ⅰ级（特别严重）、Ⅱ级（严重）、Ⅲ级（较重）和Ⅳ级（一般）。依次用红色、橙色、黄色和蓝色表示。预警级别的设定（Ⅰ级至Ⅳ级）旨在根据事件的严重程度采取不同级别的响应措施，通过多渠道发布预警信息，确保信息的及时传达。

3. 应急处置与救援

应急处置与救援阶段是应对突发事件的最直接、最关键的环节，要求各级政府和相关部门能够在事件发生后迅速启动应急预案，采取有效措施，进行现场救援、伤员救治和事件控制。信息的及时报告、先期处置的迅速行动以及应急响应的有效启动，都是确保能够最大限度减少损失和伤害的关键因素。跨部门合作与协调，在处理复杂多变的突发事件中尤为重要，确保各项救援行动有序进行。

4. 恢复与重建

恢复与重建阶段主要关注事件后的善后处理工作，包括对受灾区域的重建、对受影响人员的抚恤补偿以及对环境的修复等。通过深入细致的善后处置和恢复重建工作，不仅能够帮助受影响的区域和人群尽快恢复正常生活，也是防范未来同类事件发生、提高社会整体应对能力的重要环节。

5. 信息发布

在整个应急管理过程中，信息的发布对于提高透明度、增强公众信任和有效引导公众行为至关重要。信息发布应当做到及时、准确、客观和全面，通过多种形式和渠道发布，确保信息能够迅速覆盖到所有相关人群。特别是在事件初期，通过权威渠道发布的简要信息和初步核实情况，对于稳定社会情绪、指导公众正确响应具有不可替代的作用。

第三节　应急发展历程

应急作为一个系统化的领域，其发展经历了漫长的历史进程，从古代零散的应对措施到现代系统化的综合应急管理，经历了多个重要阶段。

一、早期应急措施

古代文明尽管缺乏现代科技手段，但在应对自然灾害方面表现出高度的智慧和创新能力。各朝各代的人民都通过各种方式来保护自己免受自然灾害的影响，在这一段时期中国的应急管理多以家族、乡村和地方官府为单位进行自救互助。封建社会长期以来形成的赈灾体系，在一定程度上缓解了自然灾害带来的影响。这些早期的应急措施为后世应急管理的发展奠定了基础。

三皇五帝时期，大禹治水的故事是中国早期应急管理的典型例子。大禹通过疏通河道、修建堤坝和开渠导水，成功解决了黄河泛滥的问题。据传，大禹采用了“疏而不堵”的方法，将洪水引入大海，从而保护了农田和村庄。这一水利工程不仅减轻了洪水灾害，还促进了农业生产的发展，被后世称为治水的典范。商朝和周朝时期，统治者也重视水利建设。商朝建立了灌溉系统，提高了农业生产力。周朝则在黄河流域修建了大规模的水利工程，包括堤坝和运河，旨在防止洪水泛滥。这些工程为农业发展和社会稳定提供了保障。

秦朝时期，李冰父子主持修建了都江堰水利工程。这一工程利用岷江的水源，通过分水堤和导水渠将洪水引导至农田，防止了洪水灾害，改善了灌溉条件。都江堰不仅是中国古代水利工程的杰出代表，还被誉为“无坝引水”的典范，至今仍在使用，对四川地区的农业和经济发展产生了深远影响。

汉朝时期，黄河治理成为国家的重要任务。汉武帝时期，政府修建了大规模的水利工程，包括堤坝和水渠，以防治黄河泛滥。汉朝还建立了粮食储备制度，在丰收年份储存粮食，以备灾荒之用。这种储备制度在灾害发生时能够迅速提供救援，减轻了灾害对社会的冲击。汉代的官仓有两大类：一类是中央管辖的太仓、甘泉仓、华仓、敖仓等，为全国服务，是全国赋税的集中地；另一类是地方管辖的郡仓、县仓等。

隋唐时期，隋炀帝修建了大运河，连接了南北水系，促进了南北经济文化的交流。大运河不仅是运输和贸易的重要通道，也是防洪和灌溉的重要工程。唐朝还在全国范围内修建了许多水利工程，包括堤坝和水库，以防治洪水灾害，改善农业生产条件。

宋朝时期，政府建立了赈灾仓库，储存粮食以备灾荒之用。地方官员和乡绅在灾害发生时组织赈灾活动，分发粮食和其他救援物资。儒家思想强调“仁政”和“民为邦本”，政府有责任在灾害发生时救助百姓。这一时期的政府和社会救助体系虽然不如现代完善，但在一定程度上缓解了灾害对社会的冲击。另外，宋朝是中国历史上商业高度发达的时期，城市人口密集，火灾隐患严重。政府在大城市如开封和杭州设立了专门的消防队伍，并制定了严格的防火法规。宋朝的《东京梦华录》中记载：“又于高处砖砌望火楼，楼上有人卓望。下有官屋数间，屯驻军兵百余人，及有救火家事，谓如大小桶、洒子、麻搭、斧锯、梯子、火杈、大索、铁猫儿之类。每遇有遗火去处，则有马军奔报军厢主马步军、殿前三衙、开封府，各领军汲水扑灭，不劳百姓。”（图 1.1）。这段详细记载了城市消防的组织和措施的文字是我国历史上关于城市消防队的最早、最完整的记述，为后世城市消防管理提供了重要借鉴。

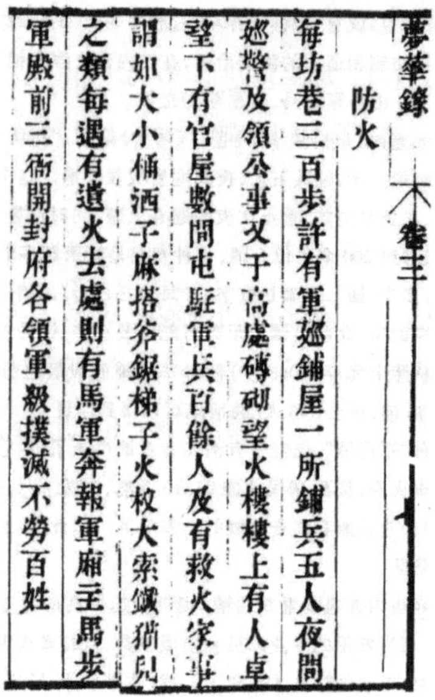
夢華錄　卷三

防火

每坊巷三百步許有軍巡鋪屋一所鋪兵五人夜間巡警及領公事又于高處磚砌望火樓樓上有人卓望下有官屋數間屯駐軍兵百餘人及有救火家事謂如大小桶洒子麻搭斧鋸梯子火杈大索鐵猫兒之類每遇有遺火去處則有馬軍奔報軍廂主馬步軍殿前三衙開封府各領軍級撲滅不勞百姓

图 1.1 《东京梦华录》防火

元朝时期，黄河泛滥频繁，对农业生产和社会稳定造成了严重影响。元朝政府投入大量人力和物力，修建了多项水利工程，治理黄河。这些工程包括修建堤坝、疏通河道和建设蓄洪区，以减轻洪水灾害。元朝还采取了调粮救灾的措施，在灾害发生时迅速提供粮食救济。

明朝时期，统治者重视漕运和水利建设。明成祖朱棣修建了大规模的水利工程，包括大运河的疏浚和扩建，提高了漕运效率，防止了洪水灾害。明朝还建立了完善的赈灾机制，设立了专门的赈灾机构和仓库，在灾害发生时提供及时的救援。

清朝时期，黄河和长江的治理成为国家的重要任务。康熙帝和乾隆帝时期，政府投入大量资源修建堤坝、疏通河道和建设水利工程，以防止洪水泛滥。清朝还建立了完善的粮食储备和赈灾机制，确保在灾害发生时能够迅速提供救援。

民国时期，中国引入了许多现代化的应急管理措施。政府建立了专门的防灾机构，开展了大规模的防洪和抗旱工程。1931 年的长江洪灾促使政府加大了防洪工程的投入，修建了多项水利工程。国民政府还通过国际合作，引进了先进的水利技术和管理经验，提高了应急管理的能力。特别是 1920 年和 1933 年的两次大地震后，政府和社会组织迅速行动，组织了大规模的救援和重建工作。这些救援行动不仅救助了大量灾民，还在社会上形成了广泛的赈灾文化，推动了中国应急管理体系的现代化发展。

二、中国应急现代化

新中国成立后，政府高度重视应急管理体系的建设。中国建立了完善的防灾减灾体系，包括气象预警、应急指挥和救援队伍，重点放在防汛抗旱、地震救援等方面。1976 年唐山地震是中国应急管理体系的重要考验，也促使中国加强了灾害预防、预警和救援的能力建设。1998 年，中国长江流域发生了特大洪灾，数百万人民受到影响。政府迅速组织了大规模的抗洪抢险行动，动员了解放军、武警和民兵参与救灾。通过修筑堤坝、疏散居民和提供救济物资，政府成功地减轻了洪灾的影响，保障了人民的生命财产安全。

进入 21 世纪，随着经济的快速发展和科技的进步，中国的应急管理体系也实现了跨越式发展。2003 年非典（SARS）疫情暴发，中国政府迅速采取了一系列应急措施，包括设立隔离区、关闭公共场所和发布实时疫情信息等。2008 年汶川地震的应急救援与处置中各部门、各地方协调联动，公安、消防、气象、水利、电力、交通、民政、医疗、防疫等部门密切配合。2019 年新冠疫情暴发后，中国迅速行动，实施严格的防控措施，并利用大数据和人工智能技术进行疫情追踪和管理，有效地控制了疫情的蔓延。这一系列重大事件不仅考验了中国的应急管理能力，也加速了包括应急立法、机构建设、科技支持、国际合作在内的全面改革和提升。

现代应急技术在应急管理中发挥了重要作用。特别是信息技术的应用，如大数据、云计算、人工智能等，为提高灾害管理的智能化、精准化水平提供了有力支撑。现代应急管理依托先进科技手段，实现了从被动应对到主动防范的转变。物联网和大数据技术通过实时监测和分析，为灾害预测和应急决策提供支持。云计算则提升了数据共享和灾备恢复能力。人工智能在灾害监测、应急决策和资源调度中发挥重要作用，无人机和无人车的应用则显著提高了灾情勘察和物资运输的效率。虚拟现实和增强现实技术用于应急演练和现场辅助，提高了应急人员的实战能力和操作准确性。同时，区块链技术保障了应急管理数据的透明和安全，促进了跨机构的协同合作。5G 技术提供高速、低延迟的通信服务，支持实时监控、远程医疗和智能调度。在这些现代科技的支持下，应急管理体系变得更加高效、精准，为保护人民生命财产安全提供了坚实的技术保障。政府还通过现代应急科技开展国际合作，参与全球应急管理，分享经验和技术，提升了应对各种灾害的能力。

三、世界应急发展

1. 美国的应急发展历程

① 早期阶段：在这一时期，美国的应急管理主要依赖个人和社区的自发响应。由于技术和组织结构的限制，应对重大自然灾害的能力相对较弱，救援活动多依靠个人和社区的努力。这种基层应对方式虽然在一定程度上缓解了灾害的影响，但整体效果有限，难以应对大规模灾难。

② 系统化发展阶段：随着社会的发展和科技的进步，美国开始建立更加系统的应急管理体系。1930 年代的尘暴灾害和 1940 年代的第二次世界大战，促使联邦政府在灾害响应和民间防护方面扮演越来越重要的角色。这一时期，联邦政府开始承担更多责任，推动了全国性防灾减灾措施的实施。

③ 现代应急管理阶段：1979 年，美国联邦紧急事务管理署（FEMA）成立，这是美国应

急管理体系的核心机构，负责协调全国范围内的应急响应和灾后恢复工作，FEMA 的成立和发展，以及相关法律法规的完善，使美国的应急管理体系更加成熟和高效。自 1950 年代冷战时期的民防措施开始，到自然灾害综合管理，再到 2001 年“9·11”事件后的反恐和灾害应对整合，美国的应急管理逐渐形成了一个全面、多层次的体系。“9·11”事件使美国政府对国家安全和应急管理进行了全面改革，成立了国土安全部（DHS），并加强了对恐怖主义和其他灾害的防范和响应能力。

2. 日本应急发展历程

① 早期阶段：由于频繁的地震和台风，早期日本的居民逐渐积累了丰富的经验，通过传统的建筑技术和农业水利工程来减轻灾害的影响。地震和火灾频发地区的居民会提前准备应急物资，并定期进行避难演练。然而，受限于技术和组织结构，整体应急能力较为有限。例如，古代日本利用木结构建筑减少地震损害，但整体应急能力较为有限，主要依靠地方官员和社区互助。

② 系统化发展阶段：随着明治维新后的现代化进程，日本开始建立更为系统的应急管理体系。1923 年的关东大地震促使政府加强了灾害管理的制度化建设，制定了更严格的建筑法规和防灾措施。第二次世界大战后，日本进一步强化了应急管理体系，建立了专门的防灾机构和训练有素的救援队伍。

③ 现代应急管理阶段：1970 年代以来，日本逐步建立了全面的灾害应急管理体系，包括全国性的预警系统、灾害应对机制和恢复计划。1995 年的阪神大地震和 2011 年的东日本大地震进一步推动了日本在防灾减灾技术上的进步，如实时地震预警系统、先进的海啸监测设备和灾害应急演练等，使日本成为全球防灾减灾的典范。现代日本拥有一个高度发达的综合应急管理体系。内阁府下设的灾害对策本部是日本应急管理的核心机构，负责协调全国范围内的灾害应对工作。

3. 德国应急发展历程

① 早期阶段：中世纪时期，德国城市常常面临火灾和洪水等灾害，市政当局通过建立防火措施和堤坝来保护居民。应急管理主要依靠地方政府和社区，缺乏统一的全国性应急管理体系。随着时间推移，德意志邦联各地逐渐发展出各自的应急管理机制，但整体协调性不强。地方当局根据自身的经验和资源应对自然灾害和突发事件。

② 系统化发展阶段：19 世纪末至 20 世纪初，德国开始建立国家级别的应急管理机构，尤其是针对工业化带来的新型灾害风险。两次世界大战期间，德国进一步发展了民防体系，以应对空袭和战时灾害。战后，德国西部和东部各自发展了不同的应急管理系统，西德（联邦德国）逐步建立起现代化的应急管理体系。

③ 现代应急管理阶段：2021 年德国西部洪灾是德国近几十年来最严重的自然灾害之一，促使德国政府进一步加强气候变化应对和防灾减灾能力。现代德国建立了一个综合性的应急管理体系，由联邦、州和地方三级政府共同负责。联邦政府通过联邦民事保护与灾难救助局

（BBK）协调全国的应急响应和灾害管理工作。德国应急管理的一个显著特点是多层次和综合性，涵盖了自然灾害、技术灾害和公共卫生事件。德国拥有专业化的应急救援队伍，如德国联邦技术救援局（THW）和职业消防队。这些专业救援力量训练有素、装备精良，能够迅速有效地应对各种灾害和紧急情况。德国也积极参与国际应急管理合作，是欧盟民防机制的积极参与者，协同应对跨国灾害和紧急事件。

4. 英国应急发展历程

① 早期阶段：英国早期的应急管理主要依靠地方自治和国民的自发行动。由于经常发生火灾、洪水等灾害，地方政府和社区制定了相应的应对措施。同时，各地的应急措施和能力存在较大差异，缺乏统一的协调机制。

② 系统化发展阶段：随着工业革命的推进和城市化进程，英国开始建立系统的应急管理体系。19 世纪末，英国政府设立了多个专门机构，负责不同类型的灾害应对。二战期间，民防组织的发展和战时应急措施的实施，使英国的应急管理体系进一步完善。

③ 现代应急管理阶段：第二次世界大战后，英国逐步建立了现代化的应急管理体系，包括制定全面的应急预案和灾害响应机制。现代英国拥有一个综合性的应急管理体系，由中央政府、地方政府和专门机构共同负责。内阁办公厅下设的国民紧急事务秘书处（Civil Contingencies Secretariat）是全国应急管理的核心机构，负责协调和监督各级应急管理工作。近年来，英国政府加强了信息技术在应急管理中的应用，如建立全国性的应急广播系统，使用地理信息系统（GIS）和大数据分析进行灾害预测和管理。特别是在应对气候变化带来的新挑战方面，英国不断完善政策和措施，提高全国的防灾减灾能力。

第四节　应急的公共服务情怀和使命担当

应急不仅是一系列技术和策略的应用，更是公共服务情怀和使命担当的体现。在历史的每一个转折点，无数人用他们的行动诠释了什么是为了人民的安全和福祉而不懈努力。应急管理人员在灾害发生时，不畏艰险，冲锋在前，全力以赴救援受灾群众，充分体现了为人民服务的宗旨。面对灾难，应急人员和志愿者往往需要牺牲个人利益，甚至冒着生命危险去拯救他人，这种无私奉献的精神也是公共服务情怀的重要体现。同时，应急人员往往具备强烈的责任意识，在灾害发生时迅速投入工作，确保救援行动及时有效，基于科学的数据和信息作出决策，并高效执行。

1. 汶川地震救援

2008 年 5 月 12 日，汶川地震严重破坏地区约 50 万平方千米，其中极重灾区共 10 个县（市），较重灾区共 41 个县（市），一般灾区共 186 个县（市）。截至 2008 年 9 月 25 日，“5・12”汶川地震共计造成 69227 人遇难、17923 人失踪、374643 人不同程度受伤、1993.03 万人失去住所，受灾总人口达 4625.6 万人。“5・12”汶川地震是中华人民共和国成立以来破坏性最强、波及范围最广、灾害损失最重、救灾难度最大的一次地震。在这场灾难面前，数以万计的军人和民间救援队伍冒着余震的危险，迅速向灾区集结。由于交通受阻，很多救援人员不得不徒步行进，穿越崎岖的山路，携带着救援设备和医疗物资进入灾区。他们在危险的环境中进行搜索和救援，努力救出被困人员，为受灾群众提供紧急医疗援助。这一行动不仅展现了救援人员的勇气和牺牲精神，也体现了整个国家在面对重大灾难时的团结和韧性。

2. 飓风卡特里娜救援行动

2005 年，飓风卡特里娜侵袭美国南部，特别是新奥尔良，造成巨大的生命和财产损失。卡特里娜飓风，被称为美国历史上最严重的自然灾害之一，造成 1800 多人死亡和约 2000 亿美元的财产损失。在灾难发生后，美国国内外的救援队伍和志愿者迅速行动起来，进行救援和援助。虽然救援行动中存在诸多挑战和困难，但许多人仍然展现出了极高的责任感和奉献精神。他们不仅参与了紧急救援和物资分发，还参与了随后的重建工作，帮助受灾区恢复生活和秩序。

3. COVID-19 疫情应对

面对 2019 年底开始在全球范围内暴发的 COVID-19（新型冠状病毒感染）疫情，面对突如其来的疫情，中国政府迅速采取了严格的防控措施，全国范围内的医务人员、社区工作者和志愿者积极投身抗疫一线。在武汉封城期间，数万名医务人员驰援湖北，展现了无私奉献的精神。同时，各地政府和社区组织协调物资供应、开展社区排查、提供心理支持，确保人民群众的基本生活和健康安全。这次抗疫行动不仅展现了应急管理体系的高效运作，也彰显了社会各界齐心协力、共克时艰的决心和担当。各国医护人员、科学家和公共卫生工作者也成为了抗疫前线的英雄。他们夜以继日地工作，不仅提供医疗救治，还致力于疫情的研究和防控措施的实施。在这场前所未有的全球卫生危机中，无数人展现了超越自我、服务社会的公共服务情怀和使命担当。

4. 国家应急语言服务团

2022 年 4 月 28 日，国家应急语言服务团在北京成立，标志着我国应急语言服务的进一步发展。教育部原副部长田学军出席并强调，应急语言服务是社会主义现代化强国建设的重要部分，是国家安全观的落实，也是提升语言能力的必要要求。该服务团起源于抗疫实践，体现了语言工作者的家国情怀与奉献精神。田学军指出，服务团应以习近平新时代中国特色社会主义思想为指导，提升服务质量，强化协同，推动应急管理体系现代化建设。服务团由 29 家高校、企业和协会联合发起，旨在克服突发事件中的语言障碍，提供多语言服务，为国家应急工作贡献力量。

第二章　突发事件应急管理体系

应急管理体系建设的核心内容被简要地概括为“一案三制”（图 2.1）。

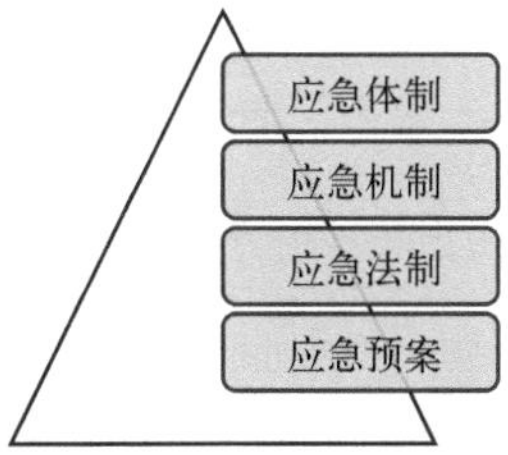

图 2.1 “一案三制”

“一案”是指应急预案，就是根据发生和可能发生的突发事件，事先研究制定的应对计划和方案。应急预案包括各级政府总体预案、专项预案和部门预案，以及基层单位的预案和大型活动的单项预案。

“三制”是指应急体制、应急机制和应急法制。

① 应急体制：国家机关、军队、企事业单位、社会团体、公众等各利益相关方在应对突发事件过程中在机构设置、领导隶属关系和管理权限划分等方面的体系、制度、方法、形式等的总称。

② 应急机制：涵盖了突发事件事前、事发、事中和事后的应对全过程中各种系统化、制度化、程序化、规范化和理论化的方法与措施。

③ 应急法制：在突发事件的发生和演化过程中，对权利义务加以重新安排的法律制度，就是应急管理法制。应急管理法制的核心和主要规范是宪法中的紧急条款和《突发事件应对法》。

第一节　应急管理体制

一、中国特色应急管理体制内涵

体制在《辞海》的定义为：国家机关、企事业单位在机构设置、领导隶属关系和管理权限划分等方面的体系、制度、方法、形式等的总称。例如：政治体制、经济体制、教育体制等。体制是有关组织形式的制度，限于上下之间有层级关系的国家、国家机关、企事业单位、社会性组织和公众等所有的利益相关者。

应急管理体制是指为保障公共安全，有效预防和应对突发事件，避免、减少和减缓突发事件造成的危害，消除其对社会产生的负面影响，而建立起来的以政府为核心，其他社会组织和公众共同参与的有机体系。

与一般的体制有所不同，应急管理体制是一个开放的体系结构，由许多具有独立开展应急管理活动的单元体构成。从整体上看，应急管理体制可针对不同类型、不同级别和不同地域范围内的突发事件，快速灵活地构建起相应的应急管理体制。从功能上看，其目的在于根据应急管理目标，设计和建立一套组织机构和职位系统，确定职权关系，把内部上下左右联系起来，以保证组织结构的有效运转。

2018年，在深化党和国家机构改革中，党中央决定组建应急管理部和国家综合性消防救援队伍，对我国应急管理体制进行系统性、整体性重构，推动我国应急管理事业取得历史性成就、发生历史性变革。

现阶段，中国特色应急管理体系基本建立，即发挥应急管理部门的综合优势和相关部门的专业优势，加强统分结合、防救协同、上下联动，建立了风险联合会商研判、防范救援救灾一体化、扁平化应急指挥等工作机制，基本形成了统一指挥、专常兼备、反应灵敏、上下联动的中国特色应急管理体制。

二、应急组织

应急管理组织的构成包括多个层面和多种类型的机构，主要包括政府组织、基层自治组织、企业与社会组织、国际组织四个方面。

1. 政府组织

政府组织在应急管理中起着主导和协调的作用。政府组织层级分明，从中央到地方，各级政府在应急管理中的职责明确。

（1）中央政府

中央政府是应急管理的最高决策和指挥机构。国务院负责制定全国应急管理的方针政策、总体规划和重大应急预案，协调各部门和地方政府的应急管理工作。国务院下设应急管理部，负责全国应急管理的日常工作，制定具体的应急预案和措施，组织开展应急演练和培训，协调应急资源的调配和使用。2018年整合原国家安全监管总局、国务院办公厅、公安部、民政部、水利部等11个部门的13项职能组建应急管理部。应急管理部组织机构如图2.2所示。

（2）地方政府

地方政府是应急管理的具体执行机构，负责本行政区域内的应急管理工作。省、市、县级政府分别设有应急管理机构，如应急管理厅、局、办等，负责制定本地区的应急预案，组织和指挥应急救援工作，协调各部门和基层单位的应急行动。地方政府应急管理机构还负责应急物资的储备和管理，确保在突发事件发生时能够迅速动员和使用。

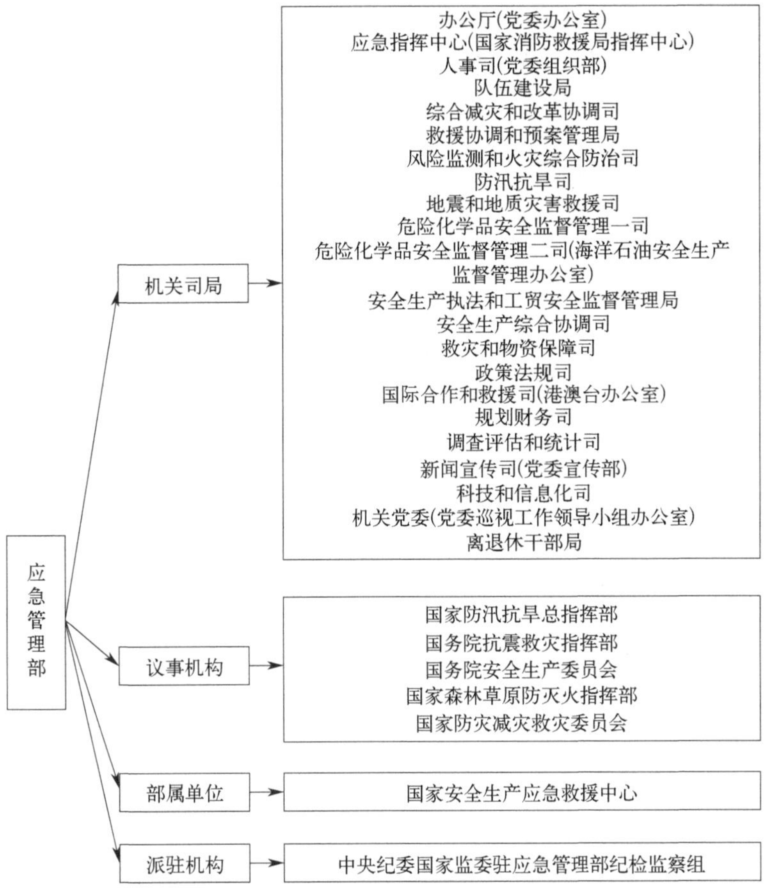

图 2.2　应急管理部组织机构

（3）政府部门

各政府部门在应急管理中承担特定的职责。例如，公安部门负责社会治安和交通管理，卫生部门负责医疗救援和公共卫生应急，水利部门负责防洪抗旱，气象部门负责灾害天气预警，等等。各部门根据职责分工，制定本领域的应急预案，组织开展应急演练和培训，确保在突发事件发生时能够迅速响应和有效处置。

（4）应急指挥机构

在突发事件发生时，政府迅速成立应急指挥部，由主要领导担任总指挥，协调各部门和单位的应急行动。应急指挥部根据突发事件的类型和严重程度，制定应急处置方案，调动应急资源，组织救援行动，确保应急措施的有效实施。

通过中央政府、地方政府和各部门的分工协作，形成了一个层次分明、职责明确、反应迅速的应急管理体系，为突发事件的有效应对提供了有力保障。

2. 基层自治组织

基层自治组织是应急管理体系的重要组成部分，负责落实社区和农村的应急管理工作。基层自治组织包括社区居委会、村委会等，它们在应急管理中发挥着信息传递、组织动员、协助政府等重要作用。具体包括：制定社区应急预案、组织应急演练、开展应急知识宣传、突发事件应急救援、灾害恢复和重建等。

在突发事件发生时，基层自治组织通过张贴公告、广播通知、入户走访等方式，迅速将政府的预警信息、疏散通知、防护措施等传达到每家每户，确保居民能够及时了解突发事件的动态，采取必要的防护措施。突发事件发生后，基层自治组织负责组织和动员社区居民参与应急工作。例如，在洪水、台风等自然灾害来临前，基层自治组织组织居民加固房屋、疏通排水沟、储备应急物资等。在地震、火灾等突发事件发生后，基层自治组织组织居民开展自救互救，协助专业救援队伍进行搜救、安置受灾群众等。通过组织动员，基层自治组织能够迅速调动社区资源，形成强大的应急力量。同时，基层自治组织在应急中还承担协助政府的职责。例如，在突发公共卫生事件中，基层自治组织协助卫生部门开展疫情排查、健康监测、防疫宣传等工作。在社会安全事件中，基层自治组织协助公安部门维护社区治安，化解矛盾纠纷，防止社会不稳定因素的扩大。通过协助政府，基层自治组织能够提高应急管理的效率和效果，确保各项应急措施的落实。

3. 企业与社会组织

企业与社会组织在应急管理中扮演着重要角色，既是应急管理的实施主体，也是应急资源的重要提供者。企业、非政府组织、志愿者组织等社会力量的积极参与，能够有效提升应急管理的整体能力和水平。

（1）企业

企业在应急管理中具有双重角色，既是突发事件的受害者，也可能是突发事件的制造者。作为受害者，企业需要制定和实施应急预案，保障员工和财产安全，确保生产经营的连续性；作为制造者，企业必须采取措施防止事故的发生，避免对社会和环境造成危害。此外，企业在应急资源的提供和应急救援中也发挥着重要作用，能够支持政府和社会组织的应急管理工作。一些大型企业还组建了专业的应急救援队伍，平时接受专业培训，突发事件发生时能够迅速投入救援工作。例如，矿山企业的救援队伍在矿难发生时进行矿工救援，石油化工企业的应急队伍在化学品泄漏时进行紧急处置。企业的应急救援队伍作为专业救援力量的重要补充，能够在应急管理中发挥积极作用。

（2）社会组织

社会组织在应急管理中同样发挥着重要作用，特别是在志愿服务、专业救援和心理疏导等方面。

志愿者组织在突发事件发生后能够迅速组织志愿者，参与救援和恢复工作。志愿者可以在现场救援、物资分发、灾后重建等方面提供帮助，补充专业救援力量的不足。例如，红十字会、慈善机构等志愿者组织在重大自然灾害中发挥了积极作用，提供了大量的救援物资和服务。

一些社会组织具备专业的救援技能和设备，能够在突发事件中提供专业救援服务。例如，登山协会的救援队伍在山区救援中具有独特的优势，潜水协会的救援队伍在水上救援中具备专业能力。这些专业救援组织作为政府救援力量的重要补充，能够在特殊环境下提供专业救援服务。

突发事件往往会对受灾群众造成心理创伤，社会组织在心理疏导和社会支持方面发挥着重要作用。心理疏导组织通过心理咨询、情感支持、团体治疗等方式，帮助受灾群众缓解心理压力，重建信心和希望。此外，社会组织还在安置救助、法律援助等方面提供支持，帮助受灾群众尽快恢复正常生活。

4. 国际组织

国际组织在应急管理中也扮演着重要角色，特别是在跨国突发事件、重大灾害和公共卫生事件的应对中，国际组织的支持和协助至关重要。

（1）联合国

联合国及其下属机构在全球应急管理中发挥着重要作用。联合国国际减灾战略、联合国难民署等机构在突发事件发生后提供紧急救援、灾害评估和重建支持。

（2）世界卫生组织

世界卫生组织在全球公共卫生应急管理中具有核心地位，负责监测和应对国际公共卫生事件，提供技术支持和指导。在全球应急救援和人道主义援助中发挥重要作用，提供紧急救援、医疗服务、灾后重建等支持。

（3）红十字国际委员会

红十字国际委员会专注于武装冲突和暴力事件中的人道主义救援，提供医疗援助、保护平民和战俘等服务。在突发事件中，迅速部署救援队伍，提供紧急救援和法律援助。

（4）国际非政府组织

国际非政府组织在应急管理中也发挥着重要作用，特别是在紧急救援、人道主义援助和灾后重建等方面。

三、应急管理体制特点

《突发事件应对法》第十六条指出，国家建立统一指挥、专常兼备、反应灵敏、上下联动的应急管理体制和综合协调、分类管理、分级负责、属地管理为主的工作体系。

国务院印发《“十四五”国家应急体系规划》确立了“十四五”时期乃至更长时期的应急管理发展目标：到 2025 年，形成统一指挥、专常兼备、反应灵敏、上下联动的中国特色应急管理体制；到 2035 年，全面实现依法应急、科学应急、智慧应急，形成共建共治共享的应急管理新格局。

1. 统一指挥

中国特色应急管理体制中的“统一指挥”体现了在突发事件发生时，由一个中央指挥机构来集中领导和协调各方力量，确保应急响应的高效和有序。应急管理部作为中央政府的主要应急指挥机构，承担着全面领导和协调全国范围内应急管理工作的职责。在突发事件发生后，应急管理部会迅速成立应急指挥中心，全面负责指挥和调度各级政府部门、专业救援队伍和社会力量的应急行动。通过建立从中央到地方、从上到下的完整指挥链条，确保在应急响应过程中避免出现多头指挥、相互推诿、行动不一致等问题。

例如，《北京市突发事件应急指挥与处置管理办法》指出，通过突发事件应急委员会及其办公室，整合各部门的应急资源和力量，由街乡镇、应急队伍、基层单位、社会组织等参与，形成统一高效的应急管理体系，提升应急救援与处置能力（图 2.3）。该办法强调了北京市应急委的统一领导和市应急指挥中心的中枢作用，强化了市应急办和市政府总值班室的综合协调和统一调度职责。

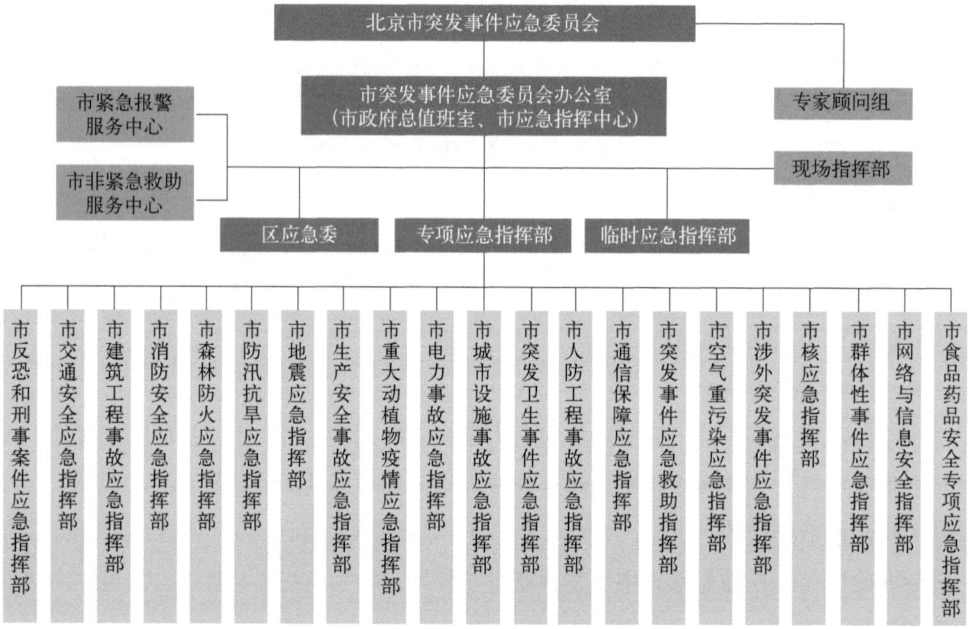

图 2.3　北京市突发事件应急委员会组织机构

国家制定了覆盖各类突发事件的应急预案体系，包括国家级预案、部门预案和地方预案。国务院统一领导全国应急预案体系建设和管理工作，县级以上地方人民政府负责领导本行政区域内应急预案体系建设和管理工作。各级预案在突发事件发生时能够迅速启动，使得各方行动有章可循。按照“统一领导、分类管理、分级负责”的原则，按照不同的责任主体，目前我国突发公共事件应急预案体系划分为国家总体应急预案、专项应急预案、部门应急预案、地方应急预案、企事业单位应急预案、重大活动应急预案 6 个层次（图 2.4）。此外，为了保障统一指挥体制的有效运行，国家定期组织全国范围内的应急演练，通过模拟各种突发事件场景，检验和提升各级指挥机构的应急处置能力。这种统一指挥的体制设计，确保了在突发事件发生时，指挥机构能够迅速决策和调度，整合各方资源，最大限度地减少损失和影响。

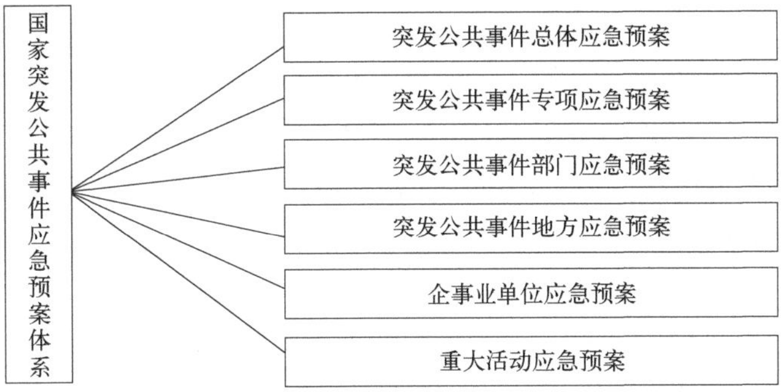

图 2.4 国家突发公共事件应急预案体系

2. 专常兼备

“专常兼备”是中国特色应急管理体制的另一重要特点，其核心在于建好突发事件应急管理的专业队伍和常规队伍。在应急管理中，既有专职应急管理机构和人员，也有常设机构和人员参与应急管理工作（表 2.1）。通过专业与常规力量的结合，提高应急管理的整体效能。

表 2.1 我国应急救援队伍

应急队伍	组成分类
武装力量	中国人民解放军、武装警察部队、民兵
专业应急救援队伍	国家综合性消防救援队伍
	专业应急救援队伍
非专业性应急救援队伍	社会应急队伍
	基层应急队伍

应急管理部及其下属的专业应急救援队伍，专门负责应急管理工作，包括灾害监测、预警、救援和恢复等。与此同时，公安、消防、医疗等部门的常设机构和人员在应急救援中也发挥着重要作用。

国家安全生产应急救援队伍（简称“国家专业队”）是由应急管理部牵头规划，在重点行业领域依托国有企业和有关单位建设的专业应急救援队伍。国家安全生产应急救援中心具体负责统一协调指挥国家专业队。截至 2024 年 2 月，现有国家专业队 113 支。其中，矿山救援队 49 支，危化救援队 41 支，隧道救援队 6 支，油气救援队 10 支，专业支撑保障队 7 支。

这种专常兼备的体制设计，使得应急管理不仅依赖于专业力量，还充分利用了常规机构和人员的资源和能力。各部门在平时建立协同机制，制定应急预案，进行联合演练，确保在突发事件发生时，各方能够迅速整合资源，协同作战。通过资源整合与共享，建立全国应急物资储备库和区域性储备库，各地在突发事件中可以快速调用所需物资。

为了确保专常兼备体制的有效运行，国家定期组织专职和常设机构的应急管理培训和演练，提升各方人员的应急处置能力和协同作战能力。这种专常兼备的体制，确保了在平时能够做好准备，在紧急时刻能够迅速投入行动，有效应对各种突发事件。

案例：

2022年，江苏省应急厅启动省级应急救援专业骨干队伍遴选工作，分别在矿山、危化品、油气管道、水上、防汛、森林火灾、地震和地质灾害等领域遴选出25支队伍作为省级专业骨干队伍。2024年5月，应急管理部组织22支国家安全生产应急救援队伍1000人，在金华市、杭州市、宁波市3个演习场，开展超强台风防范和特大洪涝灾害联合救援演习，包括应急拉动、台风防御、抗洪抢险等项目。

3. 反应灵敏

“反应灵敏”是指在突发事件发生后，能够迅速响应，及时采取应急措施，最大限度地减少损失和影响。中国特色应急管理体制强调建立高效的预警和响应机制，确保快速反应。国家建立了覆盖全国的自然灾害、事故灾难、公共卫生事件和社会安全事件的监测预警系统，通过地震监测台网、气象雷达、环境监测站等技术手段，实时监测潜在的灾害风险，及时发布预警信息。

突发事件发生后，中央和地方应急管理部门能够迅速启动应急预案，成立应急指挥部，协调各方力量展开救援。例如，在地震发生后，地震应急响应小组能够在几分钟内到达现场，展开救援行动。全国统一的应急通讯系统确保在突发事件发生时，信息能够及时传递，应急管理部门配备卫星电话、应急无线电等设备，确保在通信中断的情况下，仍能够保持通信畅通。通过统一指挥体制，快速决策应急措施，并立即执行。应急指挥部能够根据现场情况，迅速调度救援力量和物资，开展紧急救援和处置工作。为了提升反应灵敏的能力，国家定期组织应急演练，模拟突发事件场景，检验和提升各级应急管理部门和救援队伍的快速反应能力。这种反应灵敏的体制设计，确保了在突发事件发生后，各级应急管理机构能够迅速反应，有效应对，最大限度地减少损失和影响。

案例：

2022年9月5日，四川省甘孜州泸定县发生6.8级地震。中国地震预警网在震后6.2秒发布了预警信息，通过多种渠道向震中周边地区的公众、学校、重大工程和防震减灾部门发送预警。康定市提前9秒、雅安市提前21秒、成都市提前56秒收到预警。收到预警信息的居民和学生及时避险，避免了更大损失。此次预警展示了中国地震预警网在减灾中的重要作用，取得了良好的社会效益。

4. 上下联动

“上下联动”是中国特色应急管理体制的重要特点，强调中央和地方各级政府在应急管理中的密切配合与协同作战，确保应急管理工作在各级政府之间实现无缝衔接和高效运作。在上下联动的体制下，中央政府负责制定应急管理的法律法规、政策和总体规划，地方政府负责具体实施和执行。中央和地方之间建立了完善的协调机制，确保信息共享和资源调配。

突发事件发生后，中央应急管理部门能够迅速与地方政府沟通，协调应急资源，支持地方应急救援工作。地方各级政府设立应急管理机构，负责本地区的应急管理工作，与中央保持密切联系，及时汇报情况，接受中央的指挥和调度。中央和地方共同制定应急预案，确保预案在各级政府之间的衔接和协调，并定期组织预案演练，检验预案的可行性和有效性。通过上下联动的体制，中央和地方在应急管理中形成了紧密的合作关系，在应急响应中实现了信息互通、资源共享和行动协同。这种上下联动的体制设计，确保了在突发事件发生时，各级政府能够迅速反应，密切配合，有效应对，最大限度地减少损失和影响。

四、应急管理工作体系

1. 综合协调

参与应急管理工作的政府机构众多、职能各异，在突发事件应急管理条件下，日常工作中可能缺乏联系的一些部门，需要在短期内按照共同的目标，开展有效的合作，综合协调工作变得比日常工作更为重要。

在突发事件发生时，各部门必须迅速调整，克服平时缺乏沟通与协作的障碍，以实现快速响应和高效救援。这不仅需要明确的指挥体系和统一的行动计划，还需要各部门在信息共享、资源整合以及任务分工方面保持高度一致。

应急管理的综合协调包括三层含义。

（1）各级政府对所属各有关部门的综合协调

这种协调是垂直结构的，通过明确职责和分工，确保各部门能够迅速动员并执行应急任务。上级政府对下级有关政府的综合协调也至关重要，上级政府需要对下级政府的应急行动进行指导和支持，确保各级政府之间的应急响应措施高度一致和有序进行。各级政府负责突发事件应急管理工作的办事机构根据职责建立良好的沟通机制和协调流程，以便在突发事件发生时，能够迅速进入应急状态，协调各方力量，确保应急措施的有效实施。

（2）共同的上级机关对相互没有隶属关系或业务指导关系的不同层级政府和不同政府部门之间的协调

上级机关需要建立跨部门的协调机制，确保在突发事件中，各部门能够打破壁垒，快速形成联动机制。

（3）政府之外的各类主体综合协调

这包括武装力量、国内外企业、社会团体、非政府组织以及国内外公众之间的协调。政府需要制定明确的合作框架，确保这些不同主体在突发事件应对中能够发挥各自的优势，实现资源和信息的最大化利用。

综合协调的内容广泛，包括但不限于以下几方面：

① 应急管理中负有责任的地区、部门、单位之间的协调联动。

② 各地区和部门需要在统一指挥下，密切配合，确保救援资源的合理分配和高效使用。

③ 军地之间的协调联动。军队和地方政府需要在平时就建立紧密的合作关系，以便在突发事件发生时，能够迅速调动军队资源，开展救援工作。

④ 政府与非政府组织、企事业单位和公众之间的协调联动。非政府组织和企事业单位在应急救援中能够提供专业技术支持和物资保障，而公众的配合和参与则是应急管理成功的重要保障。

⑤ 跨地区、跨国界的合作。自然灾害和公共卫生事件往往具有跨区域甚至跨国界的特征，各国和各地区之间需要建立合作机制，实现信息互通、资源共享和联合应对。

应急管理的综合协调不仅仅是应急响应中的一个环节，更是贯穿应急准备、应急处置和恢复重建全过程的重要保障。只有通过系统化、制度化和规范化的综合协调机制，才能在突发事件中实现快速响应和有效救援，最大限度地减少灾害损失和社会影响。各级政府、各部门以及社会各界需要共同努力，构建起高效的应急管理综合协调体系，提升应对各类突发事件的综合能力。

2. 分类管理、分级负责

分类管理、分级负责是应急管理中的重要原则，旨在根据不同类型的突发事件属性和各级政府的职责划分，实施有针对性的应急管理工作，从而提高应急处置的有效性。这一原则的核心在于通过细化分工，明确各级政府和相关部门的责任，确保在突发事件发生时能够迅速反应并有效应对。

分类管理主要指同层级政府对突发事件的管理，强调在同一行政层级内，根据突发事件的不同属性进行分类，并落实相应的管理和处置措施。按照自然灾害、事故灾难、公共卫生事件和社会安全事件四类突发事件，划分各部门的职责，使得每个部门都能明确自己的应急管理任务。例如，防汛抗旱由水利部门牵头，防震减灾由地震部门负责，反恐行动由公安部门主导，公共卫生事件由卫生部门管理。通过这种分类管理，能够确保各类突发事件都由专业的部门负责，最大程度提高应急处置的专业性和有效性。

分级负责则强调不同层级政府在应急管理中的不同责任。中央政府主要负责应对跨省级行政区域的，或超出事发地省级人民政府处置能力的特别重大突发事件。较高层级的政府通常具有更多权限和广泛的资源协调能力，能够开展跨区域、跨部门的应对工作。例如，在汶川地震和玉树地震后，温家宝总理和回良玉副总理分别担任总指挥，迅速启动国家级应急响应，奔赴灾区，协调全国资源进行抗震救灾。同时，地方各级政府也在第一时间启动应急响应，四川省和青海省政府及其受灾市、县、乡各级政府迅速行动，有效开展了救援工作。这种分级负责的机制确保了在重大突发事件面前，各级政府能够紧密协作，迅速应对。

在各级党委的统一领导下，各级政府对各部门实行统一领导和综合协调，确保应急管理工作有序进行。各级政府根据突发事件的类型和严重程度，启动相应的应急预案，成立应急指挥机构，明确分类分级标准，开展预防和应急准备、监测与预警、应急处置与救援、事后恢复与重建等应对活动。例如，防汛抗旱、防震减灾、反恐、公共卫生等应急指挥机构及其办公室分别由水利、地震、公安、卫生等部门牵头，相关部门参与协同应对。中央政府主要负责设计和实施跨省级行政区域的特别重大突发事件的应急响应和处置工作，特别是在地方政府无法独立应对时。较高层级政府则负责较大规模或较大范围的突发事件，因其拥有更强的资源协调能力和更高的应对权限。对于影响范围较大的事件，例如大规模自然灾害或重大公共卫生事件，中央政府能够调动全国资源进行支援，并提供必要的技术指导和政策支持。

案例：

山西省地震应急预案将地震灾害分为特别重大、重大、较大和一般四个等级，省级响应分为四级到一级（表 2.2）。地震发生后，灾区政府需及时将震情和灾情报告上级政府，并抄送相关部门。发生重大以上地震时，应急管理等部门要快速收集和分析灾情，及时上报省委、省政府并通报有关部门。各级政府和部门根据职责分工，立即开展应急处置工作（图 2.5）。

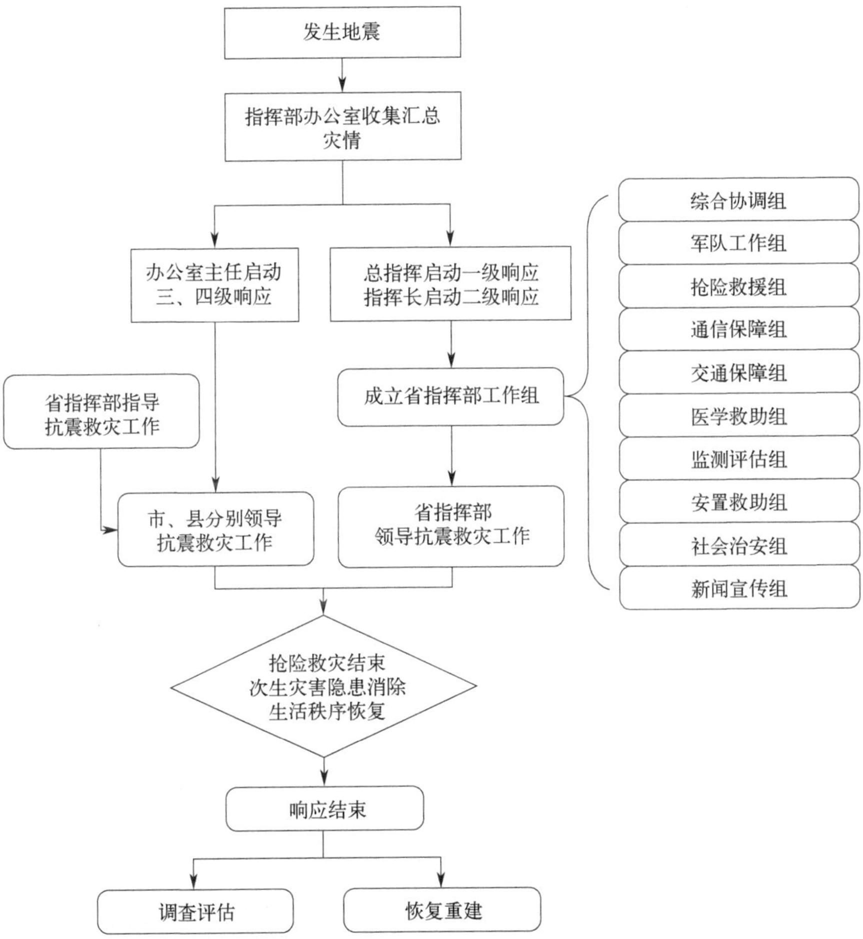

图 2.5　山西省省级地震灾害应急响应流程

表 2.2 山西省地震灾害分级和对应响应级别

灾害分级	一般	较大	重大	特别重大
分级标准	人口较密集地区发生 4.0 ～ 5.0 级地震或地震灾害造成 10 人以下死亡（含失踪）	人口较密集地区发生 5.0 ～ 6.0 级地震，人口密集地区发生 4.0 ～ 5.0 级地震或地震造成 10 ～ 50 人死亡（含失踪）	人口较密集地区发生 6.0 ～ 7.0 级地震，人口密集地区发生 5.0 ～ 6.0 级地震或地震造成 50 ～ 300 人死亡（含失踪）	人口较密集地区发生 7.0 级以上地震，人口密集地区发生 6.0 级以上地震或地震造成 300 人以上死亡（含失踪）
响应级别	四级响应	三级响应	二级响应	一级响应

注：人口密集地区专指设区市的城区，其余地区为人口较密集区。

各级政府所管理的区域不同，掌握的资源和应对能力也存在差异。一般而言，较高级别的政府具备更强的应对能力和资源调配能力。因此，根据突发事件的影响范围和级别不同，确定由不同层级的政府负责相应的应对工作。在能力不足的情况下，地方政府可以向上一级政府求助。履行统一领导职责的地方政府若无法有效控制突发事件引起的严重社会危害，应及时向上一级政府报告，请求支持。上级政府接到报告后，应根据实际情况对下级政府提供人力、财力支持和技术指导，确保应急管理工作的顺利开展。

3. 属地管理为主

应急管理体制中的“属地管理为主”原则是应急处置的重要工作原则，体现了在突发事件发生时由事发地的地方政府主导应急处置工作的核心理念。

这一原则有两层含义：

① 突发事件应急处置工作原则上由突发事件发生地的县级以上地方人民政府负责。这意味着地方政府在突发事件的第一时间内承担主要责任，迅速组织和调动本地资源进行应急响应和救援工作。地方政府通常比更高层级的政府更了解本地的具体情况，能够更及时、准确地作出决策，实施救援行动，从而最大限度地减少灾害损失。

② 法律和行政法规规定由国务院有关部门对特定突发事件的应对工作负责的情况，则应当以由这些部门管理为主。例如，一些跨区域的大规模灾害或特殊类型的突发事件，可能涉及多个地区或专业领域的协调和支援，此时需要国务院有关部门的统一指挥和协调。在这种情况下，国务院有关部门根据法律法规的规定，发挥主导作用，与地方政府共同应对突发事件，确保应急处置工作的有效进行。

属地管理为主的核心是建立以事发地党委和政府为主、有关部门和相关地区协调配合的领导责任制。在这一框架下，事发地的地方政府和相关部门在应急处置中扮演主导角色，迅速反应并组织救援，同时，与相邻地区和上级政府保持密切联系和协调。通过这种方式，不仅能够充分利用地方资源和信息优势，还能确保在需要时迅速获取更高级别的支持和协助。

这一原则在实践中具有广泛的应用性和有效性。地方政府和事发部门由于对本地情况的深入了解，能够在突发事件发生后迅速评估灾情，制定应对方案，并立即开展救援工作。这种做法不仅提高了应急处置的效率和效果，还能够最大限度地保障人民群众的生命财产安全。例如，在自然灾害如地震、洪水等突发事件中，地方政府往往能够迅速动员本地的应急救援力量，利用现有的资源和设施进行救援和救治工作。与此同时，地方政府还可以根据需要，向上级政府请求援助，确保在应急资源不足时能够得到及时补充和支持。此外，属地管理为主的原则也强调了地方政府在突发事件中的领导责任。在应急处置过程中，地方政府不仅要协调本地各部门和单位的行动，还要与相邻地区和上级政府保持紧密联系，确保信息畅通和资源共享。这种协调机制有助于在突发事件的不同阶段进行有效的应对和管理，从而提高整体应急管理的水平。

属地管理为主是应急管理体制的重要组成部分，通过明确地方政府和相关部门的责任，建立协调配合的应急处置机制，能够有效提升突发事件应对的及时性和有效性。这一原则不仅适用于我国的应急管理实践，也是国际上普遍采用的应急管理基本做法，有助于保障人民群众的生命安全和社会稳定。

案例：

2021年1月10日，栖霞市笏山金矿回风井发生爆炸，造成22名工人被困。事故发生后，应急管理部迅速派遣工作组和矿山救援专家赶赴现场指导处置。山东省委、省政府主要领导赶赴现场指挥救援，并成立省市县一体化应急指挥部，调集20支救援队伍、690余名人员及420余套装备展开搜救。事故矿井深约700米，岩层复杂，涌水等情况严重。经过14个昼夜的持续努力，11名被困人员成功获救。相关经验：属地管理为主，省市县一体化指挥部快速响应，领导靠前指挥，现场组织有序。救援方案不断优化，专家团队提供技术支撑，综合施策确保救援成功。在跨省快速通行机制保障下，国家级矿山救援队伍和高精尖装备迅速投入，攻克技术难题，成功打通生命通道，为救援赢得宝贵时间。

第二节　应急管理机制

我国应急管理机制，目标是构建统一指挥、反应灵敏、协调有序、运转高效的应急管理运行机制，加快突发事件预测预警、信息报告、应急响应、恢复重建及调查评估等机制建设，建立健全保险、社会捐赠等方面参与、支持应急管理工作的运行机制，充分发挥其在突发事件预防与处置等方面的作用。

总体来说，我国突发事件应急管理机制建设涵盖事前、事发、事中和事后各个阶段，主要包括预防准备、监测预警、信息报告、应急处置、协调联动、社会参与、舆论引导、恢复重建、调查评估、科普宣教等方面应急管理机制建设的内容。

应急管理机制是涵盖突发事件事前、事发、事中和事后的应对全过程的系统化、制度化、程序化、规范化和理论化的方法与措施。应急机制建设是实现科学决策的重要手段，也是提高政府应急管理能力的根本途径，对应急体制建设具有重要的影响和补充作用。

我国应急管理机制可概括为预防与应急准备机制、监测与预警机制、应急处置与救援机制、恢复与重建机制四个方面，并在统一的管理框架下相互融会贯通、相互作用和相互影响。

一、预防与应急准备机制

预防与应急准备是应急管理中防患于未然的阶段，也是应对突发事件的重要阶段，体现预防为主，预防与应急并重，常态与非常态相结合的原则。

预防与应急准备是应急管理的第一道防线，旨在减少突发事件发生的概率和降低其可能带来的危害。主要包括风险评估、预案编制、资源保障、应急宣传教育培训等方面。

1. 风险评估

风险评估是应急管理的重要环节，通过系统、科学的方法识别和分析潜在的突发事件风险，确定其可能的影响范围和严重程度。具体包括以下几个步骤：

① 风险识别：收集和分析历史数据、地理信息、气象资料、社会经济状况等，通过调查和专家咨询，识别可能的自然灾害（如地震、洪水、台风）、事故灾难（如火灾、爆炸、化学泄漏）、公共卫生事件（如传染病暴发）等风险。

② 风险分析：评估每种风险的发生概率和潜在影响。采用定量和定性分析方法，通过计算和模拟，确定每种风险的可能性和其对人员、财产、环境的影响程度。

③ 风险评价：综合分析不同风险的评估结果，确定高风险区域和关键风险因素。通过风险矩阵或评分系统，将风险按严重程度进行排序，为后续的应急准备和资源配置提供依据。

④ 风险监测：建立风险监测系统，对高风险区域和关键风险因素进行实时监测。采用现代技术手段，如遥感、地理信息系统（GIS）、物联网等，实时收集和分析数据，及时发现和预警潜在风险。

⑤ 风险处置：制定并实施风险处置策略，减少风险发生的概率和可能的影响。包括采取工程措施（如加固建筑、修建防洪堤）、非工程措施（如制定法规、加强宣传教育）、经济措施（如购买保险、设立风险基金）等。

2. 预案编制

预案编制是应急管理的重要组成部分，旨在提前制订应对突发事件的行动计划，明确各级政府和相关部门的职责分工和应急措施。首先，应建立覆盖各类突发事件的应急预案体系，包括国家级、部门级和地方级预案，确保从全国到地方的应急管理工作都有明确的指导和规范。应急预案应包括突发事件的定义、分类、应急组织体系、应急响应程序、信息报告与发布、应急资源与保障、应急培训与演练、事后评估与改进等内容。各部门和单位的职责和任务需要在预案中详细规定，以确保突发事件发生时，各方能够迅速行动并有效配合。

在编制过程中，应采用科学的方法，通过风险评估、应急演练和专家咨询，制定切实可行的应急措施。编制完成后，预案须经过严格的审核和评估，组织相关部门和专家进行审查，确保其科学性和可操作性。必要时，可进行模拟演练，以检验预案的实际效果。预案审核通过后，应正式发布并向全社会公布，各级政府和相关部门需组织培训，使所有应急管理人员和相关单位熟悉预案内容，掌握应急处置程序。预案还应定期进行修订和更新，根据风险评估结果、应急演练反馈和突发事件应对经验，不断完善和优化内容，确保其科学性和实效性。通过科学、全面的预案编制，能够在突发事件发生时提供明确的行动指南，提高各方的协调配合和应急管理的整体效能。

3. 资源保障

资源保障是应急管理的强大动力和重要支撑，旨在确保在突发事件发生时能够迅速调动和使用应急物资、设备、资金和人力资源。具体包括以下几个方面。

（1）应急物资保障

建立覆盖全国的应急物资储备网络，包括食品、饮用水、药品、医疗器械、帐篷、救生设备等。根据风险评估结果，确定储备物资的种类和数量，确保在突发事件发生时能够满足基本生活和应急救援需求。

（2）应急设备保障

储备应急救援设备，如救援车辆、救援船只、直升机、挖掘机、发电机等。确保在突发事件发生时，能够迅速开展救援行动，提高应急处置效率。

（3）应急资金保障

设立应急救援基金，确保在突发事件发生时，能够迅速筹集和调拨资金，用于应急救援和灾后重建。制定应急资金管理办法，确保资金使用的透明和高效。

（4）人力资源保障

应急救援力量主要包括国家综合性消防救援队伍、各类专业应急救援队伍和社会应急力量。

通过全面、系统的资源储备，可以在突发事件发生时提供坚实的物质基础。通过现代信息技术手段，实时监控和管理应急资源的储备情况，制定应急资源调拨方案，实现应急资源的精准调配和高效利用，确保应急救援工作的顺利开展，提高应急管理的整体效能。

4. 应急宣传教育培训

应急管理的宣传教育培训是指通过有计划、有组织、有系统的灵活多样的宣传教育培训活动，由相关机构或单位在全社会普及和宣传应急知识、组织应急培训及演练、提供应急管理专业教育等，使民众提高安全意识和应急技能，能够自觉地采取适合本地区、本单位的有利于应对突发事件的行为，消除或减少危险因素，保护生命安全和健康，并对宣传教育培训结果作出评价的过程和活动。具体包括以下几个方面。

（1）公众的应急宣传教育和防灾减灾意识培养

公众的应急宣传教育和防灾减灾意识培养是提高全民应急素养的重要途径。政府应利用各种媒体渠道，包括电视、广播、报纸和新媒体，广泛宣传防灾减灾和应急知识，增强公众的危机意识。社区、学校、企事业单位应定期组织防灾减灾讲座和应急演练，让公众了解常见突发事件的应对措施和自救互救方法。通过发放宣传手册、张贴宣传海报、举办知识竞赛等方式，提高公众对防灾减灾知识的掌握程度。政府应建立防灾减灾和应急管理的专项网站和微信公众号，提供实时信息和指导，增强公众的防灾减灾意识和应急反应能力。

（2）应急知识培训和应急能力提升

应急知识培训和应急能力提升是确保公众在突发事件中能够正确应对和有效自救的关键。各级政府和相关部门应制订系统的应急培训计划，针对不同群体，如社区居民、学生、企业员工和专业救援人员，开展有针对性的培训。培训内容应包括应急预案的熟悉、基本急救技能、火灾逃生、自救互救等实用知识。培训形式可以多样化，包括集中授课、实战演练、模拟训练和在线课程等。特别是对于高风险地区和高风险行业，应加强专业培训，提高相关人员的应急处置能力。定期开展的应急演练，可以让受训人员在模拟突发事件的环境中实践所学知识，进一步提升应急反应的实际操作能力。

（3）应急管理教育体系规划

应急管理教育体系规划是构建长期有效的应急管理能力的基础。开展应急管理的学科体系和培训机制的建设工作，逐步建立完善的应急管理课程体系，培养专业化、系统化的应急管理人才。开展应急管理学术研究和交流，提升应急管理教育的理论水平和实践能力。通过构建系统、科学的应急管理教育体系，能够持续提升全民的应急素养和能力。

二、监测与预警机制

监测与预警是预防与应急准备的逻辑延伸，突发事件的早发现、早报告和早预警是有效预防、减少突发事件的发生，控制、减轻和消除突发事件引起的严重社会危害的重要保障。

1. 监测机制

监测的主要目标是通过实时、准确的数据采集和分析，识别潜在的突发事件，提供预警信息，并为应急决策提供科学依据。

突发事件监测机制建设应遵循的原则包括依法监测、客观公正、实时全面、准确持续、信息保密等。

监测包括自然灾害监测（如地震监测、气象监测、洪水监测等）、事故灾难监测（如火灾、爆炸、危化品泄漏等事故监测）、公共卫生监测（如传染病监测、食品安全监测等）以及社会安全监测（如恐怖活动监测、社会稳定监测等）。

（1）自然灾害监测

自然灾害监测包括地震监测、气象监测和洪水监测等。地震监测通过分布在全国的地震台站和观测网络，实时记录地震活动数据，进行地震预报和震后快速评估。气象监测系统利用气象卫星、雷达和地面观测站，监测天气变化，提供天气预报、台风路径预测等信息。洪水监测通过河流、水库和雨量站等设施，监测水文数据，进行洪水预警和调度管理。

（2）事故灾难监测

事故灾难多为生产安全事故。生产安全事故主要是由人的过失造成的事故，同洪水、泥石流等不可抗力造成的灾害有本质的区别，如因违章作业、冒险作业等造成的生产安全事故。在生产安全事故监测中，人的不安全行为和物的不安全状态是需要监测的对象。对生产安全隐患、存在的薄弱环节和危险源，要及时发布预警信息，落实防范和应急处置措施，做到超前预防，有效防范和遏制重特大事故的发生。对易发重特大事故的行业领域，要采取风险分级管控、隐患排查治理双重预防工作机制，推动安全生产关口前移。

（3）公共卫生监测

公共卫生监测包括传染病监测和食品安全监测等。传染病监测通过医院、疾控中心和实验室网络，实时监测传染病发病率、病原体变异等情况，及时发现疫情苗头。食品安全监测通过对食品生产、流通和消费环节的全程监控，检测食品中可能存在的有害物质，预防食品安全事故的发生。

（4）社会安全监测

社会安全监测包括恐怖活动监测和社会稳定监测等。恐怖活动监测通过情报收集、网络监控和现场监测，及时发现潜在的恐怖活动威胁，预防恐怖袭击。社会稳定监测通过对社会舆情、群众活动和社会矛盾的监控，及时发现社会不稳定因素，预防群体性事件的发生。

2. 预警机制

预警机制是在监测系统的基础上，通过数据分析和风险评估，及时发布预警信息，通知相关部门和公众采取防范措施，以减少灾害损失和影响。预警机制的建立和运行包括以下几个方面。

（1）数据分析与风险评估

预警机制首先需要对监测系统采集的数据进行全面分析，通过统计分析、模式识别和趋势预测等方法，识别潜在的风险。风险评估则是根据分析结果，结合历史数据和专家意见，评估突发事件的发生概率、可能影响范围和严重程度。通过科学地分析与评估，为预警决策提供依据。

（2）预警信息发布

在确定风险后，预警机制需要及时发布预警信息。预警信息的发布包括内容编写、渠道选择和发布程序。预警信息应明确事件类型、风险等级、可能影响区域和建议措施，确保信息清晰准确。预警信息发布渠道包括电视、广播、互联网、短信、社交媒体等，确保信息覆盖面广，传递迅速。发布程序则须规范化，确保在最短时间内发布预警信息，通知相关部门和公众。

（3）防范措施建议

预警信息发布后，预警机制还需提供具体的防范措施建议。根据不同类型的突发事件和风险等级，提出针对性的防范措施，如疏散撤离、加固防护、储备物资等。防范措施建议应具体可行，便于相关部门和公众实施。

（4）预警响应与评估

预警信息发布后，相关部门和公众须迅速响应，采取相应的防范措施。预警机制还需对预警信息的效果进行评估，通过对响应情况和实际结果的分析，检验预警信息的准确性和防范措施的有效性。根据评估结果，不断改进预警机制，提高预警信息的发布和响应能力。

3. 信息传递

信息传递是监测与预警机制的重要环节，确保预警信息能够迅速、准确地传递到相关部门和公众手中。信息传递机制包括信息采集、处理、传输和反馈 4 个方面。

（1）信息采集

信息采集是监测与预警的基础，通过多种渠道和手段，实时采集相关数据和信息。

（2）信息处理

信息采集后，需进行数据处理和分析。通过数据清洗识别并纠正错误或不一致的数据，以确保数据质量。通过数据分析模型和算法从海量数据中提取有用信息，并辅助决策制定，为应急响应提供科学依据。

（3）信息传输

信息传输是信息传递的关键环节，通过高效的传输网络，将处理后的信息迅速传递给相关部门和公众。信息传输渠道包括有线和无线网络、卫星通信、互联网、短信、社交媒体等。信息传输需确保速度快、覆盖广、可靠性高，避免信息传递过程中的延误和误差。

（4）信息反馈

信息传递后，须建立反馈机制，确保信息的传递效果和响应情况。信息反馈包括预警信息的接收确认、响应措施的实施情况、实际效果的评估等。通过信息反馈，了解预警信息的传递效果和防范措施的落实情况，及时调整和改进信息传递机制。

信息传递过程中，还需确保信息的安全性和保密性。建立信息安全管理制度，采用加密技术和权限管理，防止信息泄露和篡改，确保预警信息的真实性和可靠性。

三、应急处置与救援机制

应急处置与救援机制是在突发事件发生后，迅速组织和实施应急救援行动的关键环节。包括应急响应、快速评估、应急指挥、救援行动、信息管理、资源调配、协同合作等方面。

1. 应急响应

应急响应是指在突发事件发生后，迅速启动应急预案，组织和协调各类应急资源和力量，实施应急处置和救援行动的具体方式。不同类型的灾害和突发事件，需要选择不同的应急响应模式，以确保应急处置工作的高效开展。

《国家突发公共事件总体应急预案》分为自然灾害、事故灾难、公共卫生事件、社会安全事件四类。突发事件按照严重程度由低到高分为Ⅳ级（一般）、Ⅲ级（较大）、Ⅱ级（重大）、Ⅰ级（特别重大）4个级别，级别越高表明灾害越严重，并由此发布蓝色、黄色、橙色、红色预警，及启动相应的四级、三级、二级、一级应急响应。

自然灾害应急主要应对地震、台风、洪水等事件，其特点是突发性强、影响范围广、救援难度大。事故灾难应急主要处理火灾、爆炸、化学泄漏等安全生产事故，这类事件具有突发性强、破坏性大、需要专业技术支持的特点。公共卫生事件应急主要针对传染病暴发等公共卫生事件，其特点是传播迅速、影响范围广、需要医疗卫生资源支持。社会安全事件应急主要应对恐怖袭击、民族宗教冲突、经济安全事故、涉外突发事件和群体性事件等，这类事件具有很强的社会性和一定的政治敏感性。

2. 快速评估

（1）快速评估的内容

① 对突发事件的损失和影响进行快速评估。评估内容包括突发事件的影响范围、事件级别、事故灾情隐患、影响区域人员伤亡情况、直接经济损失、房屋倒塌损失及疏散安置人数、影响区域基础设施损失、环境状况、公共服务情况、社会损失以及次生灾害等。

② 对灾民和受影响区域需求进行快速评估。评估内容包括：抢险救灾所需的人力、财力、物资资源情况，抢险救灾需求，影响区域群众对生活和生产物资的需求，医疗和防疫需求，以及不同时期的救助目标和需求。

（2）应急处置与救援阶段的快速评估原则

① 时效性：快速评估主要服务于应急指挥决策，必须在突发事件发生后第一时间进行，并在决策前反馈评估结果。如果不能提供及时有效的信息支持，快速评估将失去意义。

② 宏观性与指导性：快速评估不是对突发事件的精细调查，而是基于粗略分析对事件宏观性质和方向的准确把握。其目的是提供具有高度指导性的定性判断和结论，而非精确的定量结果。

③ 交互性：快速评估为应急指挥决策服务，但不应在评估完成后才开始决策。应急指挥决策会根据突发事件的发展及应急处置和救援的进展不断调整。因此，快速评估应与应急指挥决策者保持及时沟通，随时了解决策者的需求并汇报评估进展。

3. 应急指挥

应急指挥是在突发事件发生时迅速启动，统筹协调各方力量，制订和实施救援计划的关键机制。应急指挥体系通常由中央政府、地方政府和专业应急机构共同组成，形成自上而下的指挥链条。在突发事件发生后，应急指挥部迅速成立，主要由应急管理部门领导，并包括公安、消防、卫生、交通等相关部门的代表。指挥部的首要任务是评估灾情，确定救援目标和优先级，然后制订具体的救援计划和分工方案，确保各部门能够迅速行动。应急指挥体系还需要建立畅通的沟通渠道，通过视频会议、无线电通信和应急通信设备等手段，保持各级指挥机构之间的实时联系和信息共享，确保指挥决策的及时和准确。

指挥主体是应急指挥协调的核心，负责在突发事件发生时，迅速启动应急响应，组织和协调各方力量实施应急处置。指挥主体包括中央政府、地方政府和各级应急管理机构，具体职责分工明确，层次分明。指挥主体在应急指挥协调中，具有广泛的职责和权力，包括制定和发布应急预案、启动和终止应急响应、调动和分配应急资源、组织和指挥应急救援行动、评估和总结应急处置效果等。指挥主体在行使这些职责和权力时，应遵循科学、合理、迅速、有效的原则，确保应急指挥的统一和高效。

中央政府是全国应急指挥的最高决策和指挥机构。国务院负责制定全国应急管理的方针政策、总体规划和重大应急预案，协调各部门和地方政府的应急管理工作。在突发事件发生后，国务院可以迅速成立国家应急指挥部，由国务院主要领导担任总指挥，负责统筹协调各方应急资源，组织实施应急处置和救援行动。国家应急指挥部下设各类专业应急指挥小组，如地震应急指挥小组、洪涝灾害应急指挥小组、公共卫生应急指挥小组等，根据突发事件的性质和需求，具体组织和指挥应急处置工作。

地方政府是本行政区域内应急指挥的责任主体，负责制定和实施本地区的应急预案，组织和指挥突发事件的应急处置工作。省、市、县级政府分别设有应急管理机构，如应急管理厅、局、办等，负责本地区应急管理的日常工作。在突发事件发生后，地方政府迅速成立应急指挥部，由主要领导担任总指挥，统筹协调各部门和基层单位的应急行动。地方应急指挥部下设各类专业应急小组，根据突发事件的具体情况，制订应急处置方案，组织实施救援行动。

各级应急管理机构是应急指挥的具体执行部门，负责落实中央和地方政府的应急指挥决策，组织和协调各类应急力量开展应急处置工作。应急管理部是国务院下设的专门机构，负责全国应急管理的综合协调和统筹规划。各省、市、县级应急管理机构负责本地区应急管理的具体实施和协调工作，确保应急指挥命令的迅速传达和有效执行。

根据事件发生的层面、影响和破坏程度不同，指挥主体可采取不同的执行原则。

① 一般性突发事件的处理，需采取分级决策、分级处理、事后集中汇报的原则。如县、市一级发生的交通安全、生产、传染病等突发事件，可由县市一级应急管理系统中的指挥协调机构及时沟通相应部门进行有效处理。

② 重大突发事件的处理，需采取集中决策、分级处理、边处理边汇报的原则。重大突发事件是指诸如涉及国家安全、恶性传染病和覆盖面巨大的自然灾害等，需要由国家统一指挥决策，省市分级处理，地方城市迅速执行。

③ 为明确责任，各类突发事件的处理应采取谁决策谁负责、谁实施谁负责的原则。

在应急指挥过程中，指挥官的决策能力和协调能力至关重要。指挥官需要根据现场情况和情报，迅速做出判断，调整救援策略和资源配置。同时，应急指挥体系还应包括专业的技术支持团队，如地震专家、气象专家和医疗专家等，提供专业意见和建议，辅助指挥决策。此外，应急指挥还需与媒体保持沟通，通过新闻发布会和官方公告，向公众通报最新进展，指导群众进行自我防护和避险，维持社会稳定。

指挥协调系统是应急指挥协调的核心机制，负责在突发事件发生时，通过科学合理地指挥和高效协调，确保各方力量的有效整合和统一行动。指挥协调系统包括指挥中心、协调机构、实施机构和信息通信系统等。

（1）指挥中心

指挥中心是应急指挥协调的核心枢纽，负责统筹协调各类应急资源和力量，实施应急处置决策。指挥中心设在各级政府和应急管理机构，通常由应急指挥部指挥长、各专业应急小组负责人、技术专家等组成。在突发事件发生后，指挥中心迅速启动，负责制定应急处置方案，调度和指挥各类应急力量，协调各部门和单位的应急行动，确保应急处置工作的高效开展。

（2）协调机构

协调机构是指挥协调系统的重要组成部分，负责协调各部门和单位的应急行动，确保各类应急资源和力量的有效整合。协调机构通常设在应急管理机构和各专业应急小组，负责信息的收集和传递、应急资源的调配和使用、应急行动的监督和评估等。协调机构在指挥中心的统一指挥下，确保各部门和单位的应急行动协调一致，形成强大的应急合力。

在应急指挥协调中，采用集成指挥、分级负责、统一协调的运行机制。集成指挥是指在应急指挥中，通过指挥中心和指挥信息系统的集成，确保应急处置的统一指挥和高效协调。分级负责是指各级政府和应急管理机构根据突发事件的级别和影响范围，分别承担应急指挥和处置的责任。统一协调是指在应急指挥中，通过协调机构和通信系统的作用，确保各部门和单位的应急行动协调一致，形成强大的应急合力。

（3）实施机构

实施机构是应急指挥协调的执行层，负责在突发事件发生后，按照指挥中心的决策和指令，具体实施应急处置行动。实施机构包括各类应急救援队伍、专业技术支持团队和基层应急力量等。实施机构在应急指挥协调中，采用联动响应、快速反应、科学处置的运行机制。联动响应是指在突发事件发生后，处置实施系统各类应急力量迅速联动响应，按照预案和指令开展应急处置行动。快速反应是指应急救援队伍在接到指令后，迅速赶赴现场开展救援行动，最大限度地减少人员伤亡和财产损失。科学处置是指在应急处置过程中，充分利用专业技术支持团队的指导，采取科学合理的应急措施，确保救援行动的有效性和安全性。

（4）信息通信系统

信息系统负责信息的收集、处理和分析，为指挥决策提供科学依据。指挥信息系统包括地理信息系统（GIS）、灾害监测系统、应急管理信息系统等。通过指挥信息系统，指挥中心能够实时掌握灾情动态，进行灾害评估和预测，制定科学合理的应急处置方案，提高应急指挥的科学性和有效性。通信系统包括有线和无线通信设备、卫星通信系统、应急通信车等。通过通信系统，指挥中心能够实时获取灾情信息，迅速传达指挥命令，协调各类应急力量的行动，确保应急处置工作的高效开展。

4. 救援行动

救援行动是应急处置的核心环节，包括搜救、医疗救护、消防灭火和疏散安置等具体操作。在突发事件发生后，专业救援队伍迅速赶赴现场，展开紧急救援。搜救工作通常是首要任务，专业搜救队利用生命探测仪、搜救犬和无人机等设备，在废墟中寻找幸存者。医疗救护则由现场的医疗急救队伍负责，设立临时医疗站，为受伤人员提供急救处理，并将重伤者迅速转移到医院。消防灭火行动主要由消防部门负责，利用先进的消防设备和技术，迅速扑灭火灾，防止火势蔓延。

疏散安置是确保受灾群众安全的重要措施。在突发事件发生后，相关部门应迅速组织人员疏散到安全区域，并搭建临时安置点，提供基本生活保障。疏散工作需要周密的计划和组织，确保疏散路线畅通，防止发生踩踏等二次伤害。在安置点，救援队伍应提供食品、饮用水、医疗服务和心理疏导，帮助受灾群众尽快恢复正常生活。此外，救援行动还应包括灾后恢复工作，如清理废墟、修复基础设施和进行环境消毒等，确保灾区能够尽快恢复正常秩序。

5. 信息管理

信息管理是应急处置与救援机制中不可或缺的环节，通过建立统一的信息平台，实时收集、整理和分析灾情信息，为应急决策和行动提供数据支持。在突发事件发生后，各级政府和相关部门应迅速启动信息管理系统，利用现代信息技术手段，如卫星遥感、地理信息系统（GIS）和大数据分析等，实时监测和评估灾情。信息平台应包括灾情报告、人员伤亡情况、基础设施损毁情况和资源需求等关键信息，确保指挥机构能够全面掌握现场情况。

信息管理还包括信息的传递和共享。应急管理部门应与各相关部门、救援队伍和社会组织保持密切联系，确保信息的及时传递和共享。通过建立信息共享机制，各部门能够迅速获取所需信息，协调行动，提高救援效率。同时，信息管理系统还应包括公众信息发布功能，通过多种渠道，如电视、广播、互联网和社交媒体等，向公众发布最新的灾情和救援信息，指导群众进行自我防护和避险。此外，信息管理还需做好信息的安全保护，防止信息泄露和误用，确保信息的准确性和权威性。

6. 资源调配

在突发事件发生后，应急管理部门应迅速评估灾情和资源需求，根据事件类型和应急响应模式制订资源调配计划，合理配置应急资源，确保救援工作的高效开展。资源调配是应急高效有序进行的关键环节，包括应急物资、设备和人力资源的合理配置和使用。

（1）应急物资配置

应急物资包括食品、饮用水、医疗器械、帐篷和救生设备等。根据突发事件的类型和需求，合理配置应急物资，确保物资的及时供应和高效使用，确保救援行动和受灾群众的基本需求能够得到满足。例如，在地震救援中，需要大量的医疗物资、食品、饮用水和帐篷；在洪水救援中，需要充足的沙袋、抽水设备和救生设备。

（2）应急设备配置

设备调配则包括救援车辆、挖掘机、发电机和通信设备等，确保现场救援工作的顺利进行。根据突发事件的特点和应急救援的需求，合理配置应急设备，确保设备的完好和随时可用。例如，在火灾救援中，需要大量的消防设备和灭火器材；在化学泄漏救援中，需要专业的防护设备和泄漏控制设备。

（3）应急人力配置

人力资源调配是救援行动的重要组成部分。在突发事件发生后，应急管理部门应根据突发事件的规模和复杂程度，合理配置应急救援人员，迅速组织专业救援队伍，包括消防队、医疗队、搜救队和志愿者队伍等，迅速赶赴灾区开展救援工作。各专业队伍需根据预案和指挥部的安排，分工合作，确保救援行动的高效有序进行。同时，资源调配还需考虑后勤保障，包括提供必要的交通工具、通信设备和后勤物资，确保救援人员能够顺利开展工作。例如，在传染病暴发中，需要充足的医疗救援人员和公共卫生专家；在爆炸救援中，需要专业的爆破专家和搜救队伍。

在资源调配过程中，应急管理部门需建立高效的协调机制，与各相关部门和组织保持密切联系，确保资源能够及时调配到位。通过建立资源共享平台，实现各部门资源的统一调度和高效利用，避免资源浪费和调配不当。同时，应急管理部门还需根据实际情况，灵活调整资源调配方案，确保救援行动能够应对不断变化的灾情需求，最大限度地减少灾害损失，保障社会稳定和公众安全。

7. 协同合作

跨部门、跨区域协同合作是应急管理工作的重要组成部分，通过各部门和地区的协同合作，形成强大的应急合力，提高救援工作的整体效能。

（1）跨部门协同机制

① 信息共享：在突发事件发生后，各部门应及时共享灾情信息和应急资源信息，确保信息的快速流通。信息共享方式包括视频会议、信息平台、专线通信等。通过实时掌握灾情动态，各部门能及时调整应急救援行动，提高救援效率，增强救援效果。

② 资源调配：各部门应根据灾情和需求，合理调配应急资源，确保高效利用。资源调配方式包括应急物资的集中调配、应急设备的共享使用、应急人员的相互支援等。通过充分利用现有资源，各部门能够形成强大的应急合力，提高整体效能。

③ 联合行动：在突发事件发生后，各部门按照预案和职责分工，紧密配合，开展联合行动。联合行动方式包括联合指挥、联合演练、联合救援等。通过发挥各自的专业优势，各部门能够协同作战，提升应急救援的整体水平。

（2）跨区域协同机制

① 跨区域应急联动：突发事件发生后，不同地区通过建立跨区域应急联动机制，实现应急资源和力量的快速调配和支援。跨区域联动包括信息共享、资源调配、联合行动等。各地区通过协同合作，形成强大的应急合力，提高整体效能。

② 区域应急支援：在重大突发事件发生后，受灾地区可以请求相邻地区的应急支援，确保救援工作的顺利开展。区域应急支援包括应急物资调配、应急设备共享、应急人员支援等。通过迅速获得应急资源和力量的支持，受灾地区能够提高应急救援的整体效能。

四、恢复与重建机制

恢复与重建是应对突发事件全过程中的最后一个环节，政府及其部门、社会力量等致力于积极稳妥地开展生产自救，做好善后处置工作，把损失降到最低，尽快恢复正常的生产、生活、工作和社会秩序，妥善解决应急处置过程中引发的矛盾和问题，实现常态管理与非常态管理的有机转换。

1. 灾后评估

灾后评估是恢复与重建机制的起点，旨在对突发事件造成的损失和影响进行全面评估，为制定科学合理的恢复重建规划提供依据。

灾后评估包括以下几个方面：

① 灾后评估需要详细记录灾害的基本信息，包括发生时间、地点、类型和规模等。通过现场调查、遥感技术和地理信息系统（GIS），全面收集灾区的受灾情况，评估自然环境、基础设施、公共服务、居民住房和产业经济的损失。数据收集应精确到具体的村镇和社区，确保评估结果的全面性和准确性。

② 灾后评估需要评估灾害对社会和经济的影响。包括人员伤亡、失踪和受伤人数，家庭财产损失，企业生产中断，公共服务系统（如供水、供电、交通、医疗等）的受损情况。通过经济分析，评估灾害对地方经济的短期和长期影响，如失业率上升、生产力下降、市场波动等。评估过程应包括专家咨询和多方参与，确保评估结果的客观性和科学性。

③ 灾后评估需识别灾害应对过程中存在的问题和不足，为未来的应急管理和灾后重建提供改进建议。例如，评估救援效率、物资分配、公民避险行为等方面的问题，分析原因，提出改进措施。通过总结经验教训，提高未来应急管理的效能，增强灾害抵御能力。灾后评估结果应及时汇总和发布，为政府和相关部门制定恢复重建规划提供科学依据和数据支持。

2. 恢复重建规划

恢复重建规划是灾后恢复与重建的重要环节，旨在根据灾后评估结果，制订科学合理的恢复重建计划，恢复正常社会秩序和经济发展。恢复重建规划包括以下几个方面。

（1）基础设施的重建

基础设施包括道路、桥梁、电力设施、水利工程、通信网络等，这些设施的恢复对于灾区的正常运转至关重要。恢复重建规划应优先考虑恢复基础设施，制定详细的重建时间表和技术标准，确保工程质量和安全。政府应组织专业团队进行设计和施工，利用现代科技手段，如3D打印技术、模块化建设等，提高重建效率和质量。

（2）公共服务的恢复

公共服务包括医疗卫生、教育、交通运输、公共安全等，这些服务的恢复直接关系到居民的生活质量和社会稳定。恢复重建规划应详细制定公共服务恢复的步骤和措施，如重建受损医院和学校，恢复公交系统，增强公共安全设施，等等。政府应加强与社会组织和国际机构的合作，利用外部资源和技术支持，加快公共服务的恢复进程。

（3）产业振兴

灾害往往会对地方经济造成严重影响，导致企业停产、失业增加、经济活动萎缩等问题。恢复重建规划应针对当地的主要产业，制订振兴计划，包括产业结构调整、技术升级、市场开拓等。政府应提供政策支持和资金扶持，鼓励企业复工复产，促进产业链恢复和重构。同时，应推动新兴产业的发展，增加就业机会，提高经济韧性和可持续发展能力。

3. 资金保障

资金保障是恢复重建的基础，确保恢复重建工作的顺利进行。资金保障包括以下几个方面。

（1）政府投入

各级政府应设立专项资金，用于灾后恢复和重建工作。这些资金主要用于基础设施修复、公共服务恢复、居民安置等方面。政府应制定明确的资金使用计划和管理制度，确保资金使用的透明和高效。同时，政府还应通过财政政策，如税收减免、贷款优惠等，支持企业和个人的灾后重建。

（2）社会捐助

社会各界，包括企业、社会组织和个人，往往在灾后积极捐款捐物，支持灾区恢复重建。政府应建立捐助资金管理平台，确保捐助资金的规范管理和合理使用。通过公开透明的机制，向社会公布捐助资金的使用情况，增强社会信任和支持。同时，应鼓励和引导社会力量参与灾后重建工作，如志愿服务、技术支持等，形成全社会共同参与的恢复重建局面。

（3）保险赔付

灾害保险是分散和转移灾害风险的重要手段，可以为受灾群众和企业提供经济补偿，减轻灾后重建的经济压力。政府应推动和完善灾害保险制度，提高保险覆盖率和赔付标准。鼓励居民和企业购买灾害保险，提高风险防范意识和能力。在灾后，保险公司应迅速启动理赔程序，简化手续，提高理赔效率，确保受灾群众和企业能够及时获得经济补偿，顺利开展重建工作。

4. 社会心理疏导

社会心理疏导是恢复与重建机制中不可忽视的重要环节，旨在通过心理干预和社会支持，帮助受灾群众走出心理阴影，重建信心和希望。社会心理疏导包括以下几个方面。

（1）心理干预

灾后，许多人可能会经历心理应激反应，如焦虑、抑郁、失眠、创伤后应激障碍（PTSD）等。政府应组织专业心理救援队伍，深入灾区开展心理干预工作。通过个体咨询、团体治疗、心理辅导等方式，帮助受灾群众宣泄情绪，缓解压力，重建心理平衡。同时，应加强心理健康宣传教育，提高群众的心理健康意识和应对能力，预防和减少心理问题的发生。

（2）社会支持

社会支持包括家庭支持、社区支持和社会组织支持等。家庭是受灾群众最重要的支持系统，家庭成员应相互关心和支持，共同面对灾难带来的挑战。社区是受灾群众的重要生活环境，社区组织应积极开展互助活动，如社区联谊会、心理辅导讲座等，增强社区凝聚力和互助精神。社会组织，包括志愿者组织、慈善机构、宗教团体等，应积极参与灾后心理疏导工作，提供精神支持和人文关怀，帮助受灾群众尽快恢复正常生活。

（3）长期心理支持机制

灾后心理疏导不仅仅是短期的救助，更需要建立长期的心理支持机制。政府应加强心理健康服务体系建设，设立专门的心理咨询机构和热线电话，为受灾群众提供持续的心理支持。学校、医院、社区等应加强心理健康服务，提高心理健康服务的可及性和质量。通过多层次、多渠道的心理支持，帮助受灾群众逐步恢复心理健康，重建生活信心，实现社会的全面恢复和重建。

第三节　应急管理法制

面对新形势和新挑战，构建科学、系统、有效的应急管理体系，成为各国保障公共安全、维护社会稳定的重要任务。在这一背景下，应急管理法制作为应急管理体系的核心组成部分，显得尤为重要。新时代应急管理体系强调综合性、协同性和创新性，旨在通过现代科技手段和法治建设，提升应急管理的整体效能。在此过程中，应急管理法制发挥着基础性和保障性作用。应急管理法制不仅为各类应急活动提供法律依据和制度保障，还通过规范应急管理的各个环节，确保应急措施的合法性和有效性。新时代的应急管理法制建设需要结合当前社会发展的实际需求，创新法律制度和管理机制，提升应急管理的科学化、法治化和现代化水平。

一、应急管理法制属性和特征

应急管理法制是指在应急管理领域中，依据国家法律法规和规章制度，规范和指导各类应急活动，确保应急管理工作依法开展。应急管理法制涉及制定和实施相关法律法规，明确各级政府、部门及社会组织在应急管理中的职责和权限，规范应急预防、应急准备、应急响应和恢复重建等各个环节的行为。通过应急管理法制建设，建立科学、系统、有效的应急管理法律体系，为突发事件的防范和处置提供法律保障和制度支撑。

1. 应急管理法制的属性

应急管理法制具有以下几个主要属性。

（1）法律性

应急管理法制以法律法规为基础，通过制定和实施各类应急法律文件，规范应急管理活动。应急法律法规具有国家强制力，所有相关主体必须遵守。

（2）规范性

应急管理法制对应急管理的各个环节、各类行为进行系统的规范和指导，包括应急预防、应急准备、应急响应和恢复重建等。通过法律法规的制定，明确各级政府、部门和社会组织在应急管理中的职责和权限，确保应急工作有章可循。

（3）强制性

应急管理法制具有强制力，通过法律手段保障应急管理工作的有效实施。违反应急法律法规的行为将受到法律追究和制裁，确保应急管理工作的规范性和权威性。

（4）公共性

应急管理法制强调公共利益，以保障社会安全和公众利益为核心目标。应急管理法制的实施需要各级政府、部门和社会组织的共同参与和协作，形成全社会共同应对突发事件的合力。

2. 应急管理法制的特征

（1）权利优先性

在非常规状态下，应急管理法制的首要特征是权利优先性，强调在突发事件发生时，公众的生命权、安全权和健康权必须优先得到保护。这一原则要求各级政府在制定和实施应急措施时，将保障公众的基本生存权利置于首位。例如，在重大自然灾害、公共卫生事件等紧急情况下，政府应迅速采取措施，确保公众的生命和健康安全，即使这些措施可能在短期内影响到其他权利。法律法规需要明确授权政府在紧急情况下采取必要的干预措施，如强制疏散、隔离控制等，确保公众安全。

（2）紧急处置性

紧急处置性是应急管理法制在非常规状态下的重要特征，在突发事件发生后，政府和相关部门需要迅速反应，采取有效的应急措施，防止事态扩大。法律应对应急响应的启动条件、程序、权限和责任进行详细规定，确保在紧急情况下能够迅速、有效地展开应急行动。例如，自然灾害发生后，法律应规定政府有权立即启动应急预案，组织和协调救援队伍，调动救援物资，快速开展救援和恢复工作。紧急处置性要求应急措施迅速、果断，以最大限度减少灾害损失和社会影响。

（3）程序特殊性

程序特殊性是指在非常规状态下，应急管理法制需要具备独特的应急响应程序和快速决策机制。法律法规应对突发事件应对的各个环节进行特殊规定，简化正常情况下的程序，以应对紧急情况的需求。例如，法律应规定在紧急状态下，相关部门可以简化审批程序，快速调动和分配应急资源，实施救援行动。程序特殊性确保应急措施能够及时落地，快速有效地应对突发事件，减少烦琐的行政程序和时间延误，提高应急响应的效率和效果。

（4）社会配合性

社会配合性强调在非常规状态下，全社会应积极配合应急管理措施，共同应对灾害。应急管理法制应明确规定公民、企业和社会组织在应急管理中的责任和义务，鼓励和引导社会各界参与应急救援和灾后恢复工作。

（5）救济限制性

在非常规状态下，救济限制性体现了对权利救济的特殊安排。由于应急措施可能涉及对部分公民权利的限制，法律需要在保障公众生命和安全的前提下，合理设定权利救济的限制条件。

（6）公民权利保障性

公民权利保障性是应急管理法制中特殊而重要的特征，体现的是应急管理法制更注重对社会公共利益的保护。在非常规状态下，尽管应急措施可能会对一些公民权益造成损害，但这种损害是为了更大范围的公共利益而实施的，因此一般的应急法律法规中都强调公民权利的保障性。

二、应急管理法制体系

我国的应急管理法律法规体系，按照层级关系分为宪法、基本法、单行法、相关法、行政法规、部门规章、地方性法规和地方政府规章（图 2.6）。

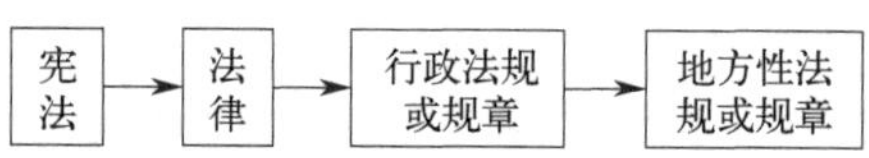

图 2.6　应急法律法规形式体系

1. 宪法

《中华人民共和国宪法》作为最高法律，宪法为应急管理法律体系提供了基础保障。宪法明确了国家保障公民生命财产安全的职责，为应急管理提供了基本法律框架。

宪法作为国家的根本大法，确立了应急管理的基本原则和指导思想，为制定和实施各类应急管理法律法规提供了宪法依据。

2. 基本法

基本法是国家在应急管理领域的核心法律，为各类应急活动提供了法律依据和制度保障。

《中华人民共和国突发事件应对法》：这是我国应急管理领域的基本法，全面规范了突发事件的预防、应急准备、应急处置和恢复重建等各个环节，为应急管理提供了法律框架。突发事件的预防与应急准备、监测与预警、应急处置与救援、事后恢复与重建等应对活动适用。

2007 年 8 月 30 日第十届全国人民代表大会常务委员会第二十九次会议通过，2024 年 6 月 28 日第十四届全国人民代表大会常务委员会第十次会议修订。新修订的《突发事件应对法》共 8 章 106 条，包括总则、管理与指挥体制、预防与应急准备、监测与预警、应急处置与救援、事后恢复与重建、法律责任、附则。

3. 单行法

单行法是针对特定类型的突发事件制定的专项法律，规定了相关应急管理工作的具体内容和程序。例如：

《中华人民共和国安全生产法》：规范了安全生产管理工作，预防和减少生产安全事故。

《中华人民共和国防震减灾法》：规定了地震灾害的预防和应急管理工作。

《中华人民共和国消防法》：规范了消防工作，预防和减少火灾危害。

《中华人民共和国防洪法》：规定了防洪工作的基本原则和要求。

《中华人民共和国食品安全法》：规范了食品安全管理工作，预防和处置食品安全事件。

《中华人民共和国生物安全法》：规范了生物安全管理，预防和应对生物安全风险。

4. 相关法

相关法是与应急管理密切相关的其他法律，规范了安全生产、环境保护等领域的应急管理工作。例如：

《中华人民共和国民法典》（2020 年 5 月 28 日第十三届全国人民代表大会第三次会议通过）中也有关于安全生产与应急管理的内容。

《中华人民共和国环境保护法》：规范了环境保护工作，涉及环境突发事件应急。

5. 行政法规

行政法规是由国务院制定的，用于规范全国范围内应急管理工作的法规文件，具有较高的法律效力。例如：

《突发公共卫生事件应急条例》：规范了突发公共卫生事件的应急管理工作。

《生产安全事故应急条例》：规范了生产安全事故应急工作。

《自然灾害救助条例》：规范了自然灾害救助工作，保障了受灾人员的基本生活。

6. 部门规章

部门规章是由国务院各部门制定的，用于规范本部门应急管理工作的具体规定。例如：

《突发事件应急预案管理办法》：规定了突发事件应急预案的编制、审批和管理。

《国家自然灾害救助应急预案》：规范了自然灾害的救助和应急响应工作。

7. 地方性法规

地方性法规是各省、自治区、直辖市根据国家法律法规，结合本地实际情况制定的应急管理法规。例如：

《江苏省安全生产条例》：规定了江苏省生产安全事故应急救援和调查处理的基本要求和程序。

《广东省防震减灾条例》：规范了广东省的防震减灾工作。

8. 地方政府规章

地方政府规章是各省、自治区、直辖市的政府根据地方性法规，制定的用于具体规范地方应急管理工作的规章文件。例如：

《上海市公共卫生应急管理条例》：规范了上海市公共卫生应急管理工作的具体实施细则。

《甘肃省火灾事故调查处理规定》：规范了甘肃省火灾事故调查处理工作。

第三章　突发事件风险评估与情景构建技术

近年来，全球范围内各类突发事件频发，不仅严重威胁到人民群众的生命安全与财产安全，也对国家安全和社会的和谐稳定构成了严峻挑战。因此，为了更有效地应对各类突发事件，在事件发生前进行科学的风险评估和情景构建显得尤为重要。此过程旨在精确预见可能发生的各种情况，并以此为依据设计出具有实效性的应对策略，最大限度地削弱突发事件所带来的负面影响，确保社会运行平稳，民众福祉得到保障。

第一节　突发事件风险评估

在应对突发事件过程中，风险评估是至关重要的一环。借助科学且系统的风险评估手段，可以精确识别出潜藏的危险要素，并合理评估其可能造成的危害程度，从而为制定行之有效的应急救援预案及措施奠定坚实的科学基础。本节内容将着重阐述定性与定量两种风险评估方法（图 3.1），旨在深入剖析这两种方法的理论基础和实践应用，以期为应急救援工作的顺利开展提供有力的理论支撑与实践指导。

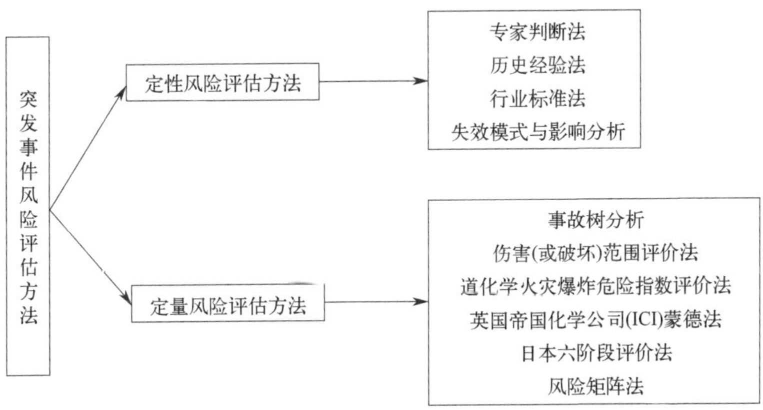

图 3.1　突发事件风险评估方法

一、定性风险评估

定性风险评估是指在不依赖于精确的数学模型或数值分析的情况下，通过专家判断、历史案例分析、情景模拟等手段，对突发事件可能引发的风险进行识别、分类、描述和评估的过程。这种方法侧重于对风险性质的深入理解和定性描述，而非精确的量化分析。它主要关注风险的可能发生性、潜在影响、紧急程度以及应对的难易程度等方面，旨在帮助决策者更好地把握风险的本质特征，为制定有效的应急救援预案和措施提供科学依据。

主要内容如下。

（1）风险识别：全面扫描与精准定位

风险识别是定性风险评估的首要环节。这一环节要求评估者具备全面的视角，能够全面分析可能发生的各种突发事件，包括自然灾害（如地震、台风）、事故灾难（如火灾、爆炸）、公共卫生事件（如传染病疫情）等，确保无一遗漏。同时，风险识别还需具备针对性，即根据企业或组织的实际情况，如地理位置、业务性质、人员构成等，对最易发生和潜在影响最大的风险进行重点分析和评估。例如，位于地震多发区的企业，应特别关注地震风险，并对其进行深入分析和评估。这种全面性与针对性并重的识别方法，有助于精确锁定风险点，为后续的风险评估奠定坚实基础。

（2）风险性质分析：深入剖析与科学判断

风险性质分析是定性风险评估的核心环节。评估者需要深入分析风险的来源、触发因素、表现形式等本质特征，并对风险的可能发生性进行准确判断。通过深入分析，可以揭示风险的内在规律和潜在趋势，为制定风险应对策略提供科学依据。例如，对于自然灾害类风险，需要分析其发生的季节性、地域性特征，以及可能引发的次生灾害；对于事故灾难类风险，则需关注其发生的工艺流程、设备状态等因素，以及可能导致的连锁反应。这种深入剖析风险本质的分析方法，有助于提升风险评估的准确性和有效性，从而确保应对策略的针对性和实效性。

（3）潜在影响评估：全面考量与科学预测

潜在影响评估是定性风险评估的重要组成部分。评估者需要全面考量风险一旦发生可能带来的人员伤亡、财产损失、业务中断、环境影响等方面的潜在影响。同时，还需分析风险影响的严重程度和持续时间，以及可能引发的次生灾害和连锁反应。这种全面考量风险后果的评估方法，有助于决策者全面把握风险的潜在危害，为制定有效的风险应对策略提供有力支持。通过科学预测，可以为企业或组织提供足够的时间来准备和应对潜在的突发事件，从而最大限度地减少损失。

（4）风险分类与排序：科学分类与合理排序

在定性风险评估中，风险分类与排序是确定应对优先级和顺序的关键步骤。评估者需要根据风险的性质、可能性和影响程度，将风险分为高风险、中风险、低风险等不同类别。然后，对不同类别的风险进行排序，确定应对的优先级和顺序。这种科学分类与排序的方法，有助于决策者合理分配资源，优先应对那些对人员安全、财产安全和社会稳定构成严重威胁的风险。通过科学分类与排序，可以确保企业或组织在有限的资源下，以最高效的方式应对突发事件，从而最大限度地保障人员和财产安全。

（5）专家意见与专业检查：权威验证与持续改进

为了确保定性风险评估的准确性和可靠性，邀请相关领域的专家进行现场调研和风险排查是必不可少的。通过收集专家的意见和建议，结合他们的专业知识和经验，对风险评估结果进行验证和完善。这种专家意见与专业检查相结合的方法，有助于提升风险评估的专业性和权威性，为制定有效的风险应对策略提供有力保障。同时，通过持续改进，可以不断优化风险评估流程和方法，提高评估的准确性和效率。例如，可以定期对风险评估结果进行回顾和总结，分析评估过程中存在的问题和不足，并提出改进措施和建议。

（一）定性风险评估方法

1. 专家判断法

专家判断法是指在突发事件发生或可能发生的情况下，组织相关领域的专家，运用其深厚的专业知识和丰富的实践经验，对事件的风险等级、影响范围、发展趋势及应对措施等进行全面、深入的分析和评估，旨在为决策者提供科学、准确的决策依据和建议的一种方法。这种方法通过集合专家的智慧和经验，能够有效提升对突发事件的认知水平和应对能力，为及时、有效地控制事态发展、减轻损失提供有力支持。

专家判断法实施步骤如下。

（1）确定评估议题与组建专家组

在突发事件评估的初始阶段，首要任务是明确评估议题。这要求依据突发事件的实际情况，包括事件类型、影响范围、紧急程度等因素，并结合评估的具体需求，如应急响应能力、风险等级等考量，来精确确定评估的核心关注点。例如，若事件为一场突如其来的自然灾害，评估议题可能聚焦于应急响应的速度与效率；若事件为公共卫生危机，则评估可能更侧重于风险传播的控制与预防措施的有效性。随后，根据评估议题的专业需求，精心挑选并组建一个多元化的专家组。这些专家可能涵盖疾病预防控制、公共卫生管理、应急管理等多个领域，他们来自不同的机构，如疾病预防控制机构、卫生行政部门或外部咨询机构，以确保评估的全面性和专业性。专家组的规模需根据评估议题的复杂性和广泛性灵活调整，但通常保持在 10 ～ 20 人之间，以维持讨论的效率和深度。

（2）提供背景材料与专家初评

在确定了评估议题和专家团队后，下一步是向每位专家提供详尽的背景材料。这些材料应全面覆盖评估议题的相关背景信息，包括但不限于事件的历史数据、当前状况、相关政策法规、过往应对经验等。同时，鼓励专家根据自身的专业知识和经验，提出额外的补充材料或建议，以丰富评估的维度和深度。随后，专家将基于这些材料，独立进行初步评估，提出个人的测量意见和评估方法。这一过程旨在收集专家对评估议题的初步看法和判断，为后续的综合分析奠定基础。

（3）意见汇总与专家反馈

完成初步评估后，将所有专家的意见进行汇总，形成一份清晰的对比图表，以便直观展示专家之间的观点差异和共识。随后，将这些汇总后的意见反馈给每位专家，鼓励他们对比自己的意见与他人的差异，进行深入的反思和讨论。这一反馈环节可能涉及多次迭代，即专家在收到反馈后，根据他人的观点和自己的深入思考，调整或完善自己的意见。此外，还可以邀请该领域的其他专家或外部顾问对初步意见进行评论，进一步丰富和深化讨论。经过多轮的反馈和修改，专家的意见将逐渐趋于一致，形成更加稳定和可靠的评估基础。

（4）综合处理与得出结论

在专家意见趋于稳定后，进入综合处理阶段。这一阶段的主要任务是对所有专家的意见进行统计分析，如计算平均分、中位数等，以量化方式反映专家意见的整体趋势和共识。同时，也要关注少数派或持异议的观点，确保评估结果的全面性和包容性。基于综合处理的结果，最终得出评估结论。这一结论应明确、具体，并尽可能量化，以便为后续的决策和改进提供清晰、有力的依据。结论的表述应简洁明了，易于理解和应用，确保评估成果能够转化为实际的行动指南或改进策略。

专家判断法作为一种风险评估手段，具备显著的优势与局限性。其优势在于能够迅速捕捉并剖析潜在风险因素，为应急响应计划的制订提供及时有效的支持。专家凭借深厚的实践经验和专业知识，能够全面考量多种因素，进行精准的风险评估。此外，该方法灵活性强，不受固定模型和算法的束缚，可根据实际情况灵活调整和完善。然而，专家判断法也存在局限，评估结果可能因专家个人经验和主观判断的差异而带有主观性，且通常难以提供具体的量化数据来支撑评估结论。同时，该方法高度依赖专家的参与和投入，若专家资源匮乏或质量参差不齐，可能会影响评估结果的准确性和可靠性。

专家判断法被广泛应用于多个领域，包括但不限于自然灾害的风险评估和应对策略的科学制定，事故灾难的风险评估及高效应急响应机制的构建，公共卫生事件的风险评估与有效防控策略的规划，以及社会安全事件的风险评估与全面应对策略的拟定，为各类突发事件的预防、应对和处置提供了有力的专业支持。

2. 历史经验法

历史经验法是指通过分析历史上类似应急救援事件的案例，总结其发生的原因、过程、后果以及应对措施等方面的经验和教训，以此来评估当前或未来类似事件的风险。基于“历史会重演”的假设，认为过去发生的事件中蕴含着未来可能发生事件的规律和信息。通过对历史事件进行深入分析，可以发现其中的共性和个性特征，从而预测和评估未来类似事件的风险。

历史经验法实施步骤如下。

（1）案例收集与筛选

在突发事件风险评价中，首先需要进行广泛的案例收集。这包括国内外发生的重大灾害事故、应急救援行动等，这些案例提供了丰富的历史经验和教训。随后，根据评估对象的特点和需求，筛选出与当前情况相似度较高的案例进行深入分析。这一步骤极为关键，因为它确保了分析成果具有高度的针对性和实用性，有助于更深入地理解并有效应对当前或未来可能发生的突发事件。

（2）案例分析与风险识别

对筛选出的案例进行深入剖析是突发事件风险评价的核心环节。这包括详细分析事件发生的背景、原因、过程、后果以及应对措施等方面。通过分析成功案例与失败教训中的关键要素，可以提炼出其中的普遍规律和独特特点，从而为当前的风险评价工作提供有价值的参考依据。在此基础上，进一步识别出当前或未来类似事件可能面临的风险因素，如自然灾害、人为失误、设备故障等，为后续的风险评估奠定基础。

（3）风险评估与量化

风险评估是突发事件风险评价的关键步骤。在这一阶段，需对已识别的风险因素进行评估，明确其发生的概率及潜在影响程度。这可通过参考历史案例数据与实践经验，结合当前实际状况进行量化分析来达成。风险评估的成果将为制定风险防控策略与应对措施提供科学基础，进而更有效地减少风险发生的概率并减轻其潜在影响。

（4）制定风险防控与应对措施

根据风险评估的结果，需要制定相应的风险防控和应对措施。这些措施应具有针对性和可操作性，能够有效降低风险发生的可能性和减轻其影响。在制定措施时，需要充分考虑当前的技术水平、资源条件以及法律法规等因素，确保措施的实施具有可行性和可持续性。同时，还需要建立相应的监测和预警机制，及时发现和应对潜在的风险因素，确保突发事件风险评价工作的有效性和实用性。

历史经验法依托实际发生的案例进行分析，其实践性和指导性显著，通过具体案例的生动展示和深入分析，使得非专业人士也能轻松理解和接受。历史上丰富的应急救援案例为风险评估提供了宝贵的资源。然而，该方法也存在局限，案例分析过程可能受到分析者主观因素的干扰，导致评估结果出现偏差；历史案例可能无法全面涵盖当前或未来可能遭遇的所有情形，从而使评估结果具有局限性；部分历史案例可能数据不全或记录缺失，进一步影响评估的准确性和可靠性。

历史经验法的应用实例体现在对过往突发事件案例的深入分析与总结中。例如，在应对地震灾害时，通过回顾汶川大地震的应急响应过程，专家和政府可以借鉴其中成功的预警系统建立、紧急救援队伍快速部署以及灾后心理疏导和救助等措施，进一步完善地震应急预案。同样，在公共卫生事件如埃博拉病毒疫情和甲型 H1N1 流感疫情的应对中，国际社会通过总结历史经验，加强了疫苗研发和推广、健康宣传教育以及社区参与等策略，有效遏制了疫情蔓延。这些实例表明，历史经验法能够帮助人们从过去的危机中汲取教训，优化应急预案，提升应对未来突发事件的能力和效率。

3. 行业标准法

行业标准法是一种依据行业标准和规范，系统全面地对潜在突发事件进行风险分析与评估的方法。它遵循标准流程与原则，确保评估结果的客观准确。该方法的核心在于识别、分析突发事件对人员、财产及环境的潜在风险，并据此制定预防和应对措施。其目标在于提升组织或社会对突发事件的应对能力，减少灾害损失，切实保障公共安全。

行业标准法实施步骤如下。

（1）标准选择与获取

在突发事件风险评估工作中，首先需要根据评估对象的特点和需求，选择适用的行业标准。这些标准通常由国家或行业权威机构制定，具有指导性和规范性。获取标准文本后，需确保标准的权威性和有效性，即标准应为最新版本，且来源可靠。

（2）标准学习与理解

选择并获取标准后，组织评估人员深入学习标准内容，理解标准的各项要求和指标。这包括掌握标准的评估方法和程序，确保评估工作的规范性和一致性。通过培训和学习，评估人员能够准确理解标准的核心要义，为后续的评估工作打下坚实基础。

（3）评估准备与实施

在评估准备阶段，根据标准要求，收集评估所需的资料和信息，如历史事故案例、现场勘查报告、设备设施状况等。明确评估对象和范围，以及评估的目的和要求。在评估实施阶段，按照标准规定的程序和方法进行全面、系统的分析和评价。识别潜在的风险因素，并进行量化评估，确定其发生的可能性和影响程度。这一阶段是评估工作的核心，直接关系到评估结果的准确性和有效性。

（4）评估报告编制与结果应用

评估工作完成后，根据评估结果编制评估报告。报告内容应符合标准的要求，详细阐述评估过程、评估结果以及风险防控和应对措施等内容。评估报告是评估工作的成果体现，为后续的风险管理和应急救援预案制定提供了重要参考。

行业标准法在风险评估中展现出鲜明的特点，它提供了统一的规范和要求，确保了评估工作的规范性和一致性。行业标准基于丰富的实践经验和科学研究成果制定，具有较高的科学性和可信度。行业标准法明确了评估的程序、方法和要求，使得评估人员能够轻松操作和实施。行业标准会随着实践的发展和技术的进步持续修订和完善，以适应不断变化的需求和挑战。

以自然灾害风险评估为例，某地区政府采用行业标准法对地震、洪水等自然灾害进行风险评估。通过收集历史地震和洪水数据、专家意见等，识别出该地区地震和洪水的主要风险因素，包括地震烈度、洪水水位等。然后，采用行业标准中的风险等级划分方法，对地震和洪水的风险进行等级划分。例如，洪水的行业标准主要以《水利水电工程等级划分及洪水标准》（SL 252—2017）为基准，地震的行业标准以中华人民共和国地震行业标准（DB/T 74—2018 至 DB/T 80—2018）为基准。最后，基于风险评估结果，政府制定了相应的应急预案和应对措施，包括加强地震预警系统建设、提高防洪设施标准等。

4. 失效模式与影响分析（FMEA）

失效模式与影响分析（failure mode and effects analysis，FMEA），是一种前瞻性和系统

性的风险管理工具，它专注于识别、分析和预防突发事件中的潜在失效模式及其对系统可能产生的负面影响。旨在通过系统化的方法，识别并评估产品或过程中的潜在失效模式，以及这些失效模式对系统、产品或过程的影响。在突发事件风险评价中，FMEA 的应用有助于提前发现潜在的安全隐患，制定有效的预防措施，从而降低突发事件发生的概率和影响程度。

FMEA 的实施步骤如下。

（1）全面识别潜在失效模式

在风险评估中，首要任务是全面识别可能导致突发事件发生的所有潜在失效模式。这需要对产品或过程进行深入审查，包括其结构、功能、运行环境等多个方面。潜在失效模式可能源于设备故障、人为操作失误、自然灾害等多种因素。为了确保识别的全面性，应充分利用团队成员的经验和专业知识，同时参考历史数据和行业标准，以捕捉所有可能的失效模式。

（2）评估失效模式的影响与确定失效原因

对于每个识别出的潜在失效模式，需要评估其可能导致的后果，包括对社会、环境和人类生命财产的影响。这一步骤的目的是确定失效模式的严重性和紧迫性，为后续的处理提供依据。同时，找出导致失效模式的潜在原因是解决问题的关键。这需要团队成员具备丰富的经验和专业知识，通过深入分析，确定问题的根本原因，如设计缺陷、材料问题或制造过程控制不当等，为后续采取纠正措施提供方向。

（3）量化评估与风险优先数计算

为了更准确地评估失效模式的风险，使用严重性（S）、发生频率（O）和可检测性（D）3 个指标进行量化评估。严重性评估失效模式对系统或产品的影响程度；发生频率评估失效模式出现的可能性；可检测性评估在失效模式发生前或发生时被检测到的难易程度。通过这 3 个指标的评估，可以计算出风险优先数（$RPN=S\times O\times D$），用于确定失效模式的优先级。RPN 值越高，表示该失效模式的风险越大，需要优先处理。

（4）采取纠正措施与跟踪效果

根据 RPN 的高低，优先处理高风险的失效模式，并采取相应的纠正和预防措施。纠正措施的目的在于降低失效模式的严重性、发生频率或提高其可检测性，从而减少风险。这可能包括改进设计、更换材料、优化制造过程等方面。在采取措施后，应跟踪其效果，确保问题得到有效解决。这一步骤是确保风险得到有效控制的关键。

（5）重新评估与持续改进

实施纠正措施后，需要重新评估失效模式的 RPN，确保风险得到有效降低。通过持续改进，可以不断提高产品或过程的可靠性和安全性，从而降低突发事件发生的可能性。

FMEA 是一种重要的风险管理工具，其应用实例广泛存在于各行各业中。以下是一个关于 FMEA 在手术室火灾风险管理中的应用实例：某三级医院手术室在使用 HVA（hazard vulnerability assessment，灾害脆弱性分析）进行前瞻性风险评估时，发现火灾危害程度高达78%，因此决定采用FMEA进行进一步的失效模式和影响分析。FMEA团队由分管院领导带领，成员包括后勤服务部、消防管理、手术麻醉科、外科部、总务科、设备科、保卫科等多学科人员，确保了分析的全面性和有效性。在FMEA分析过程中，团队首先明确了手术室火灾预防、紧急应变、应变执行、灾后复原四个阶段，并将每个阶段细分为具体的子流程项目。接着，团队成员对每个子流程项目进行了深入的失效模式分析，识别出了电气管理、易燃气体、医疗设备、人力分工、逃生路线、术中火灾处理、火场病人救护、消防资源紧急应变等多个潜在失效点。针对每个失效点，团队进一步分析了其可能的影响和后果，并评估了失效发生的S、O、D（严重性、发生频率、可检测性），从而计算出了RPN。根据RPN值的大小，团队确定了改进的轻重缓急，并制定了相应的预防措施。例如，针对电器管理失效，医院增加了医疗设备的检查频率；针对逃生路线不畅的问题，医院优化了逃生路线标识和应急照明系统。在实施了这些预防措施后，医院再次进行了FMEA后测，发现风险优先指数显著降低，手术室火灾的发生风险得到了有效控制。这一实例充分展示了FMEA在突发事件风险评价中的有效性和实用性。

（二）定性风险评估特点

应对突发事件时，定性风险评估展现了以下几项核心特性。

① 专业性与经验性：这些方法的核心在于对专家深厚专业知识和丰富实践经验的充分利用。

② 全面性与细致性：定性风险评估不仅关注事故的直接原因，更致力于深入挖掘事故背后的复杂因素，包括现场状况、环境因素、事故类型等多个维度。这种全面性和细致性确保了风险评估能够覆盖所有可能的风险点，避免遗漏任何可能导致事故发生的潜在因素。这为制定有效的应急救援策略提供了坚实的基础，有助于在事故发生时迅速作出正确的决策。

③ 动态调整与适应性：突发事件往往伴随着快速变化的环境和不断涌现的新风险。定性风险评估方法能够根据现场情况的实时变化，动态调整评估结果，并据此优化救援方案。这种适应性确保了救援行动能够紧跟事故发展的步伐，及时应对新出现的风险和挑战，从而提高救援效率，降低事故损失。

④ 科学性与客观性：虽然定性风险评估依赖于专家的主观判断，但通过多种方法的综合运用，如结合历史事故案例、数据统计等信息，可以显著提高评估的科学性和客观性。这有助于减少个人偏见对评估结果的影响，确保评估结果的准确性和可靠性。

⑤ 针对性与紧迫性：定性风险评估通常针对特定的应急情境进行，具有极强的针对性。在紧急情况下，这些方法能够迅速识别关键风险因素，为制定具体的应急救援策略和措施提供有力支持。同时，由于应急救援行动通常需要在短时间内做出决策和行动，定性风险评估

也需要在有限的时间内完成。这就要求评估人员具备快速响应和高效工作的能力，以确保救援行动的及时性和有效性。

（三）定性风险评估应用

（1）自然灾害

定性风险评估全面而深入地挖掘了地震、洪水、台风等自然灾害的历史数据，细致分析了当前的气象变化与地质条件；同时，也着重考量了人类社会的暴露程度与脆弱性。通过这一系列综合考量，定性风险评估旨在精确界定各类灾害的可能发生概率，清晰描绘其潜在的影响范围及可能达到的严重程度。

（2）工业生产事故

定性风险评估全面而细致地审视了工业生产流程中的各类潜在危险源，重点关注了化学品的储存与使用安全、机械设备的运行状态、工人的操作技能熟练度以及企业的整体安全管理水平。通过综合运用多种分析手段，定性风险评估能够准确识别出事故发生的潜在可能性及其可能引发的严重后果。

（3）交通事故

定性风险评估专注于全面剖析交通系统的整体安全性，细致考察道路设计的合理性、交通信号的优化程度、车辆性能的可靠性、驾驶员行为的规范性以及天气条件的变化等多个方面。通过量化分析这些因素对交通事故发生概率的具体影响，定性风险评估旨在为交通管理部门提供科学的决策依据，为驾驶员提供合理的驾驶建议，同时向公众普及交通安全知识，共同推动交通安全状况的持续改善，从而减少交通事故的发生及其带来的伤害。

（4）受限空间应急救援

定性风险评估包括详细考量空间内的氧气含量是否充足、有毒有害气体浓度是否超标、温度湿度是否适宜以及空间结构是否安全等因素。同时，定性风险评估还着重检查作业人员的安全培训是否到位、个人防护装备的使用是否规范以及应急预案的制定是否完善等。

（5）公共安全事件

定性风险评估聚焦于恐怖袭击、大规模传染病、社会动荡等公共安全事件，深入剖析事件的性质特征、潜在发生概率、可能影响范围及可能诱发的社会心理反应。同时，定性风险评估还着重考察政府及相关部门在应对此类事件时的应急响应速度与协调能力，以及公众对于信息的获取程度和应对意识水平。

（6）特定行业

定性风险评估专门针对化工、建筑、能源等高风险行业，深入剖析其特有的危险源、生产工艺的复杂程度、人员操作的规范性以及行业法律法规的遵循状况。通过细致识别并科学评估这些特定风险，定性风险评估为行业内的企业提供了精准的安全管理建议，帮助监管机构更有效地实施监管，同时也增强了公众的安全意识。

二、定量风险评估

定量风险评估是一种系统性的方法，旨在通过收集和分析数据，利用数学和统计工具对可能发生的突发事件及其潜在影响进行量化评估。这种评估方法侧重于将风险事件发生的概率和可能造成的损失或影响转化为具体的数值，以便更直观地理解和比较不同风险的大小和优先级。

定量风险评估是一个复杂且关键的过程，通过一系列科学的手段和方法，对潜在或已发生的突发事件进行量化分析，从而为决策者提供精确的数据支持和风险管理策略。具体而言，其目的包括以下几个方面。

（1）明确风险状况与优先级

定量风险评估通过收集和分析数据，利用数学模型和统计方法，将风险转化为具体的数值或等级，使决策者能够直观地了解风险的严重程度。这种量化比较有助于明确哪些风险需要优先关注和应对，确保资源得到合理分配和利用。通过优先级的设定，决策者可以更有效地集中资源和力量，优先处理高风险事件，从而降低整体风险水平。

（2）优化风险管理策略与提高决策效率

基于风险评估结果，决策者可以制定更具针对性的风险管理策略和措施，如预防措施、应急响应计划和灾后恢复计划等。定量风险评估为决策者提供了科学依据，使他们能够更快速、更准确地作出决策，避免了盲目性和随意性。这种优化后的风险管理策略不仅有助于减少或避免突发事件带来的损失和影响，还能提高决策效率和效果，确保组织在面对突发事件时能够迅速、有效地做出反应。

（3）促进持续改进与动态管理

定期的风险评估有助于及时发现新的风险点或风险隐患，以及现有风险的变化趋势。基于这些评估结果，决策者可以不断调整和优化风险管理策略，识别风险管理的不足之处，并采取相应的改进措施。这种持续改进和动态管理的方式有助于不断提高风险管理水平，确保组织在面对突发事件时能够保持高度的应对能力和灵活性。

（4）增强社会信任、透明度与合规性

将风险评估结果公开透明地呈现给公众和相关方，可以增强他们对政府和组织的信任，促进社会的和谐稳定。风险评估结果的公布和解读，可以提高公众对突发事件的认识和警惕性，增强他们的自我保护意识和能力。同时，量化风险评估也有助于组织满足相关法规和标准的要求，避免合规风险。通过定期的风险评估和审查，可以确保组织的业务活动符合法律法规和标准的要求，提高组织的合规性水平，从而进一步巩固社会信任度和透明度。

（一）定量风险评估内容

定量风险评估是对可能发生的突发事件进行基于统计数据和模型的量化分析，以计算出风险的具体数值。这种评估方法通常依赖于历史数据、统计学方法以及模拟模型等工具。具体内容如下。

（1）评估对象与背景分析

在进行定量风险评估之前，明确评估对象是至关重要的一步。这通常涉及特定的地区、组织、设施或活动等，它们作为评估的焦点，将接受全面的风险审视。对评估对象的背景进行深入分析，这包括但不限于其地理位置、环境条件、人员构成和运营状况等。地理位置的特殊性可能意味着特定的自然灾害风险，环境条件则可能影响设施的安全运行，人员构成和运营状况则直接关系到风险管理的可行性和有效性。通过背景分析，能够更准确地识别出潜在的风险因素，为后续的风险评估工作奠定坚实的基础。

（2）风险因素识别与量化

通过收集和分析历史数据、专家意见、现场调研等方式，全面识别出可能引发突发事件的各种风险因素。这些风险因素可能涵盖自然灾害、事故灾难、技术故障以及社会因素等多方面。识别出风险因素后，还需要进行量化分析，确定其发生的概率和影响程度。这通常需要使用概率分布函数、影响矩阵等数学工具来进行计算，以得出具体的数值或等级。量化分析的结果为风险评估提供了直观的风险图景，可以更精确地把握风险的本质和特征。

（3）评估模型构建与应用

在完成了风险因素的识别和量化后，需要选择合适的评估模型进行构建。将识别并量化的风险因素输入评估模型中，进行计算和分析。根据评估结果，能够确定风险的大小、优先级以及可能的影响范围等关键信息。这些信息对于决策者来说至关重要，因为它们直接决定了风险管理策略的制定和资源的分配。

（4）风险评估结果分析与风险管理策略制定

风险评估结果的分析是定量风险评估工作的最终目的。将评估结果划分为不同的等级，如高风险、中风险、低风险等，以便决策者更直观地了解风险的严重程度和紧迫性。分析风险可能带来的各种影响，包括人员伤亡、财产损失、环境破坏、社会影响等。这些分析结果为决策者制定针对性的风险管理策略和措施提供了重要依据。根据风险评估结果，制定了一系列的风险管理策略，如风险规避、风险降低、风险转移和风险接受等。这些策略旨在减少或避免突发事件的发生，降低其可能带来的损失和影响。同时，制定具体的风险管理措施，如加强安全监管、提高应急响应能力、完善应急预案等。

（二）定量风险评估方法

定量风险评估方法是评估潜在风险、确定风险等级以及制定有效应对措施的重要手段。这些方法通过数学模型、概率统计等手段，对风险进行量化分析，从而提供更为精确和科学的决策依据。以下是一些常用的定量风险评估方法。

1. 事故树分析（fault tree analysis，FTA）

事故树分析是一种演绎推理方法，用于分析可能导致事故的故障模式和失效路径。事故树分析是一种图形演绎方法，是事故事件在一定条件下的逻辑推理方法。它可以围绕某特定的事故做层层深入的分析，因而清晰的事故树图形可以表达系统内各事件间的内在联系，并指出单元故障与系统事故之间的逻辑关系，便于找出系统的薄弱环节。

事故树分析具有很强的灵活性，不仅可以分析某些单元故障对系统的影响，还可以对导致系统事故的特殊原因如人为因素、环境影响等进行分析。进行事故树分析的过程，是一个对系统更深入认识的过程，它要求分析人员把握系统内各要素之间的内在联系，弄清各种潜在因素对事故发生影响的途径和程度，因而许多问题在分析的过程中就被发现和解决了，从而提高了系统的安全性。利用事故树可以定量计算复杂系统发生事故的概率，为改善和评价系统安全性提供定量依据。

事故树分析流程如图 3.2 所示。

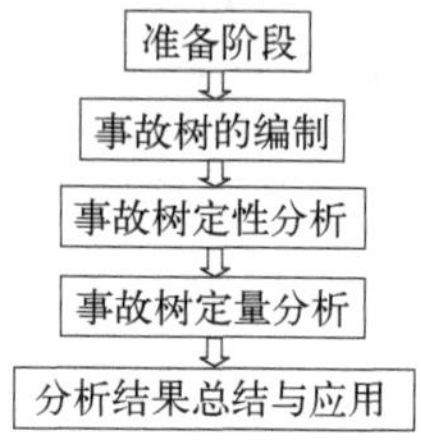

图 3.2　事故树分析流程

① 准备阶段。确定所要分析的系统，收集系统有关资料与数据，包括系统的结构、性能、工艺流程、运行条件、事故类型、维修情况、环境因素等。收集、调查所分析系统曾经发生过的事故和将来有可能发生的事故。

② 事故树的编制。根据事故调查报告分析其损失大小和事故频率，选择易于发生且后果严重的事故作为事故树的顶上事件。采用一些规定的符号，按照一定的逻辑关系，把事故树顶上事件与引起顶上事件的原因事件用逻辑门连接起来，绘制成反映因果关系的树形图。

③ 事故树定性分析。按事故树结构，求取事故树的最小割集或最小径集，以及基本事件的结构重要度。

④ 事故树定量分析。求解事故树顶上事件发生的概率、各基本事件的概率重要度和关键重要度等。

⑤ 分析结果总结与应用。根据定性分析的结果，确定预防事故的安全保障措施，根据定量分析的结果以及事故发生以后可能造成的危害，对系统进行风险分析，以确定安全投资方向。

2. 伤害（或破坏）范围评价法

伤害（或破坏）范围评价法是一种兼具科学性、系统性和实用性的评估方法。其科学性体现在该方法依托于先进的数学模型和精确的计算方法，能够较为准确地预测事故可能造成的伤害或破坏范围及其程度，为风险评估提供坚实的理论基础。

伤害（或破坏）范围评价法实施步骤如下：

① 明确评估对象和范围。首要步骤是确定评估的具体事故类型和场景，明确评估的对象及其涵盖的范围。这一步骤对于后续的数据收集、模型构建和分析至关重要，确保评估工作有的放矢，不偏离主题。

② 收集数据和资料。全面收集与评估对象相关的数据和资料。这包括事故的历史记录、设备的详细参数、环境的具体条件等，为后续的模型构建和分析提供坚实的数据支撑。数据的准确性和完整性直接影响评估结果的可靠性。

③ 构建数学模型。基于明确的评估对象和收集的数据，选择合适的数学模型进行构建。模型的选择应充分考虑事故类型、影响机制和评估需求，确保模型能够准确反映事故的影响范围和程度。

④ 计算分析并编制报告。运用数学方法对模型进行计算和分析，得出事故的具体影响范围和程度。将评估结果整理成报告，明确提出风险管理措施和建议，为决策者提供科学依据，以有效预防和减轻事故带来的伤害或破坏。

3. 道化学火灾爆炸危险指数评价法

道化学火灾爆炸危险指数评价法（Dow fire & explosion index，F&EI）是 1964 年由美国道化学公司首创，经过不断修改和完善，目前已发展到了第 7 版，用于评估工艺装置或储存设施潜在的火灾、爆炸和毒性危险。该评价法基于物质系数、特定工艺危险系数、一般工艺危险系数等参数，通过计算得出火灾爆炸危险指数，以衡量潜在危险的严重程度。该方法通过对火灾爆炸危险性的定量评价，识别潜在的危险源，并采取措施降低事故发生的概率和后果严重程度，确保人员安全，减少财产损失，维护企业的正常运营。

道化学火灾爆炸危险指数评价法实施步骤，如图 3.3 所示。

① 确定评价单元。评价单元是装置的一个独立部分，与其他部分保持一定的距离，或用防火墙、防爆墙、防护堤等与其他部分隔开。危险性潜能类似的单元可以归并为一个较大的单元。

② 收集资料。收集与评价对象相关的资料，如工艺流程图、设备清单、物料性质等。

③ 现场勘查。对评价对象的设备设施进行详细勘查，了解其结构、布局、运行状态等，并了解其安全防护措施和周边环境。

④ 计算火灾爆炸危险指数。

物质系数（MF）：表述物质在由燃烧或其他化学反应引起的火灾、爆炸过程中释放能量大小的内在特性，由物质可燃性 N_f 和化学活泼性（不稳定性）N_r 求得。

一般工艺危险系数（F_1）：确定事故损害大小的主要因素。

特殊工艺危险系数（F_2）：影响事故发生概率的主要因素。

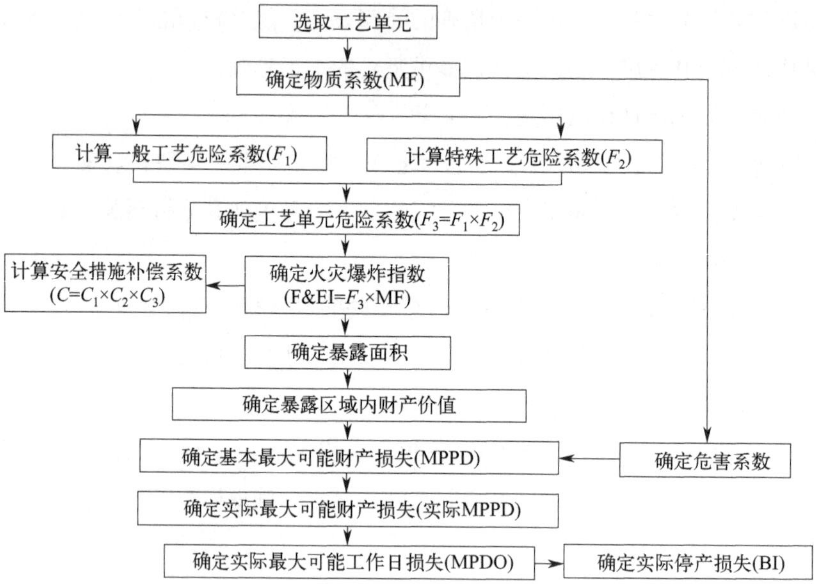

图 3.3 第 7 版“道化学火灾爆炸危险指数评价法”计算程序

工艺单元危险系数（F_3）：$F_3=F_1 \times F_2$。

火灾爆炸指数（F&EI）：F&EI=F_3×MF，用于估计生产过程中事故可能造成的破坏。

⑤ 确定暴露区域。根据 F&EI 值查出单元的暴露区域半径 R，并计算暴露面积 A。

⑥ 确定暴露区域内财产价值。考虑场地平整、道路、地下管线、地基等因素，计算暴露区域内财产的更换价值。

⑦ 计算基本最大可能财产损失（MPPD）。MPPD= 暴露区域面积 × 暴露区域财产价值。

⑧ 计算安全措施补偿系数（C）。$C=C_1 \times C_2 \times C_3$。式中，$C_1$ 为工艺控制补偿系数，C_2 为物质隔离补偿系数，C_3 为防火措施补偿系数。

⑨ 计算补偿后的火灾爆炸危险指数（F&EI′）。F&EI′ =F&EI×C。

⑩ 确定危险等级。根据 F&EI′值确定火灾爆炸危险等级。

⑪ 计算实际最大可能财产损失（实际 MPPD）。实际 MPPD=MPPD× 安全措施补偿系数。

⑫ 计算最大可能工作日损失（MPDO）。估算停产损失（BI），为风险管理提供依据。

道化学火灾爆炸危险指数评价法以其条理清晰、逻辑严密的评价过程著称，使得无论是安全领域的专家还是非专业人士都能迅速掌握其精髓，并应用于实际评估工作中。这一评价法不仅广泛适用于化工、石油、天然气、制药等多个高风险行业，能够全面覆盖各类工艺装置和储存设施的安全评估需求，而且其评估基础建立在丰富的实验数据和统计分析之上，有效减少了人为判断的主观性，确保了评估结果的客观性和准确性。

4. 英国帝国化学公司（ICI）蒙德法

ICI 蒙德法，全称为 ICI 蒙德火灾、爆炸、毒性指标法，是英国帝国化学公司（ICI）在道化学公司（DOW）火灾爆炸危险指数评价法的基础上发展而来的一种安全评价方法。该方法不仅继承了道化学公司方法的优点，还在其基础上进行了重要的改进和补充，特别是引入了毒性的概念和计算，从而形成了包括物质毒性在内的“火灾、爆炸、毒性总指标”的初步计算，并进行了采取安全措施加以补偿后的最终评价。

ICI 蒙德法的实施步骤，如图 3.4 所示。

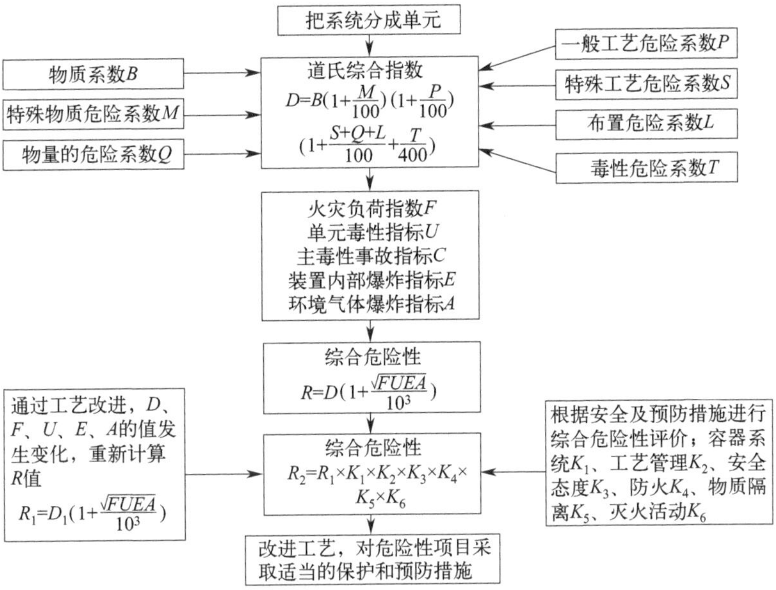

图 3.4　ICI 蒙德法评价程序

（1）划分评价单元

将整个需要评价的化工装置或工艺过程根据功能、物料特性、工艺流程等因素，合理地划分为若干个评价单元。这些评价单元应具有相对独立性，以便于进行逐一、细致的危险性评估。划分评价单元的目的是更准确地评估每个单元的危险性，并为后续的安全措施制定提供基础。

（2）确定各评价要素的危险值

这包括物质系数（B）、特殊物质危险系数（M）、一般工艺危险系数（P）、特殊工艺危险系数（S）、物量的危险系数（Q）、布置危险系数（L）和毒性危险系数（T）等。

（3）依据公式计算综合危险指数

根据各评价要素的危险值，利用 ICI 蒙德法提供的公式计算综合危险指数、火灾负荷指数、装置内部爆炸指标、环境气体爆炸指标、单元毒性指标、主毒性事故指标和总体危险性评分等。

（4）单元的补偿评价

在确定综合危险指数后，还需要进行单元的补偿评价。确定补偿系数，包括容器系统、工艺管理、安全态度、防火、物质隔离和灭火活动 6 个补偿系数，并计算补偿后的各项安全指标值。

ICI 蒙德法的优点在于考虑全面、量化直观、灵活适用。该方法不仅关注火灾和爆炸风险，还纳入了毒性风险的评价，使得评价结果更加全面和准确。通过量化和加权的方式，将各种影响因素转化为具体的数值，评估结果更加直观和易于理解。同时，ICI 蒙德法可以应用于不同的化工装置和工艺过程中，具有较强的灵活性和适应性。然而，其缺点也较为明显，即实施难度较大。该方法需要评价人员熟练掌握评价流程、熟悉系统、具备丰富的专业知识和良好的判断能力，这在一定程度上增加了实施的难度。

5. 日本六阶段评价法

日本六阶段评价法，是日本劳动省于 1976 年公布的一种安全评价方法。该方法在美国道化学公司方法的基础上进行了补充与发展，主要用于对工程项目的安全性进行综合评价，特别是在化工产品的制造和储存过程中，以及在新建、扩建化工厂时。

日本六阶段评价法共分为 6 个阶段，如图 3.5 所示。

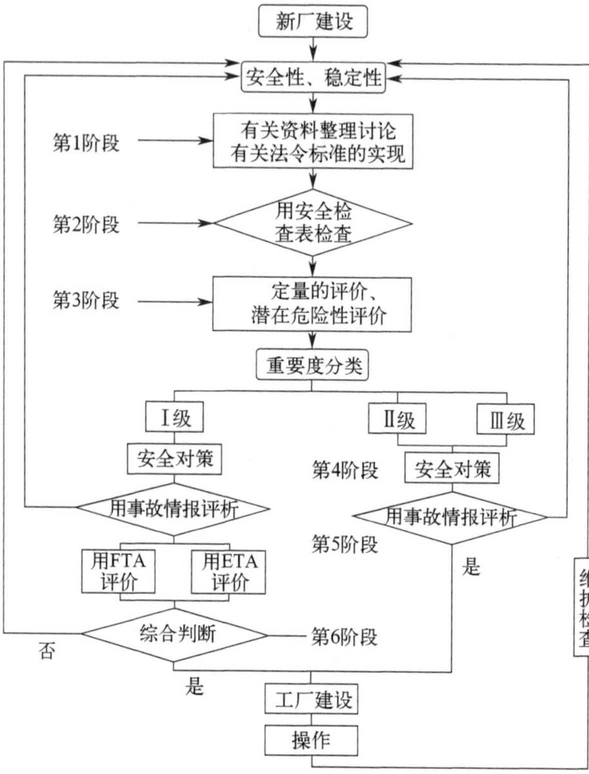

图 3.5　日本六阶段评价法

ETA—事件树分析

（1）资料准备和整理

此阶段是整个评价过程的基础，需要对与项目相关的所有资料进行整理与讨论。资料包括但不限于建厂条件（地质图、风向图、周边环境关系等），总平面布置图、装置布置图，产品或物质的理化特性，工艺流程图，设备明细及设备图，安全设备的种类、性能、安置地点及操作要领，人员配备情况，以及安全教育计划，等等。这些资料的详尽程度直接影响后续评价工作的准确性和全面性。

（2）定性评价

在这一阶段，采用安全检查表法对项目的各个设计和运转环节进行定性评价。安全检查表法是一种系统、全面的评价方法，通过列出与项目相关的各项安全要素，并逐一对照检查，以判断其是否符合安全要求。评价内容涵盖建厂条件、工艺及工艺设备等多个方面，旨在识别并指出潜在的安全隐患。

（3）定量评价

定量评价阶段将装置划分为若干工序，每个工序再进一步细分为几个单元。通过对每个单元进行详细的定量评价，可以更加精确地评估其危险程度。单元的危险度由物质、容量、温度、压力和操作 5 个项目组成，每个项目根据危险程度分为 A、B、C、D 4 个分段，并分别赋予 10 分、5 分、2 分、0 分的分值。通过计算各单元的总分数，并将其分为 3 级，可以直观地评定出各单元的危险程度。

在定量评价阶段，单元的危险度由以下 5 个项目共同确定。

① 物质：物质是评估单元危险度的重要基础。根据物质的危险性质，可以将其分为易燃、易爆、有毒等多个类别。例如，易燃物质在接触火源或高温时容易燃烧，从而引发火灾或爆炸事故；易爆物质在受到外力作用或在特定条件下可能发生剧烈反应，释放大量能量，对周围环境和人员造成巨大威胁；有毒物质则可能对人体健康产生长期或短期的危害。针对不同类型的物质，需要赋予相应的分值。一般来说，危险性质越严重的物质，其分值越高。通过物质分类和赋值，可以初步了解单元中可能存在的危险物质及其潜在风险。

② 容量：装置或设备的容量大小也是评估单元危险度的重要因素。容量越大，意味着存储或处理的物质数量越多，一旦发生事故，其影响范围和危害程度也可能越大。因此，在定量评价阶段需要根据装置或设备的容量大小进行分类，并赋予相应的分值。容量越大，分值越高，以反映其潜在的风险水平。

③ 温度：操作温度的高低对于单元的危险度具有重要影响。一方面，高温环境可能加快物质的化学反应速率，增加事故发生的可能性；另一方面，操作温度是否超过物质的燃点也是判断其是否容易燃烧或发生爆炸事故的重要依据。在定量评价中，需要根据操作温度的高低进行分类，并考虑操作温度是否在燃点以上等因素。高温环境或操作温度接近燃点的单元，需要赋予较高的分值，以反映其潜在的风险。

④ 压力：操作压力的大小同样对单元的危险度具有重要影响。高压环境可能增加设备破裂、泄漏等事故的风险，同时也可能加快物质的化学反应速率。在定量评价中，需要根据操作压力的大小进行分类，并赋予相应的分值。一般来说，操作压力越大，分值越高，以反映其潜在的风险水平。

⑤ 操作：操作的复杂性和危险性也是评估单元危险度的重要考虑因素。例如，涉及临界放热反应的操作可能引发剧烈的化学反应，导致设备破裂、泄漏等事故；在爆炸极限范围

内操作则可能增加爆炸事故的风险。

（4）拟定安全措施

根据定量评价的结果，针对存在安全隐患的单元，拟定相应的安全措施。这些措施旨在降低或消除潜在的安全风险，确保项目的安全运行。安全措施可能包括加强设备维护、优化工艺流程、提高人员安全意识等多个方面。

（5）根据事故资料进行再评价

在项目运行过程中，根据实际发生的事故或险情，对安全评价进行再评估。这一步骤旨在验证评价结果的准确性和有效性，并根据实际情况调整安全措施。通过对比实际事故与评价结果，可以发现评价过程中可能存在的疏漏或不足，从而不断完善评价方法。

（6）对危险程度为Ⅰ级的装置进行再评价

危险程度为Ⅰ级的装置，由于具有较高的安全风险，需要采用更加深入的评价方法进行再评价。事故树分析（FTA）、事件树分析（ETA）等方法被广泛应用于这一阶段。通过构建事故树或事件树，可以系统地分析潜在风险因素及其可能导致的后果，从而进一步识别出潜在的安全隐患，并制定相应的风险控制措施。这一步骤对于确保高风险装置的安全运行具有重要意义。

日本六阶段评价法在实际应用中展现出了强大的实用性，以某液化石油气贮罐系统为例，该方法综合考虑了液化石油气的特性、容量大小、操作温度、压力以及日常操作等多种因素，对各组成单元进行了详尽的危险度分析评价。通过精密的计算，得出了各单元的总分值，进而明确了系统的危险程度等级，如高度危险、中度危险或低度危险。基于这一评价结果，相关部门能够有针对性地采取相应的安全措施，确保液化石油气贮罐系统的安全运行，有效防范潜在的安全风险。

6. 风险矩阵法

风险矩阵法是一种重要的风险管理工具方法，它按照风险发生的可能性和风险发生后果的严重程度，将风险绘制在矩阵图中，以展示风险及其重要性等级。风险矩阵法的基本原理是将风险分解为两个可度量的量：风险发生后可能造成的影响性（severity）和风险发生的可能性（probability）。通过这两个维度的评估，可以清晰地展示出各个风险的相对优先级，从而帮助组织有效地分配资源，优先处理高优先级的风险。

（1）风险矩阵法的实施步骤

① 明确评估目标与标准。清晰界定评估的目标，比如评估项目风险、业务流程风险或生产系统风险等。接着，确立风险可能性和影响的评估标准，这些标准可以是定性的（如“几乎不会”到“几乎肯定”的等级划分），也可以是定量的（具体概率值和影响程度分值）。这些标准为后续的风险评估提供了基准。

② 确定评估指标与建立风险矩阵。根据评估目标，选定风险发生的可能性（概率 P）和后果（影响程度 S）作为评估指标。将可能性和后果分别划分为不同的等级，如低、中、

高或具体数值范围。然后，构建一个二维风险矩阵，横轴表示风险发生的可能性，纵轴表示风险后果，矩阵中的每个单元格对应不同的风险等级。

③ 评估风险事件与计算风险级别。在风险矩阵的基础上，对具体的风险事件进行评估。这包括对每个风险事件的可能性和后果进行打分或评级，并将结果标注在风险矩阵的相应位置。通过这一过程，可以直观地判断每个风险事件的风险等级。进一步地，根据可能性和后果的等级组合，可以计算出每个风险事件的具体风险级别。

④ 制定风险应对策略与监控更新。根据风险级别，制定相应的风险应对策略。高风险事件需要采取积极的控制措施或制定预案来降低风险，而中低风险事件则可以考虑接受风险、监控风险或采取简单的预防措施。制定策略时，需综合考虑成本效益、可行性和风险可接受程度。此外，风险矩阵法是一个动态过程，需要定期监控已评估的风险事件，根据实际情况对风险矩阵进行更新和调整，以确保风险评估的准确性和有效性。

风险矩阵法在于其直观易懂，能够快速地对风险进行分类和排序，提供一个量化的标准，尤其适用于数据充足时风险的直接定量表征，以及在数据缺乏时综合多名专家评判结果对风险进行较为科学和可靠的表征。然而，风险矩阵法也存在一些缺点，如需要对风险重要性等级标准、风险发生可能性及后果严重程度等做出主观判断，可能影响使用的准确性；同时，风险矩阵所确定的风险重要性等级是通过相互比较确定的，无法将列示的个别风险重要性等级通过数学运算得到总体风险的重要性等级，且在概率和后果的估计结果中出现高概率低破坏或低概率高破坏的情况时，风险表征的结果会比较模糊。

（2）定量风险评估的注意事项

① 明确目标与范围，确保数据准确。在进行定量风险评估时，首先要明确评估的具体目标和范围，确保评估工作具有针对性和全面性。同时，收集的数据必须来自可靠渠道，并经过核实和验证，以确保数据的准确性和可靠性。这些数据应全面覆盖评估范围内的所有相关因素，避免遗漏重要信息，从而确保评估结果的准确性。

② 选择科学方法，考虑不确定性。根据评估目标和范围，选择合适的评估方法至关重要。应选用科学、规范的评估流程，包括风险识别、概率评估、后果评估和风险等级确定等步骤。同时，在评估过程中要充分考虑不确定性因素，如自然灾害的不可预测性、人为因素的复杂性等，尽可能对这些因素进行量化分析，以减少其对评估结果的影响。

③ 关注潜在与长期风险，保持动态灵活。定量风险评估不仅要关注当前已知的风险，还要识别可能存在的潜在风险，以避免遗漏重要的风险因素。同时，要考虑风险事件可能引发的长期影响，如环境污染、社会动荡等。此外，由于风险状况可能随时间和环境的变化而变化，因此应保持评估的动态性和灵活性，定期更新评估结果以反映最新情况，并及时调整评估方法和策略以适应新的情况。

④ 加强沟通与协作，提高透明度。突发事件定量风险评估涉及多个部门和领域的知识和技能，因此需要加强跨部门之间的沟通与协作，以确保评估的顺利进行。在评估过程中，

应邀请公众和相关利益方参与，以提高评估的透明度和公信力，并增强公众的应对能力。这有助于形成共识，推动风险评估工作的顺利开展。

三、突发事件风险评估模型

风险评估是识别、分析并量化潜在风险的过程，而风险评估方法则是实现这一过程的具体手段和技术。突发事件风险评估模型则是基于风险评估方法和理论，针对突发事件的特点和影响，构建起来的用于评估突发事件风险的系统化框架。风险评估模型能够整合多种风险评估方法，如历史数据分析、专家判断、事故树分析等，以全面、准确地评估突发事件可能带来的各种影响。

风险评估模型在突发事件管理中占据着核心地位。其首要价值在于，能为决策者提供早期预警，使他们能够识别出潜在风险，并据此制定精准的预防措施及应急预案，从而大幅度降低突发事件可能带来的损失。同时，风险评估模型通过为各种风险设定优先级，有效引导了应急资源的合理部署，加速了应急响应的流程，提升了响应效率。此外，风险评估模型还成为促进不同部门、不同领域间协作与信息共享的桥梁，极大地增强了社会整体的应急处理能力。构建科学、高效的风险评估模型，对于增强社会面对突发事件的应对能力，具有深远且重要的战略价值。本小节将介绍如下几种风险评估模型。

1. 模糊综合评价模型

模糊综合评价模型是一种高效且全面的风险评估工具，它能够充分考虑风险因素的模糊性和非线性特点，为决策者提供更准确、更合理的风险判断。

模糊综合评价模型的首要步骤在于清晰界定评价的目标与对象，以确保评价工作的精确指向与高效实施。在此基础上，精心挑选构成评价因素集的关键指标，这些指标须全面且深入地揭示评价对象的本质特征。依据各因素在评价体系中的相对重要性，科学合理地分配权重，以保障评价的公正无偏与精确可靠。同时，设定一套清晰明确的评语集，为评价结果的等级或类别划分提供有力依据。通过运用定量或定性的方法，精心构建隶属度矩阵，以精确描述各因素与评价等级之间的关联程度。最终，借助模糊运算的先进方法，将权重集与隶属度矩阵有机融合，进行综合评判，从而精准确定评价对象所属的等级或类别，为科学决策提供坚实有力的支撑。

2. 灰色系统理论模型

灰色系统理论模型是一种专门用于处理和分析部分信息已知、部分信息未知系统的风险评估方法。该模型的核心在于将这类系统视为灰色系统，并利用灰色数学的方法进行深入的处理和分析。

灰色系统理论模型的构建是一个精密的过程，其核心环节包括确定灰色模型、参数估计以及模型检验。根据研究对象的特性和需求，精心挑选适合的灰色模型类型，这是构建模型的基础。运用专业的统计方法和数学工具，对模型中的参数进行精确估计，以确保模型能够准确反映系统的内在规律。最后，对模型进行全面的检验，包括残差分析、关联度检验等，以验证模型的可靠性和预测能力。

3. 贝叶斯网络模型

贝叶斯网络模型是一种强大的工具，它利用概率图模型来推断各种变量之间的因果关系，并据此评估风险的可能性和影响程度。贝叶斯网络模型，也被称为信念网络，是一种基于概率推理的数学模型。它使用有向无环图（DAG）来表示变量之间的依赖关系，其中每个节点代表一个变量，而连接节点的有向边则表示变量间的因果关系。这种模型的理论基础是贝叶斯定理，它描述了在已知某些证据的情况下某个假设成立的概率。

贝叶斯网络模型要求明确模型中涉及的节点与变量，这些节点代表系统中的实体或事件，变量则描述这些实体的属性或状态。在此基础上，通过深入分析节点间的因果关系，构建出有向无环图（DAG），该图直观地展示了系统中各元素之间的依赖关系。最后，为每个节点指定条件概率表（CPT），详细描述了在不同父节点状态下该节点取各值的概率，从而完整定义了贝叶斯网络。这一过程旨在通过图形化的方式，清晰、准确地表达复杂系统中的不确定性和依赖关系，为后续的推理和决策提供支持。

4. 熵权－灰色关联法

熵权 - 灰色关联法是一种综合评估方法，结合了熵值法和灰色关联分析法。熵值法用于确定各评价指标的权重，而灰色关联分析法则用于评估各指标之间的关联程度。通过计算指标的权重和关联度，可以评估风险的可能性和影响程度。这种方法适用于评估多个因素对风险的影响程度，并能够减少因素间的主观性，提高评估的客观性。

熵权 - 灰色关联法的模型需对原始数据进行标准化处理，旨在消除不同指标量纲的影响，确保各指标在同一标准下具备可比性。通过计算各指标值的比重，进而得出熵值，该熵值作为衡量信息不确定性的重要指标，反映了数据分布的离散程度。基于熵值的大小，可以科学合理地确定每个指标在评估体系中的权重，以体现其在整体评价中的相对重要性。明确参考序列与比较序列，借助灰色关联理论，计算各指标与参考序列之间的灰色关联度，用以量化各指标与理想状态的接近程度。在此基础上，结合关联度与指标权重，综合计算出各评估对象的综合得分。最终，依据综合得分的排序结果，作出科学合理的决策。这一过程旨在通过深入考量信息的不确定性及指标间的关联性，为复杂系统的综合评估提供坚实可靠的依据。

5. 逻辑回归模型

逻辑回归虽然名字中包含“回归”，但本质上是一种二分类模型。它的基本思想是通过线性回归计算，得出输入特征与目标变量之间的线性关系，即预测值。随后，利用 sigmoid 函数将这一连续性的预测值映射到（0,1）区间内，得到一个介于 0 和 1 之间的概率值，该值反映了样本属于某一类别的可能性。最后，根据设定的分类阈值，如通常选择的 0.5，将概率值与阈值进行比较，从而作出分类决策，即将样本归为某一类别。这一过程充分利用了线性回归的预测能力和 sigmoid 函数的非线性映射特性，实现了对二分类问题的有效处理。

6. 层次分析法（AHP）模型

层次分析法（AHP）是一种将复杂问题分解为多个层次和因素，通过比较不同因素的重要性来确定其权重，进而计算综合风险值的方法。在突发事件风险评估中，AHP 可以综合考虑多种因素，如自然灾害、人为因素、环境因素等，通过构建层次结构模型来评估风险的大小和优先级。这种方法能够处理多因素、多层次的风险问题，提供全面的风险评估结果。

层次分析法（AHP）模型首先根据问题的复杂性和目标，建立层次结构模型，将决策问题分解为多个层次，包括目标层、准则层和方案层等。针对每一层次的元素，构造判断（成对比较）矩阵，通过专家打分等方式，量化各元素之间的相对重要性。随后进行层次单排序及其一致性检验，确保同一层次内元素排序的逻辑一致性。最后，进行层次总排序及其一致性检验，综合各层次的排序结果，得出整体决策方案的优先级排序，从而辅助决策者做出科学、合理的选择。

7. 自然灾害风险评估模型

自然灾害风险评估模型是用于评估和预测自然灾害可能造成的风险程度和影响的工具。这些模型通常综合考虑致灾因子、承灾体脆弱性、暴露度以及防灾减灾能力等多个因素。常见的自然灾害风险评估模型包括 UNDRO 模型（联合国救灾组织）、NOAA 模型（美国国家海洋和大气管理局）、EPC 模型（加拿大）、FAMA 模型（美国联邦应急管理署）、SMUG 模型（澳大利亚灾害协会）、APELL 模型（联合国环境规划署工业和环境规划中心）等。

第二节　突发事件情景构建

一、情景构建基础

突发事件的情景构建技术是根据实际情况，对未来可能发生的突发事件情景进行预测和设定，并制定相应的应对措施。

（一）理论基础

情景构建技术的理论基础主要包括情景分析理论、危机管理理论以及系统动力学理论。这些理论为构建符合实际情况、具备可操作性的应急预案提供了有力的支撑。

1. 情景分析理论

情景分析理论是构建突发事件情景的基石，它标志着整个构建流程的第一步，旨在通过系统性的信息收集与深度分析，为后续的情景设计与策略制定奠定坚实的基础。这一过程的核心在于全面而深入地理解突发事件的各种可能性及其潜在后果，确保预案能够针对实际风险做出有效响应。

（1）信息收集

情景分析的首要任务是全面且广泛地搜集与突发事件紧密相关的各类信息，这涵盖了回顾并分析历史数据中类似事件的起因、经过、影响及应对措施的成效，以提炼经验教训并识别事件规律；评估当前社会、经济、环境和技术背景的实际情况，包括人口布局、基础设施健全度、资源分配合理性及政策环境等，这些因素均对突发事件的发生与演变具有重要影响；同时，还需基于科学预测及专家见解，前瞻性地分析未来可能改变突发事件风险格局的变动趋势，诸如气候变化、技术革新及社会结构变化等。

（2）数据分析

在收集到大量信息后，接下来是运用数据分析工具和方法，对这些信息进行整理、分类和解析，以识别出关键的风险点和潜在影响。这包括如下几点。

① 事件类型识别：基于历史数据和当前趋势，确定可能发生的突发事件类型。

② 影响评估：分析每种事件类型可能带来的直接和间接影响，包括人员伤亡、经济损失、环境破坏、社会动荡等，以及这些影响在不同时间尺度和空间范围内的扩散和演变。

③ 敏感性分析：识别哪些因素的变化最可能触发或加剧突发事件，以及这些因素的变化如何影响事件的严重程度和范围。

（3）潜在影响识别

情景分析的最终目标是深入理解和把握突发事件可能带来的潜在影响，这包括直接后果的识别，同时也要求预见可能通过连锁反应产生的次级影响，比如一场地震不仅直接造成建筑物损毁和人员伤亡，还可能引发火灾、交通瘫痪、水资源受污染等一系列次生灾害，这些次生灾害会进一步阻碍救援工作的展开并延缓灾后的恢复进程。

2. 危机管理理论

危机管理理论是现代管理学的一个重要分支，它专注于研究组织或个人在面临突发事件或重大挑战时，如何有效应对、减轻影响并恢复常态的一系列策略与方法。该理论不仅关注危机的预防、处理，还涵盖了危机后的恢复与重建工作。其核心在于通过系统的管理手段，提高组织对危机的识别、评估、应对及恢复能力，从而确保组织在危机中能够稳健运行，甚至转危为机。

（1）核心要素

① 危机识别。危机识别是危机管理的第一步，也是整个危机管理流程的基础。它要求组织能够敏锐地察觉到潜在的危机信号，及时识别出可能引发危机的各种因素，并进行预警。通过危机识别，组织可以在危机爆发之前采取预防措施，从而降低危机的发生概率和潜在影响。

② 危机评估。危机评估是对危机进行量化分析，评估其可能带来的影响和危害程度，为制定应对策略提供依据。通过危机评估，组织可以更准确地了解危机的性质、规模和潜在影响，从而制定更加有效的应对策略。

③ 危机应对。危机应对是危机管理的核心环节，包括危机沟通、媒体管理、决策制定

以及与利益相关者沟通等多个方面。通过有效的危机应对，组织可以控制危机的发展，减少损失，并恢复组织的正常运营。

④ 危机恢复。危机恢复是在危机得到控制后，着手进行后续的形象恢复和提升，以及危机管理经验的总结与分享。通过危机恢复，组织可以恢复正常的运营状态，提升组织的危机应对能力，并为未来的危机管理提供经验和借鉴。

（2）4R 危机管理理论

4R 危机管理理论是危机管理理论中的一个重要分支，由美国危机管理专家罗伯特·希斯在其著作《危机管理》中率先提出。该理论为危机管理提供了一个基本框架，即缩减力（reduction）、预备力（readiness）、反应力（response）、恢复力（recovery）4 个阶段。

① 缩减力（reduction）。缩减力是危机管理的第一步，旨在通过降低风险来减少危机的发生及冲击力。它要求组织在环境、结构、系统和人员等多个方面着手，通过有效的风险管理策略来减少危机的可能性和影响。缩减力的实施有助于组织在危机发生前做好充分的准备，从而降低危机的潜在威胁。

② 预备力（readiness）。预备力是通过建立预警和监视系统来防范危机。预警和监视系统能够监视特定的环境，对每个细节的不良变化都会有所反应，并发出信号给其他系统或者负责人，从而帮助组织提前做好准备。预备力的实施有助于组织在危机发生前做好充分的预警和准备工作，提高应对危机的能力。

③ 反应力（response）。反应力关注危机发生后的快速响应与有效处理。它要求组织在危机发生时能够迅速启动应急预案，采取有效的措施来控制危机的发展，减少损失。反应力的实施有助于组织在危机发生后迅速恢复正常运营，降低危机对组织的影响。

④ 恢复力（recovery）。恢复力侧重于危机后的恢复与重建工作。在危机得到控制后，组织需要着手进行后续的形象恢复和提升，以及危机管理经验的总结与分享，以便更好地应对未来的危机。恢复力的实施有助于组织从危机中恢复过来，并提升组织的危机应对能力。

3. 系统动力学理论

系统动力学理论立足整个系统，通过寻找因素间的因果关系及内部结构来确定系统的特性。它强调系统的整体性和动态性，认为系统内部各要素之间以及系统与外部环境之间都存在着复杂的相互作用和反馈机制。

系统动力学应用如下：

① 全面分析突发事件因素。运用系统动力学理论能够全方位地审视突发事件的各类因素，诸如人的行为模式、环境条件变化以及社会结构特征等，并通过深入剖析这些因素间的相互作用关系及反馈机制，从而更加透彻地把握突发事件的动态演化过程。

② 找出关键因素和主要矛盾。在系统动力学模型的框架下，通过精心构建各个子系统间的关联关系及相应的动力学方程，能够动态地模拟突发事件的逐步演变过程。这一过程不仅展现了事件发展的时序逻辑，还深刻揭示了背后隐藏的各种复杂机制。借助这一理论，可

以细致地分析每一个潜在变量对事件进程的影响，进而精确识别出那些对突发事件演化起到决定性作用的关键因素和主要矛盾。这些关键因素和矛盾往往是事件发展路径中的转折点或瓶颈，它们决定了事件的发展方向和最终影响范围。

③ 促进跨学科研究和合作。系统动力学理论作为一个跨学科的研究框架，融合了数学、物理学、计算机科学等多个学科领域的知识和方法，这一特性极大地促进了不同学科间的深入研究和紧密合作，通过集合多学科智慧，为构建复杂多变的突发事件情景提供了更加全面、有力的理论支持和实践指导。

（二）关键步骤

（1）情景识别

这是情景构建的第一步，需要收集和分析与突发事件相关的历史数据、现实情况以及未来趋势等信息，识别出可能发生的突发事件类型及其潜在影响。

（2）情景分析

在情景识别的基础上，对识别出的情景进行深入分析。这包括分析事件的起因、发展过程、影响范围等，以及评估事件的可能性和潜在影响。通过这一步骤，可以更加清晰地了解突发事件的特点和规律，为后续的情景构建提供科学依据。

（3）情景构建

根据情景分析的结果，构建具体的突发事件情景。这包括设定情景的关键参数和变量（如时间、地点、规模等），以及描述情景的演化过程和可能的结果。在构建过程中，需要充分考虑各种可能性和变化，以确保情景的完整性和可信度。

（4）应急响应

针对构建的情景，开展系统化的研判，明确应急响应的任务和职责，并分析完成应急响应所需的能力和资源。这包括专业技能、组织协调能力、应急反应速度等。通过这一步骤，可以确保突发事件情景应急响应中的任务分配合理、高效，提高应急响应的效率和效果。

（三）技术要点

情景构建技术的要点在于其对细节和准确性的极度重视。有效的情景构建，不仅要求对实际状况进行细致入微的模拟，更需全面考虑各相关因素间的相互作用，以确保所构建的情景既真实可信，又具备高度的完整性与可信度。这一过程中，数据采集与分析扮演着至关重要的角色，它涵盖了历史事件数据、实时监测信息及专家意见，提供了对潜在风险、事件触发条件及应对策略的深入理解，进而为构建真实感更强的情景提供了坚实的基础。

在此基础上，情景构建还需借助多样化的建模技术与仿真工具，结合先进的计算机技术与人工智能算法，实现对情境变量的实时调整与优化。这些变量涉及环境条件、人员状态、资源配置等多个方面，构建者需具备灵活应变的能力，根据实际需求迅速调整与优化这些变量，以精准反映突发事件的复杂性与动态性。同时，情景构建应保持开放性与灵活性，视为一个持续迭代与更新的过程而非一次性任务。构建团队需定期审视与修正已有情景，整合新数据与经验教训，确保情景的有效性与实用性。情景构建的设计也应包含多种可能的应急响应方案，通过不同情境下的多元模拟，分析和评估各方案的有效性和可行性，以便在实际应对中能够灵活应变。此外，多方协作与跨学科合作同样至关重要，它不仅能够丰富情景的构建内容，还能提升情景的适应性与广泛性，从而在复杂的突发事件处理中更有效地提升应急响应能力。

二、情景构建方法

（一）情景分析法

在突发事件情景构建中，情景分析法是一种有效的方法，旨在通过系统提取和分析情景要素来增强决策者对复杂情境的理解与应对能力。

该方法的核心在于识别和描述突发事件中的关键要素及其相互关系，以便为决策提供明确的支持。情景分析法强调信息的广泛性和多源异构性，尤其是在突发事件中，信息的收集往往面临着大量冗余和错误信息的挑战。因此，精确提取情景要素至关重要，这些要素不仅反映事件的状态，还能揭示出事件的演变过程。通过对各个阶段的情景要素进行分析，决策者可以更好地理解每个阶段对后续发展的影响，从而有效应对突发事件的复杂性。

在情景分析法中，情景要素的提取是基础，通常包括与事件状态相关的关键特征。这些要素的状态变化是突发事件动态演变的直接体现。每一情景都是决策点的具体表现，决策点是决策者在处理事件过程中面临的不同选择，其依据正是由关键情景要素所形成的集合。有效识别这些决策点，有助于厘清在不同情境下决策者的选择依据，使决策过程更加清晰和有效。

关键情景要素的提取则帮助决策者专注于影响当前情景决策的核心因素。突发事件的演变过程中，并非所有情景要素均需关注，而是应优先考虑那些对决策影响最大的要素。这种选择不仅提高了决策者的信息处理效率，还使他们能够在事件进展的不同阶段，依据关键情景要素的变化作出相应决策。

情景之间的联系则由决策点构成，关键情景要素状态的变化意味着决策依据的变化，从而可能改变事件的发展路径。在这一过程中，调度员需要完成“确定关键情景要素状态—作出决策—采取应对措施”的循环。这一过程确保了决策的灵活性与适应性，能够根据事件的动态变化及时调整应对方案。

应急响应的有效性在很大程度上依赖于情景分析法的应用。通过清晰地描绘突发事件的各个阶段及其相关要素，决策者能够迅速识别潜在风险和关键干预点。在实际响应过程中，情景描述法帮助应急管理团队明确各自的角色和责任，确保协同作战，提高响应效率。此外，情景分析法所提供的结构化信息使得应急指挥系统能够进行快速的决策支持，合理调配资源和人员，以应对不断变化的现场情况。

（二）实物情景构建法

实物情景构建法是一种综合性的突发事件情景构建方法，旨在通过模拟真实或接近真实的突发事件应急救援与处置场景，评估、检验并提升应急救援队伍应对突发事件的能力。其核心在于创建一个高度仿真的模拟实物环境，真实反映实际救援中的各种情况与挑战，使救援人员在接近实战的条件下进行反复训练。通过设计有针对性的实物情景，参与者能够熟悉各类处置流程，掌握必要的救援技能。可以在实际或模拟的救援现场环境中，组织救援队伍和相关人员按照预定的应急预案和流程，进行实地操作和应对突发事件。此外，该方法也可以由多个单位、部门或组织共同参与，强调多部门、多角色之间的合作与协调，提升救援队伍的整体协作能力和应对效率。

1. 应急体验馆

应急体验馆等类似设施是实物情景构建法的一种体现，通过提供逼真的实物模拟环境，使参与者能够身临其境地体验各种突发事件的应急处置流程。这些设施通常模拟不同类型的灾害场景，如火灾、地震、洪水等，配备先进的技术和设备，以创造真实的应急救援环境。在应急体验馆内，参与者可以通过多种互动方式学习和实践应急技能。例如，火灾模拟区可以模拟烟雾、火焰和温度变化，使参与者在安全的环境中体验如何使用灭火器、进行疏散和救助伤员。在地震模拟区，参与者则可以体验震动和摇晃的感觉，学习如何在地震发生时保护自己并进行有效的自救与互救。这种沉浸式的体验不仅增强了学习的趣味性，还提升了参与者对突发事件的应对能力和心理准备。此外，应急体验馆还配备了专业的讲解员和教练，提供针对性的培训和指导。他们会在模拟演练后进行评估和反馈，帮助参与者总结经验教训，从而不断提高应急反应能力。通过这种方式，体验馆不仅是一个技能培训的场所，更是一个提升公众应急意识的重要平台。在实际或模拟的救援现场环境中进行实地操作，使应急人员亲身体验应对突发事件，并通过及时的反馈与总结不断完善应急预案和训练方案。

2. 桌面演练

桌面演练也是实物情景构建法的一种体现。桌面演练是指参演人员利用地图、沙盘、流程图、计算机模拟、视频会议等辅助手段，依据应急预案对事先假定的演练情景进行交互式讨论和推演应急决策及现场处置的过程。这种演练方式通常在室内进行，强调通过口头交流、讨论和推演来模拟应急响应过程。桌面演练的特点在于其高度的安全性、强可控性、广泛的参与面以及较低的成本。具体来说，由于桌面演练不需要实际操作设备和流程，因此它能在一种风险极低、相对安全的环境中进行，避免了实际操作中可能发生的意外。同时，桌面演练的内容具有高度的可调整性，可以根据不同的演练目标和需求进行灵活设置，这使得演练更加贴近实际，更具针对性。此外，桌面演练还适用于多部门、多专业的人员共同参与，这种跨领域的协作有助于提升整体的应急响应能力和协同作战水平。最后，与实战演练相比，桌面演练在物资和人力上的投入较少，成本相对较低，这使得它成为一种经济高效的应急情景构建技术。

实物情景构建法不仅能够提升参与者的实践能力和应对能力，还能增强其责任感和使命感，通过深刻的教育活动培养高素质的应急管理人才。这一方法的实施，可以全面提升救援队伍的应急响应速度、协同作战能力和整体实战水平，为应急管理提供坚实的保障。同时，其灵活性与安全性有效降低了实际救援中的风险，增强了社会公众的应急意识和资源整合能力，从而提升整体应急救援效率和社会的应急能力。

（三）仿真方法

仿真方法是一种基于计算机技术的模拟方法，旨在通过构建虚拟的突发事件场景，模拟突发事件应急救援与处置的全过程。该技术能够模拟各种突发事件的发生、发展和演变过程，包括自然灾害、事故灾难、公共卫生事件等，以及应急救援与处置中的各个环节，如人员疏散、物资调配、医疗救治等。仿真技术的核心原理是通过建立突发事件和应急救援与处置系统的数学模型，利用计算机进行模拟实验，以评估和优化系统的性能。在仿真过程中，可以根据需要调整模型参数，以模拟不同情景下的应急救援与处置过程，并观察和分析系统的响应和效果。

随着科技的快速发展，尤其是计算机的日益成熟，仿真方法在突发事件应急领域的应用越来越广泛。利用多种技术创建高度仿真的突发事件和应急情景，如地震、火灾、洪水、化学泄漏等。这些场景在视觉上、听觉上甚至触觉上都力求接近真实，以便让救援人员在训练中能够身临其境地感受应急情景。仿真技术可以模拟应急事件的整个流程，包括预警、响应、处置、恢复等各个环节。通过全流程模拟，救援人员可以全面了解应急事件的发展过程，掌握关键节点的处置要点，提高应对复杂情况的能力。仿真系统也能够记录突发事件全流程特征数据及应急全程记录数据（包括参与者的行为、决策、反应时间等），这些数据对于后续的评估、总结和改进都具有重要意义。

1. 仿真软件

利用计算机技术，通过专门的仿真软件模拟突发事件和应急的各种情况，已成为应急管理和培训中的一项重要手段。这些仿真软件能够创建复杂的虚拟环境，模拟各种突发事件的发生及后果，包括自然灾害、工业事故和公共卫生事件等。在这一过程中，用户可以通过图形化界面和动态模拟，直观地观察事件的发展过程以及应急响应的效果。

仿真软件通过高保真的三维建模技术，重现了不同场景的真实环境，包括建筑物、交通系统、人员分布等，使参与者能够在模拟中感受到实际场景的复杂性和多变性。软件内置的物理引擎和算法能够精准模拟突发事件的发生机制，例如地震引发的建筑物倒塌、火灾扩散的路径、化学品泄漏的扩散情况等。这种真实感和科学性使得参与者能够在虚拟环境中进行实战演练，提高其对突发事件的理解和应对能力。

仿真软件支持多种应急响应策略的实施和评估，参与者可以在模拟中尝试不同的应对方案，如疏散、救援、资源调配等，并实时观察其效果。这种反馈机制使得应急管理人员能够在不危害生命和财产的情况下，验证和优化应急预案，找到最优的应对措施。

仿真软件以高度的灵活性、可重复性和低成本为显著特点，能够根据需要轻松模拟多种复杂场景并调整参数以适应不同情况，同时模拟过程可以反复进行，便于反复训练和评估，且相对于实地演练，仿真软件模拟的成本更低，不受时间、地点等实际条件的限制，为各种领域的模拟训练和评估提供了高效、经济的解决方案。

（1）事故灾难情景（火灾）

在火灾事故应急中，研究人员可以构建一个综合的火灾模型，涵盖火源、建筑材料、环境因素以及建筑结构等多个要素。图 3.6（书后另见彩图）展现了一个房间着火的仿真情景。通过使用热传导、流体动力学和化学反应模型，仿真系统能够准确地描述火焰的产生、热量的传播以及烟雾的生成。火源的位置、类型（如电气火灾、油火或易燃材料火灾）以及环境条件（如通风、湿度、温度等）都会对火灾的发展产生重要影响。利用计算流体动力学（CFD）技术，仿真软件能够模拟火灾发生后的热流和烟雾扩散。CFD 技术通过数值解算流体运动和热传递的方程，能够生成火焰、烟雾和热气流的三维动态场景。这种模拟不仅能够显示火灾蔓延的速度和方向，还可以预测不同材料在火灾条件下的反应，例如燃烧速率、释放的热量和有害气体的产生。这些信息对于评估火灾的危险程度和制定应急响应措施至关重要。

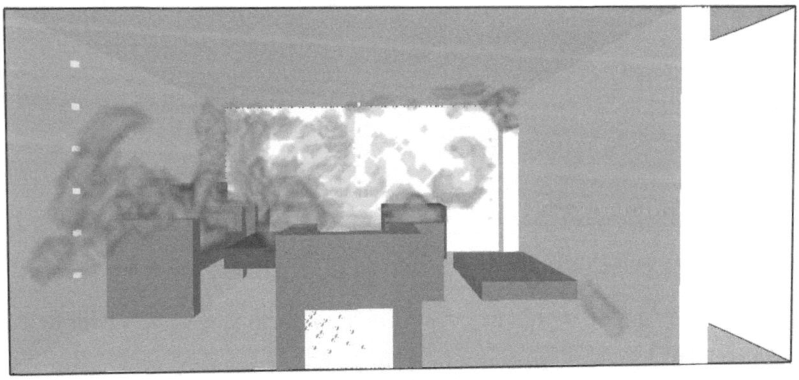

图 3.6　房间着火仿真情景

此外，仿真系统通常还集成了灾害传播模型，用于分析火灾在建筑物内或不同环境中的蔓延路径。通过设置不同的房间布局和通风条件，研究人员可以观察火灾在空间中的传播模式，例如火焰如何穿越墙壁、走廊以及如何影响邻近区域的温度和氧气浓度。这种分析可以帮助评估建筑设计的安全性，以及在火灾发生时最有效的逃生路线。

在模拟完成后，系统会生成详细的可视化结果，包括热成像图、烟雾浓度分布图和时间序列动画。这些结果不仅直观易懂，还能够为应急管理提供科学依据。研究人员和决策者可以基于这些数据优化应急预案，制定针对不同场景的应对策略。

仿真技术还能够进行火灾场景分析，评估不同应急响应措施的效果。例如，可以模拟不同灭火设备和战术对火灾的影响，评估不同救援方案在实际操作中的有效性。通过反复地模拟和比较，参与者能够不断完善应急方案，提升应急响应的效率和安全性。

（2）自然灾害情景

自然灾害情景的仿真模拟是利用先进的计算机技术，通过构建复杂的数学模型和动态系统，来预测和分析各种自然灾害（如地震、洪水、飓风、山体滑坡等）对环境和社会的影响。图 3.7（书后另见彩图）展现了洪水水位随时间变化的场景。这一过程首先需要收集和整合大量的地理、气象、地质和人口数据，以确保模型的准确性和可靠性。通过地理信息系统（GIS）技术，研究人员能够将空间数据与模拟工具结合，创建出真实世界的虚拟场景，进而分析不同灾害在特定区域内的潜在影响。

图 3.7 洪水水位变化

在模拟过程中，使用计算流体动力学（CFD）、有限元分析（FEA）和统计模型等技术，能够细致地描绘灾害发生的机制。例如，在洪水仿真中，模型会考虑降雨强度、土壤饱和度和地形特征，通过流体动力学方程模拟水流的传播路径及其对基础设施的冲击。而在地震模拟中，研究者则会运用地震波传播模型分析震源的特性、地质构造对震动的影响及其对建筑物的破坏程度。

仿真模拟还可以进行情景分析，以评估不同应急响应策略的有效性。例如，针对即将来临的飓风，模型能够预测风速、降雨量及对居民区的影响，从而帮助决策者制定疏散计划和资源配置方案。在山体滑坡的模拟中，研究人员能够评估降雨量和地质条件如何影响土壤的稳定性，并识别高风险区域，为防灾减灾提供科学依据。

通过仿真模拟，参与者不仅可以直观地观察到自然灾害的动态过程，还能深入理解其潜在影响。这种实时的数据可视化功能使得公众和决策者能够更好地认识自然灾害的风险，提高灾害应对能力。同时，仿真结果能够用于制定政策、改进建筑规范以及加强公共安全教育，以减少灾害带来的损失。

2. 虚拟现实技术

虚拟现实（VR）、混合现实（MR）和增强现实（AR）技术在突发事件应急管理中的应用正逐渐成为提升应急反应能力的重要手段。这些技术各具特点，能够为突发事件情景的构建、应急救援和处置过程提供丰富的支持。

VR 技术通过创建完全沉浸式的虚拟环境，使参与者能够在逼真的模拟场景中体验各种突发事件，例如地震、火灾和洪水等。在这种环境中，参与者不仅能感受到真实的视觉和听觉刺激，还能进行交互操作，例如灭火、疏散和救援。通过这种高度仿真的训练，参与者可以在无风险的情况下熟悉应急流程，提高其应对能力和心理素质。

MR 技术结合了现实世界和虚拟元素，为应急管理提供了更高的灵活性。在应急演练中，MR 技术允许参与者在实际环境中看到叠加的虚拟信息，例如逃生路线、危险区域和设备使用说明。通过这种方式，参与者能够在真实的场景中进行训练，直观地理解应急响应的要点。例如，在火灾演练中，参与者可以在实际建筑中使用 MR 设备，看到火源的位置和灭火器的最佳使用方式，这种即时的视觉反馈大大增强了培训的有效性。

AR 技术则在信息层面提供了强有力的支持，通过在现实世界中叠加虚拟信息来帮助参与者进行决策。在突发事件中，AR 可以用于显示重要的实时数据，如风速、温度和毒气浓度等。这对于紧急救援人员在执行任务时的决策至关重要。例如，在应对化学泄漏时，AR 设备能够实时监测泄漏区域的环境数据，并在视野中标注出危险区域和安全通道，帮助救援人员迅速做出反应，最大限度地减少伤害。

在突发事件情景的构建方面，这 3 种技术的结合能够创造出高度互动和灵活的训练环境。通过结合 VR 的沉浸感、MR 的现实交互性和 AR 的信息叠加能力，设计师可以构建复杂的应急模拟场景，让参与者在面对多变的情况时进行实践。例如，可以创建一个地震后灾后救援的综合演练场景，在这个场景中，参与者既能体验到地震发生时的恐慌和混乱，又能通过 AR 技术获取实时的建筑物结构安全信息，利用 MR 技术与其他团队成员进行协作，提高整体救援效率。这些技术还可用于后续的应急救援和处置过程。在实际救援中，VR、MR 和 AR 可以辅助指挥中心进行决策。指挥员可以通过 VR 技术直观地观察到灾后现场的情况，利用模拟数据预测灾害的进一步发展。而 MR 技术则可以帮助指挥员实时协调多方资源，确保各救援小组在应对过程中有效协作。AR 设备还能够为救援人员提供即时导航和任务提示，确保他们在复杂的环境中高效执行任务。

在教育和培训方面，这些技术也大有可为。通过将 VR、MR 和 AR 结合在一起，培训机构可以为学员提供生动的应急管理课程，让他们在模拟环境中学习生存技能、急救知识和提高团队协作能力。此外，教师可以通过MR技术在现实课堂中叠加虚拟案例，帮助学生深入理解应急管理的关键概念和实践。

VR、MR和AR技术在突发事件应急管理中的应用，不仅提升了应急情景的构建能力，还提高了救援和处置过程的效率。通过创造高度沉浸和互动的训练环境，参与者能够在安全的条件下进行实践，提高应急反应的能力和协调性。随着这些技术的不断发展和普及，它们将在未来的应急管理中发挥越来越重要的作用，帮助社会更有效地应对各类突发事件，保障人民的生命安全和财产安全。

（四）大数据分析法

随着工业和信息技术的迅速发展，传统突发事件应急面临数据来源有限、分析手段单一及预警能力不足等挑战，逐渐无法满足现代复杂的应急需求。大数据技术的兴起为突发事件应急提供了全新的机遇，通过全面的数据采集、先进的分析技术及实时的预测和预警能力，大数据分析法显著提升了突发事件应急水平。

大数据分析法依赖于多种数据源的综合采集，包括传感器、物联网设备、监控系统和移动设备等，旨在实现对系统运行状态的全面监控。数据采集的后续步骤包括数据清洗、转换和集成，确保获得全面、准确的一致性数据。为了应对海量、多样、复杂的数据，采用分布式存储技术，如HDFS和NoSQL数据库（如MongoDB、Cassandra和HBase），提供高效的数据管理方案。

通过深入数据分析与建模，挖掘潜在模式和关联，从而提供有价值的应急管理分析结果。这一过程通常采用多种先进的分析技术，结合机器学习、深度学习和数据挖掘，以应对复杂的应急挑战。机器学习通过训练有标签的数据集，构建预测模型，以实现对突发事件的准确评估。例如，监督学习可以通过决策树算法来识别事件发生的潜在风险，通过支持向量机算法对应急反应进行分类，这为应急管理提供了强有力的预警机制。在深度学习方面，卷积神经网络（CNN）特别适合处理和分析图像数据，能够通过图像识别技术检测监控视频中的异常行为和安全隐患。递归神经网络（RNN）则能够处理时间序列数据，通过分析突发事件发生过程中的时序变化，精准预测潜在风险和应急响应需求。数据挖掘技术也不可或缺，常用的关联规则挖掘方法，如Apriori和FP-Growth算法，能够从大量数据中发现频繁项集，揭示突发事件中各因素之间的相互关系，从而为应急管理提供深入的见解。

数据可视化与决策支持是大数据分析法在突发事件情景构建的具象化，它通过将复杂的数据转化为直观易懂的图形和图表，帮助管理者快速理解分析结果并作出决策。有效的数据可视化不仅能展示数据的当前状态，还能揭示潜在趋势和关系，为管理层提供科学的决策依据。可视化技术的多样性使其能够满足不同需求，通过折线图、柱状图、饼图等多种形式，展示突发事件的动态变化、不同应急措施的效果对比以及安全事件的分类情况等。例如，折线图可以清晰展示突发事件响应参数随时间的变化，帮助管理者监控应急状态并识别异常波动。柱状图则能够比较不同时间段或不同事件的响应情况，快速识别应急管理中的异常和风险。同时，热力图通过颜色的深浅直观展示不同区域的应急状态，帮助管理者快速识别高风险区域和潜在隐患。散点图和网络图等其他形式的可视化工具，也为数据分析提供了多维度的视角，促进管理者发现潜在关联和模式。

在决策支持方面，数据可视化的作用不仅限于呈现数据，它还能够通过仪表盘等综合展示，提供实时的监控和预测分析。例如，实时监控仪表盘可以集成多个图表和图形，实时展示突发事件的响应状态和安全指标，使管理者能够即时做出反应。而预测分析仪表盘则能够展示基于历史数据的预测结果和风险评估，帮助管理者提前采取预防措施，从而降低安全风险。通过这种方式，管理者可以在复杂的决策环境中，获得清晰、准确的信息支持，提升应急响应的效率。

（五）人工智能（AI）技术

人工智能（AI）技术，作为当代科技发展的趋势，具有高效性和先进性，为应对各类突发事件提供了前所未有的强大支持。这一技术不仅融合了人工智能领域的先进算法，更凭借其卓越的数据分析能力，成为了应急管理部门在突发事件应对中的得力助手。

在应对突发事件的过程中，AI 技术能够整合和分析大规模数据，包括气象数据、地理信息、社交媒体数据等，为突发事件情景构建提供全面、准确的信息基础。通过机器学习和自然语言处理等技术，AI 还能够识别并提取历史事件中的关键信息，模拟并预测未来类似事件的发展情景，提高情景构建的准确性和可靠性。AI 技术还能够快速响应并更新情景构建结果，根据实时数据变化调整预测模型，为应急管理和决策提供更加及时、有效的支持。

AI 技术的预测能力尤为突出。通过对历史数据的深入学习和分析，它能够准确预测某些突发事件的发生概率、发展趋势以及可能的影响范围。这种精准的预测能力，为应急管理部门提供了宝贵的预警时间，使其能够提前制定科学合理的应急预案，从而有效减少突发事件带来的损失。例如，在自然灾害预警方面，AI 技术能够通过对气象数据的实时监测和分析，提前预测台风、暴雨等极端天气的发生，为相关部门提供及时的预警信息，使其能够迅速启动应急预案，保障人民群众的生命财产安全。

除了预测能力外，AI 技术还能够在突发事件发生后提供及时的决策支持。它能够对实时数据进行快速分析，帮助应急管理部门了解事件的最新动态和趋势。在此基础上，AI 技术还能够模拟出不同的应急响应方案，并评估这些方案的可行性和效果。这种智能化的决策支持，大大提高了应急响应的效率和准确性，为应急管理部门提供了更加科学、合理的决策依据。

值得一提的是，AI 技术在应对突发事件的过程中，还能够通过智能分析技术，帮助救援人员快速定位受困人员的位置，提供精准的救援指引。同时，它还能够对救援物资进行智能调度和分配，确保救援物资能够及时、准确地送达灾区，为受灾群众提供必要的物资保障。

第三节 突发事件应急决策

突发事件应急决策是一个复杂而关键的过程，它依赖于多个环节的紧密配合与高效运作。在这个过程中，突发事件风险评估和情景构建起到了至关重要的支撑作用。风险评估是应急决策不可或缺的基础支撑，通过系统性分析潜在突发事件的可能性、影响及损失，为决策提供关键数据与信息。风险评估的结果直接指导应急决策的制定，帮助决策者明确风险优先级，制定科学合理的应急方案。持续的风险评估还能够促进应急决策的优化，及时发现并纠正决策中的不足，不断完善应急管理体系。情景构建通过模拟和预测突发事件的具体场景及情境，为决策者提供了直观的事件发展趋势和潜在后果，有助于决策者准确判断应急响应的优先级和资源分配。同时，情景构建还能提高应急决策的效率，通过预先制定预案措施实现快速响应，并针对不同类型和规模的突发事件制定更具针对性的决策方案，从而有效减少损失。基于风险评估和情景构建的结果，决策者可以制定出更加科学、合理的应急决策方案。这些方案包括预防措施、应急响应流程、资源调配方案等，旨在最大程度地减少突发事件带来的损失和影响。决策者还可以根据风险评估和情景构建的结果，对应急预案进行持续优化和改进，以提高应急响应的效率和效果。

一、突发事件应急决策

1. 定义与特点

突发事件应急决策可界定为一种在不确定条件下对各种意外事态进行准确研判并采取非常规应急处置措施的决策情景。突发事件情景下的应急决策是一个多阶段、多主体、多层级的适应性动态演进过程。这类决策通常具有以下特点。

① 时间紧迫性。突发事件应急决策的首要特点是时间紧迫性，事件突如其来，反应时间有限。决策者需迅速行动，收集关键信息，评估事态，果断制定策略。高度应变能力和决策效率至关重要，以有效控制事态恶化。这与常规决策形成鲜明对比，常规决策有更多时间深入研究。

② 信息不完全性。突发事件中，决策者常面临信息不完全困境，因事件突发且复杂，难以迅速获取全面准确信息。信息缺失会增加决策难度和风险，需结合经验与直觉判断。信息不完全性要求决策者具备强大的分析、判断能力，以在有限信息下作出最有利事态控制的决策，这对决策有效性及事件结果至关重要。

③ 高风险性。应急决策涉及重大利益与公共安全，高风险性显著。决策失误或致重大

伤亡、财产损失及社会动荡。因此，决策者需谨慎行事，全面评估风险，制定应对措施。高风险性还意味着更大的责任与压力，因其决策直接影响公众安全与福祉。

④ 非程序化。应急决策无固定程序，需灵活创新应对突发事件多样性。决策者需依具体情况针对性决策，要求经验丰富、洞察敏锐，快速学习适应新情况，以非程序化方式在短时间内做出明智选择，应对不断变化的事件挑战。

⑤ 跨部门协作性与资源有限性。突发事件的应对需跨部门紧密协作，决策者需协调各方力量形成合力。但资源有限，包括人力、物力、财力等，要求决策者有效利用和合理配置资源。需评估资源可用性，排序优先级，并与相关部门机构密切沟通，确保资源有效整合共享。跨部门协作和资源有限性要求决策者具备高度协调和资源管理能力，以确保应急决策有效实施。

2. 决策目标和原则

应急决策的目的是在尽可能获得充分的突发事件信息的前提下，缩短决策时滞和决策质差，即在尽可能短的时间内迅速有效地作出各种与实际情况相符的正确决策，从而采取各种有效的应急处置措施，降低突发事件造成或可能造成的资源损失或消耗。

应急决策原则涵盖了科学性、时效性、有效性和灵活性 4 个方面。科学性要求决策必须基于充分的信息和科学的分析，确保决策的合理性和准确性；时效性则强调在有限的时间内迅速作出决策，以有效控制事态的进一步发展；有效性是指决策应能切实降低突发事件所带来的影响和损失，保护公众利益和安全；而灵活性则意味着随着事件的发展变化，决策者需保持敏锐的洞察力，及时调整和优化决策方案，确保应急响应的针对性和实效性。

3. 决策过程

① 危机问题的界定。危机问题的界定是决策过程中的首要环节，其核心目的在于通过全面收集和分析与危机相关的历史数据、当前状况及潜在影响因素，清晰地界定危机的性质、规模和影响范围，从而确保所有相关方对危机问题有共同且准确的理解。这一过程不仅有助于明确需要解决的核心问题和边界条件，还为后续决策提供了坚实的基础。

② 决策目标的制定。决策目标的制定是在对危机发展阶段进行准确评估的基础上，根据危机的紧急程度、影响范围和解决难度，制定出一系列具有优先级顺序的决策目标。这一步骤旨在确保在有限的资源和时间内，能够优先解决最关键的问题，从而最大化地降低危机带来的负面影响，并为后续的恢复和重建工作奠定良好的基础。

③ 方案的拟定。方案的拟定是决策过程中的关键环节，旨在通过组织相关人员（如专家、利益相关者等）进行头脑风暴，激发创新思维，设计出多种可能的解决方案。这些方案不仅具有一定的可行性和创新性，还经过了初步的评估和完善，以确保在实施过程中能够达到预期的效果。这一步骤为后续的方案评选提供了丰富的选择空间，有助于确保最终选择的方案既符合实际情况，又能够实现最大的效益。

④ 方案的评选。方案的评选是在对每种备选方案在危机状态下的可能后果进行预测的

基础上，通过评估效益和风险，对方案进行排序和选择的过程。这一步骤旨在确保所选方案在危机状态下具有最大的效益和最小的风险。通过对正面影响和负面影响、解决危机的效果、资源利用效率以及实施难度和潜在损失等方面的综合评估，可以选出最优方案，并据此制订详细的实施计划，以确保方案能够顺利执行并取得预期效果。

二、应急决策支持系统

应急决策支持系统（EDSS）是一个集成了信息技术、数据分析、决策理论等多学科知识的综合性系统，旨在辅助决策者在突发事件发生时或即将发生时，能够迅速、准确地作出应急决策，从而有效减轻灾害损失，保护人民生命财产安全。EDSS 通过实时采集、整合、分析各类突发事件相关的信息数据，为决策者提供精准、实时、全面的决策支持，并协助组织和人员高效协同工作。它不仅能够提高应急响应的速度和效率，还能增强决策的针对性和科学性。

1. 系统组成与功能

系统由四大核心模块构成，形成了一套完整的突发事件应对机制。数据采集模块实时从现场获取传感器数据及视频监控信息，确保信息的即时性。数据处理与分析模块则对这些数据进行深度处理，提炼出关键信息，为决策提供依据。决策支持模块依据分析结果，智能生成涵盖资源调度、人员疏散及救援方案等多方面的应急决策建议。信息发布与共享模块将这些决策及相关信息迅速传达至相关部门和人员，促进信息共享与协同工作，确保应急响应的高效与准确。

系统功能涵盖实时数据采集与处理，即从传感器、摄像头等设备实时获取并处理分析数据；预警与风险评估，基于实时数据对突发事件进行预警，并评估其风险与影响范围；物资调度和资源分配，根据事件实际情况合理调度和分配所需物资；应急方案制定与执行，针对事件类型、规模和具体情况，科学制定并监督执行应急方案；以及信息共享与协同机制，确保不同部门、机构和人员间的信息共享与协同合作，以保障救援工作的顺畅进行。

2. 系统特点与优势

（1）网络化协同

EDSS（应急决策支持系统）的核心优势在于其网络化协同能力，能打破部门与地域限制，实现跨部门、跨地区信息共享与协同。突发事件时，EDSS 构建统一信息平台，促进实时信息共享与高效沟通协作，提升应急响应效率与部门协同性，确保应急工作有序高效推进。

（2）智能化决策

EDSS 运用先进数据分析与决策理论，自动收集整合气象、地理、交通等应急数据，智能挖掘预测，为决策者提供全面准确依据。同时，系统参考历史数据和案例库，提供应急处理方案和最佳实践，助力决策者更明智、科学地评估态势、预测趋势。

（3）实时性

EDSS具备实时性，能实时采集处理数据，为决策者提供及时准确信息。集成先进传感器与数据传输技术，EDSS实时获取现场数据并分析，确保决策者第一时间掌握动态，快速响应，缩短应急时间，提高响应及时性和有效性。

（4）可扩展性

EDSS具有良好可扩展性，能按需扩展和升级功能，适应不同突发事件和灾害。模块化设计和灵活配置选项方便添加新功能，提升系统灵活性和适应性。随着应急管理的发展，EDSS持续升级优化，为决策者提供全面高效的应急决策支持。

3. 系统的应用

应急决策支持系统（EDSS）在各类突发事件和灾害的应急响应中发挥着至关重要的作用，它广泛应用于自然灾害（如地震、洪水、泥石流等）、事故灾难（如交通事故、火灾、爆炸等）以及公共卫生事件（如疫情、中毒等）的应对中，通过实时采集和分析数据，为决策者提供及时、准确的信息支持，从而在实际应用中取得了显著的成效，如大幅度提高应急响应速度、有效降低灾害损失、切实保障人民生命财产安全等，展现了其在应急响应领域的强大实力和广泛应用价值。

应急决策支持系统（EDSS）是一个广泛的框架或平台，它整合了多种技术和方法，其中多标准决策分析（multi-criteria decision analysis，MCDA）和智能决策支持系统（intelligent decision support system，IDSS）是这一系统的两大关键技术。下文将深入探讨这两种关键技术，以期为应急救援的实践提供参考。

三、多标准决策分析

在应急决策支持系统中，多标准决策分析（multi-criteria decision analysis，MCDA）的定义可以阐述为：一种针对应急管理问题，通过综合考虑多个相互冲突、不可共度的标准或准则，以支持决策者从多个备选方案中选择最优或最满意的方案的方法。这种方法在应急决策中尤为重要，因为应急决策往往涉及复杂的情境、不确定的因素和多个相互关联的标准。

1. 多标准决策分析的步骤

多标准决策分析（multi-criteria decision analysis，MCDA）在应急决策支持系统中的应用步骤可以归纳如下。

（1）明确决策问题与目标

在应急决策中，首要任务是明确当前面临的决策问题，如自然灾害应对、事故救援等。这要求决策者具备高度的敏锐性和洞察力，能够迅速识别问题的本质和关键要素。同时，根据问题的性质，明确决策的具体目标，如最小化人员伤亡、最大化救援效率等。这些目标不仅为后续的决策过程提供了方向，也是评估决策效果的重要标准。

（2）识别与定义标准

在明确了决策问题与目标后，决策者需要识别出所有可能影响决策结果的相关标准或准则。这些标准可能涵盖人员伤亡、财产损失、环境影响、救援效率、资源利用等多个方面。对每个标准进行明确定义，确保所有参与决策的人员对标准的理解一致，这是保证决策过程公平、公正和有效的基础。同时，识别标准的过程也需要充分考虑实际情况和利益相关者的意见，以确保标准的全面性和合理性。

（3）数据收集与整理

数据的准确性和完整性对于决策结果至关重要。因此，决策者需要通过实地调研、数据库查询、专家咨询等多种方式，收集与决策相关的数据和信息。在收集数据的过程中，需要注意数据的来源、可靠性和时效性。对收集到的数据进行整理和分析，去除冗余和错误信息，确保数据的准确性和完整性。这有助于为后续步骤提供可靠的数据支持，提高决策的科学性和准确性。

（4）构建决策模型与评估备选方案

根据决策问题的特点和需求，选择合适的决策模型，如层次分析法（AHP）、优劣解法（TOPSIS）、网络层次分析法（ANP）等。这些模型为决策者提供了科学、系统的决策工具，有助于将复杂的决策问题简化为易于理解和操作的形式。在构建决策模型时，需要确定标准的权重、评分方法以及综合评估方法等。然后，根据决策问题的实际情况，生成多个备选方案。运用构建的决策模型，对每个备选方案进行多标准评估，计算每个方案在不同标准下的得分或评级，并综合得出每个方案的总得分或排序。这一步骤为决策者提供了全面、客观的评估结果，有助于作出最优决策。

（5）实施、监控、总结与反馈

在选择了最优方案后，决策者需要将其付诸实施。在实施过程中，持续监控方案的效果，并根据实际情况进行必要的调整和优化。这有助于确保方案的有效实施和目标的实现。同时，在决策过程结束后，及时总结经验教训，为未来的应急决策提供参考。收集决策相关人员的反馈意见，了解他们对决策过程和结果的评价和建议。这有助于不断改进和完善应急决策支持系统，提高决策的科学性和有效性。

2. 多标准决策分析的特点

（1）综合性与全面性

应急决策往往涉及多个相互关联且复杂的因素，如人员伤亡、财产损失、环境影响、救援效率等。这些因素不仅性质各异，而且相互影响，给决策者带来了极大的挑战。多标准决策分析能够将这些不同性质、不同维度的标准综合起来进行考量，确保决策的全面性和准确性。通过综合考虑多个标准，多标准决策分析为决策者提供了一个全局视角，使他们能够更全面地把握应急决策的复杂性和多样性。这种综合性的考量方式有助于决策者避免片面性和局限性，从而作出更加科学合理的决策。

（2）权衡与冲突解决

在应急决策中，不同标准之间往往存在冲突和矛盾。例如，在救援行动中，快速响应可能意味着牺牲一定的救援效率，而高效救援则可能带来更大的资源消耗。多标准决策分析能够明确识别这些冲突，并帮助决策者理解它们之间的权衡关系。通过定量化分析和比较不同方案在不同标准下的表现，多标准决策分析为决策者提供了一种科学、合理的冲突解决方法。这种方法不仅有助于决策者在冲突的标准之间找到最佳的平衡点，还能够提高决策的合理性和可接受性。同时，它还能够引导决策者关注那些可能被忽视的重要标准，从而确保决策的完整性和公正性。

（3）灵活性与适应性

应急决策支持系统需要能够迅速响应突发事件的变化，并动态调整决策方案。多标准决策分析通过其灵活性和适应性，支持决策者在决策过程中根据新的信息和数据进行动态调整和优化。不同应急情景下的决策需求各不相同，多标准决策分析能够根据具体情境和需求进行定制化支持，为决策者提供符合其实际需求的决策支持方案。这种灵活性和适应性不仅提高了决策的针对性和实效性，还能够满足不同应急情景下的特殊需求，为决策者提供了更加个性化的决策支持。

（4）定量与定性相结合

多标准决策分析通过量化分析和比较不同方案在不同标准下的表现，为决策者提供了客观、准确的决策依据。这有助于减少主观偏见和不确定性的影响，提高决策的客观性和准确性。同时，多标准决策分析也支持定性评估方法的应用。这有助于决策者充分考虑那些难以量化的因素，如社会影响、公众接受度等。这种定量与定性相结合的分析方式不仅提高了决策的完整性和全面性，还能够确保决策更加符合实际情况和公众期望。

（5）实时性与高效性

应急决策要求快速响应和迅速行动。多标准决策分析通过其高效的分析和评估过程，支持决策者在有限的时间内快速作出决策。应急决策支持系统通常与实时数据源相连，多标准决策分析能够实时获取和分析这些数据，为决策者提供最新的决策支持信息。这种实时性和高效性不仅有助于决策者及时作出正确决策，还能够提高决策的时效性和有效性。同时，它还能够为决策者提供持续的决策支持，确保决策过程的连续性和稳定性。

3. 多标准决策分析软件工具

在应急决策支持系统中，可以使用多种多标准决策分析软件工具来辅助决策过程。

（1）超级决策（super decisions）软件

Super decisions 决策支持软件具备处理多属性决策的能力，能够综合考虑应急救援中的多个关键因素，并进行定量分析减少主观判断的影响，提高决策的客观性和准确性。这类软件具有较高的灵活性和可定制性，并以图表、图形等直观的形式呈现分析结果。在应急救援的紧急情况下，super decisions 软件能够提供快速的决策支持，帮助决策者迅速做出反应，减少灾害损失。在应急救援中，super decisions 可以用于制定多种救援方案并选出最优方案，辅助决策者进行资源优化配置，对潜在的风险进行评估和预警。

（2）多标准决策软件［multi-criteria decision making（MCDM）software］

MCDM 软件能够综合考虑应急救援中的多个关键属性或因素，通过构建多属性决策模型，实现对不同方案或策略的全面评估。这类软件通常具有较高的灵活性和可定制性，可以根据应急救援的具体需求和场景进行调整和优化。MCDM 软件具备强大的数据处理和分析能力，能够快速处理大量复杂数据，并通过数学模型和算法进行深度分析。软件通常能够将分析结果以图表、图形等直观的形式呈现出来。在应急救援的紧急情况下，MCDM 软件能够提供快速的决策。

（3）数据包络分析程序（data envelopment analysis program，DEAP）

DEAP 软件本身是一个专门用于执行数据包络分析（DEA）的工具，它并不直接针对应急救援领域设计，但 DEA 方法及其通过 DEAP 软件实现的分析功能，在应急救援的某些方面可以发挥一定的作用。DEAP 软件能够评估不同应急救援方案或资源配置的效率。DEA 是一种非参数方法，不需要预设生产函数或救援效果函数的具体形式，这使得 DEAP 软件在应急救援中的应用更加灵活和广泛。DEAP 软件的分析结果完全基于输入数据，这保证了分析结果的客观性和准确性。

4. 多标准决策分析方法

（1）层次分析法（AHP）

通过构建层次结构模型，将复杂的决策问题分解为多个组成因素，并根据因素间的相互关联影响以及隶属关系将因素按不同的层次聚集组合，形成一个多层次的分析结构模型。然后利用定量的信息使决策的思维过程数字化，从而为多因素、多准则或无结构特性的复杂决策因素提供简便的决策方法。在应急决策中，层次分析法可以用于评估不同救援方案的优先级、资源分配等。

（2）简单加权评分法

简单加权评分法为应急救援中的不同要素（如救援速度、资源需求、人员伤亡情况等）分配权重，并根据实际情况加权求和得出总评分，这种方法计算过程相对简单，易于理解和操作。该方法在应急救援中具有较强的适应性和灵活性。简单加权评分法能够综合考虑多个评价因素，通过加权求和得出的总评分，能够较为全面地反映不同方案的优劣，为决策者提供全面的信息支持。在应急决策中，简单加权评分法可以确保救援工作的有效性和高效性，并快速给出最优方案。

（3）多属性效用理论（MAUT）

MAUT 能够综合考虑应急救援中的多个属性或因素，提高决策的科学性和合理性。同时，MAUT 通过对不同属性建立效用函数实现对属性的量化评估。MAUT 方法具有较强的灵活性和适应性，能够在冲突的属性之间找到最佳的平衡点，从而制定出既高效又安全的救援方案。在应急决策中，MAUT 可以通过对不同方案在各属性上的效用值进行评估和比较，帮助决策者选择出最优方案。

（4）偏好排序组织（PROMETHEE）方法

PROMETHEE 方法通过构建偏好函数来比较和评价不同方案之间的优劣关系，能够综合考虑应急救援中的多个关键属性或因素，从而确保决策的全面性和科学性。PROMETHEE 方法还可以处理不确定性和模糊性的信息，使决策更加贴近实际情况。PROMETHEE 方法具有较强的灵活性和适应性，可以根据应急救援的具体需求和情况，调整属性权重和偏好函数，以适应不同的决策场景和需求。在制定多个应急救援方案时，可以使用 PROMETHEE 方法对各个方案进行综合评估，并对资源分配方案进行评估和优化，确保资源得到合理配置和高效利用。

四、智能决策支持系统

应急决策支持系统中的智能决策支持系统（intelligent decision support system，IDSS）结合人工智能（AI）和决策支持系统（DSS）技术，通过专家系统（ES）的应用，使 DSS 能够更充分地利用人类知识，如描述性知识、过程性知识和推理性知识，以逻辑推理的方式解决复杂的决策问题。该系统在应急救援中具有显著的特点和应用价值。

1. 智能决策支持系统的组成

智能决策支持系统通常包括以下几个主要组成部分。

（1）数据库系统

数据库系统是智能决策支持系统的核心组成部分之一，它主要负责存储和管理与应急预案相关的各类数据。这些数据包括但不限于历史案例、资源信息、风险评估结果等，它们共同构成了决策过程所需的数据基础。

（2）模型库系统

模型库系统提供多种决策分析模型，如风险评估模型、资源优化模型等，以支持应急决策的制定。这些模型可以根据实际情况进行选择和调整，以满足不同决策场景的需求。

（3）人机交互系统

实现用户与系统的友好交互，提供数据输入、结果展示等功能。通过自然语言处理等技术，系统可以接收并理解用户的决策问题和目标，然后给出相应的决策建议。

（4）知识库及推理机

知识库中存储了决策专家的决策知识和经验知识，以及特定问题领域的专门知识。推理机则根据用户的问题和知识库中的知识，进行逻辑推理和判断，以得出决策建议。

2. 智能决策支持系统的特点

应急决策支持系统中的智能决策支持系统（IDSS）具有以下几个显著特点。

（1）智能性与知识驱动

IDSS结合了人工智能技术和决策支持系统，能够利用存储在知识库中的专家知识和经验进行逻辑推理和决策支持。这种智能性使得IDSS能够处理复杂的、非结构化的决策问题，为决策者提供更为精准和科学的建议。通过模拟专家的思维方式和决策过程，IDSS能够自动分析和推理，从而避免了人为决策的主观性和不确定性。这种智能性不仅提高了决策的准确性，还降低了决策的风险。

（2）模型与用户共同驱动

IDSS中的决策过程不仅仅是基于模型的自动化计算，还充分考虑了用户的参与和反馈。系统可以根据用户的需求和偏好，结合内置的决策模型，共同驱动决策过程。这种模型与用户共同驱动的方式使得决策结果更加符合实际情况和用户需求。决策者可以通过调整参数、选择模型等方式与系统进行互动，从而得到更加符合自身需求的决策建议。

（3）灵活性与适应性

IDSS具有较高的灵活性和适应性，可以根据不同的应急救援场景和需求进行配置和调整。无论是面对突发的自然灾害还是复杂的社会安全事件，IDSS都能够迅速响应并提供有效的决策支持。这种灵活性和适应性使得IDSS能够在各种紧急情况下保持高效运转，为决策者提供及时、准确的决策支持。

（4）实时响应与高效性

在应急救援的紧急情况下，时间就是生命。IDSS通过优化算法和高效的计算能力，能够迅速分析处理大量数据，并在短时间内提供决策支持结果。这种实时响应和高效性对于提高应急救援效率具有重要意义。决策者可以迅速获取关键信息，作出明智的决策，从而最大程度地减少损失和伤害。

（5）综合评估与多属性优化

IDSS能够综合考虑应急救援中的多个属性或因素，如时间紧迫性、资源可用性、风险程度等。通过构建多属性决策模型并进行综合评估，IDSS能够选择出最优或最适宜的决策方案。这种综合评估和多属性优化能力有助于确保决策结果的全面性和科学性。决策者可以综合考虑各种因素，作出更加明智和全面的决策。

此外，IDSS还具备人机交互与决策辅助、可视化呈现与决策支持等特点。通过友好的人机交互界面，决策者可以与系统进行实时互动，获得个性化的决策支持。同时，IDSS通常具备强大的可视化功能，能够将复杂的决策过程和结果以图表、图形等形式直观地呈现给决策者。这种可视化呈现方式有助于决策者更好地理解问题、分析数据和作出决策。

3. 智能决策支持系统构建

在构建突发事件应急决策支持系统时，需遵循一系列严谨的步骤以确保系统的实用性和高效性。

① 需求分析是基石。明确系统的建设目标、功能需求及应用场景，同时对现有应急管理体系和信息化水平进行全面评估，精准识别存在的问题与不足。这一步骤为后续的系统设计奠定了基础。

② 系统设计至关重要。依据需求分析结果，精心规划系统的总体架构、技术路线、数据流程及功能模块，并确定建设规模和预算。对数据库、界面及算法等关键模块进行细致设计，并制定详细的开发计划与测试方案，确保系统建设的顺利进行。

③ 数据采集与整合及模型建立与优化成为核心环节。从多种渠道采集突发事件相关数据，实时监测分析，打破数据壁垒，实现共享。同时，建立并优化各类预测、评估及优化模型，提高预测分析的准确性。结合实际情况，不断验证调整模型，确保其适用性。

④ 知识库与专家系统构建、决策方案生成与优化、数据可视化与交互设计、系统开发与编程以及系统测试与部署等环节共同构成了系统的完整构建流程。整合应急管理领域知识，构建知识库与专家系统，为决策者提供有力支持。通过数据可视化展示分析结果，设计友好交互界面，便于决策者操作。按照设计要求进行系统开发与编程，全面测试确保系统稳定可靠，最终部署上线，实现应急决策支持系统的实战应用。

4. 系统构建关键技术

（1）大数据技术

大数据技术是现代智能决策支持系统（IDSS）的核心驱动力之一。它利用分布式计算、云计算和数据挖掘等先进技术，能够高效地处理和分析海量、多样、高速和易变的数据集。这些技术不仅提高了数据处理的速度和效率，还通过机器学习算法的应用，显著提升了预测和决策的准确性。在 IDSS 中，大数据技术能够实时收集和分析来自多个渠道的数据，如社交媒体、传感器网络、历史数据库等，为决策者提供全面、及时的信息支持。通过深度挖掘数据中的模式和关联，大数据技术帮助决策者发现潜在的风险和机遇，从而作出更加精准和科学的决策。

（2）人工智能技术

人工智能技术在 IDSS 中的应用进一步提升了系统的智能化水平和决策能力。自然语言处理（NLP）和图像识别等技术的引入，使系统能够处理和理解更复杂的数据和场景。NLP 技术能够解析文本信息，提取关键信息，甚至理解人类语言的情感和意图，为决策者提供更为丰富和深入的洞察。图像识别技术则能够自动分析图像和视频数据，识别关键特征和异常事件，为应急响应提供直观的证据和依据。此外，人工智能技术还能够利用逻辑推理和人类专家知识，解决复杂的决策问题，为决策者提供智能化的建议和方案。

（3）数据可视化技术

数据可视化技术是 IDSS 中不可或缺的一部分。它将复杂的数据转化为直观的图形、图表和动画等形式，帮助决策者迅速捕捉数据背后的信息和趋势。在应急决策过程中，决策者需要快速理解大量数据，并作出明智的决策。数据可视化技术通过直观的视觉呈现，降低了数据理解的门槛，使决策者能够更快地识别出数据中的关键信息和模式。此外，可视化技术还能够提供动态和交互式的界面，使决策者能够根据需要调整和分析数据，进一步增强了决策过程的灵活性和互动性。

智能决策支持系统的构建是一个复杂的过程，需要综合考虑多个方面因素和技术。通过科学的构建步骤和关键技术的应用，可以构建出一个高效、可靠的IDSS，为应对各类突发事件提供有力的支持和保障。

第四章　应急通信与信息技术

第一节　应急通信技术

通信技术是指用于传输和交换信息的各种技术和工具的总称。通信技术包括传统的通信手段，如书信、电话、无线电和电报，以及现代的通信技术，如互联网、移动通信和卫星通信。通信技术的发展使得人们能够以更快、更便捷的方式交流信息，促进了全球化、信息化和社会的快速发展。而应急通信技术是指在突发事件等紧急情况下，为了保障现场救援、指挥和调度所需的各种通信手段而采用的技术。

应急通信在应急管理中扮演着至关重要的角色，它不仅关系到灾害预警的及时性，还直接影响到救援行动的效率和效果。具体而言，应急通信在及时预警与快速响应、保障指挥调度、维持关键通信、支持现场救援、促进信息共享、提升公众参与和支持灾后重建的应急管理全生命周期与过程中均发挥着至关重要的作用。

一、应急通信技术概念与发展

1. 应急通信技术概念

应急通信是指在自然灾害、事故灾难、公共卫生事件、社会安全事件等突发事件发生时，为了实现有效的救援指挥、紧急救助和信息传递，而综合运用多种通信资源和技术手段的一种临时性通信方式。它是国家应急管理体系中不可或缺的关键组成部分，对于保障公共安全、减少灾害损失、维护社会稳定具有至关重要的作用。各国政府都非常重视应急通信系统的建设和完善。

应急通信技术并不是一种单一的新技术，而是包括无线电通信、卫星通信、蜂窝移动通信、集群通信、宽带无线通信等在内的多种通信技术的集成应用。这些技术在紧急情况下的特殊应用，能够提供稳定、可靠、迅速的通信服务，以支持灾害预警、现场指挥、救援协调、信息发布等应急活动。随着科技的进步，应急通信技术也在不断地融合新的技术成果，如物联网、云计算、大数据分析、人工智能等，以提高应急通信的智能化、自动化和精准化水平。这些技术的融合应用，不仅能够提升应急通信的效率和效果，还能够为应急管理提供更加全面和深入的决策支持。

应急指挥通信是应急指挥和救援的“生命线”，对畅通指挥体系、辅助指挥决策和保障高效救援意义重大。2024 年 4 月，应急管理部制定发布推荐性行业标准《应急指挥通信保障能力建设规范》（YJ/T 27—2024）（以下简称《规范》），并于 2024 年 6 月 1 日实施。国务院印发的《“十四五”国家应急体系规划》明确要求：“要推动跨部门、跨层级、跨区域的互联互通、信息共享和业务协同。加强空、天、地、海一体化应急通信网络建设，提高极端条件下应急通信保障能力。”《规范》主要包括能力建设要求、能力要求分级、通信网络、技术手段、保障力量建设、装备建设与储备、制度机制建设要求、能力评估等 8 项内容，重点确定了应急指挥通信保障能力体系框架和建设内容，分层级制定了应急指挥保障能力建设要求，明确了核心通信网络和主要技术手段，提出了保障力量建设、装备建设和制度建设的主要要求。

2. 应急通信技术发展

应急通信技术的发展历程是一个不断演进和创新的过程，从古代的烽火狼烟到现代的“空天地”一体化应急通信网络，人类在不断探索和改进应急通信技术的同时，也在不断提升应对自然灾害和突发公共事件的能力。应急通信技术的每一次进步，都与人类对自然灾害和社会紧急事件的应对能力的提升密切相关。随着技术的不断发展，应急通信系统正变得更加强大和可靠，为保障人们的生命财产安全提供了坚实的技术支撑。

（1）古代应急通信方式

在远古时期，人类社会组织松散，生产力水平不高，主要通过基本的呼喊或手势进行预警和救助消息传递。而后商周时代，随着技术的进步，逐渐出现了烽火、狼烟、击鼓、风筝等通信方式。这些方式基于声光效果，通信距离远，可以有效传递自然灾害信息，也可以在外敌入侵时进行及时告警。到唐末宋初，人们发明了以火药作为动力的火箭，并将其作为紧急情况下的报信手段。后来，随着文字和印刷术的发展和普及，加上邮驿制度的不断完善，开始构建起一张覆盖广泛的早期“通信网络”。

（2）近现代应急通信技术

有线电报和电话的出现使通信技术有了跨越式的升级，信息传递的即时性前所未有。基于电报和电话的新型通信网络逐步取代邮驿等老网络，成为连接世界的工具，加快了信息的传递速度，让人们在发生灾害等紧急情况时能更高效地应对。到了 19 世纪末，无线电报则被正式发明，将人类带入无线通信时代。基于无线通信技术，人类的应急救助能力有了显著改进。无线电报诞生后最先应用的场景是海上通信。后来，无线对讲技术也逐渐应用于警察、消防等部门。

（3）现代应急通信技术

现代应急通信技术起始于 20 世纪 60 年代对讲机技术的普及，因其便携实用的特点，逐渐在各个国家普及。20 世纪 70 ～ 80 年代，基于早期的对讲机，发展出了模拟集群技术以及数字集群技术。此后，卫星通信的技术被广泛应用，卫星通信是在空间技术和地面磁波通信技术的基础上创造出来的，利用人造地球卫星作中继站用以转发无线电波。在应对自然灾害时，卫星通信是现今最为有效的通信方式。2008 年汶川地震后，卫星通信在救灾过程中表现出色，逐渐受到重视。随着移动通信技术和基站实现工艺水平的发展，TD-LTE

（分时长期演进）基站呈现出“宽带、融合、绿色”的发展趋势。同时，移动通信技术（如3G/4G）也开始在应急通信场景下发挥作用。近年来，世界各国相继制定了完善的“空天地三位一体”应急通信管理体系及操作标准规范。众多ICT（信息与通信技术）先进技术，如全球导航卫星系统（GNSS）、互联网、物联网、移动通信、卫星通信、云计算、大数据、人工智能等，被引入应急通信领域，构建了“空天地”一体化应急通信技术体系。

（4）未来应急通信技术

未来应急通信技术主要包括3方面的内涵，即技术创新和融合、标准化和规范化以及智慧化应急管理。其中技术创新和融合主要是指在未来，应急通信技术将继续加强技术创新和跨领域融合，如5G、无人机、物联网等技术的进一步应用，将推动应急通信技术的智能化、网络化、协同化发展。随着应急通信技术的不断发展，其标准化和规范化工作也将进一步加强，以确保不同系统和设备之间的互联互通和互操作性。在智慧化应急管理上，新一代信息技术的快速发展和广泛应用将推动应急通信行业实现智慧化、网络化、协同化的应急管理，以适应技术变革的需求和应对日益复杂的灾害挑战。

二、应急通信技术类型及特点

1. 应急通信技术类型

应急通信技术类型多样且各具特点，其主要包括卫星通信、集群通信、短波通信、微波通信、机载指挥所通信系统等，这些技术在紧急情况下发挥着至关重要的作用。随着技术的不断进步和应用场景的不断扩展，应急通信技术的应用前景也越来越广阔。

（1）卫星通信

卫星通信是通过在轨道上运行的人造卫星进行信号传输的一种通信方式。它以卫星所处的高空轨道为媒介，以高频率的无线电波作为信息载体，向地面或其他位置发送信息，再由接收器接收并解码信息，从而实现远距离的通信。这种通信方式可以覆盖大片区域，甚至整个地球，是实现全球通信的重要手段之一。常见卫星通信方式如图4.1所示。

卫星通信具备诸多显著特点，其覆盖范围广泛，能够覆盖大片区域乃至整个地球，只要是地球站发射的电波能触及的地方，两点间即可实现通信。由于卫星运行于高空轨道，信号传输距离极远，能实现地球上任意遥远位置间的通信。卫星通信采用超高频和微波频段，不仅能远距离传输，还能有效抵御各种干扰信号，确保通信稳定可靠。卫星通信品质高，提供高速稳定的通信服务，信号传输质量优良，不受地理条件和环境限制，即便在偏远地区、山区、海洋等复杂地理环境下也能保持良好通信效果。组网方式灵活多样，可根据需求选择点对点、星状网、网状网等组网方式，适用于不同应用场景和需求。同时，卫星通信支持多址联接，能在同一信道内实现多个地球站间的通信，提高通信效率和容量。更重要的是，卫星通信不受地理条件限制，能在任何地形、地貌和气候条件下进行通信，尤其是在自然灾害、战争等紧急情况下，仍能保持通信畅通。卫星通信还具有独特的广播特性，能同时向多个地区

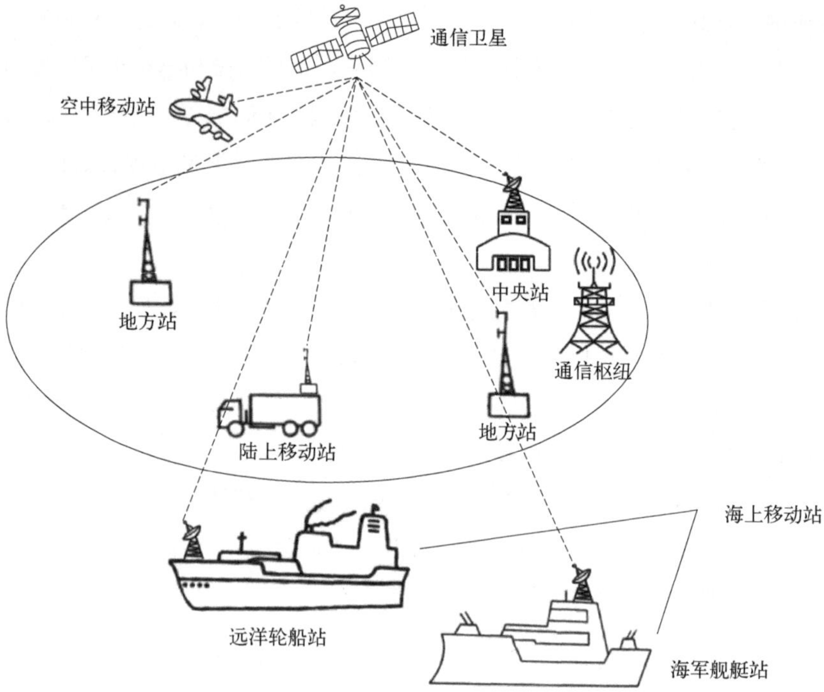

图 4.1 卫星通信示意

或全球范围内广播信息，在新闻传播、紧急广播等方面具有重要应用价值。

卫星通信也存在一定局限性，如通信时延较长、易受外部条件影响（如天气、电离层干扰、星蚀和日凌中断现象等）等。因此，在应用卫星通信时需要考虑这些因素，并采取相应的措施来降低其影响。但综合而言，卫星通信作为一种重要的全球通信技术，具有诸多优点和广泛的应用前景。随着技术的不断进步和应用的不断拓展，卫星通信将在未来发挥更加重要的作用。

（2）集群通信

集群是一种特殊的通信技术，它允许多个用户共享有限的通信资源。在集群通信系统中，多个设备（如无线电话、对讲机等）通过特定的网络技术组成一个可靠的通信系统，实现多设备之间的数据传输和通信交互。常见集群通信如图 4.2 所示。这种技术常用于大型企事业单位、机关团体以及需要高效沟通的场合，如军事指挥网络、公共安全通信、工业自动化通信和智能家居通信等。

集群通信是一种多用户共享通信资源的技术，它具备网络覆盖范围广、通信效率高、系统可靠性高、灵活性强、安全性高以及易扩展性等特点。集群通信可以在一个广阔区域内实现多个设备之间的通信，满足多种应用场景的需求。它能够实现多个设备的同时通信，数据传输速度快，提高了通信效率和工作效率。同时，集群通信系统内的设备相互备份和冗余，确保了系统的稳定运行，并具有自动识别用户、自动分配信道等功能，进一步增强了系统的

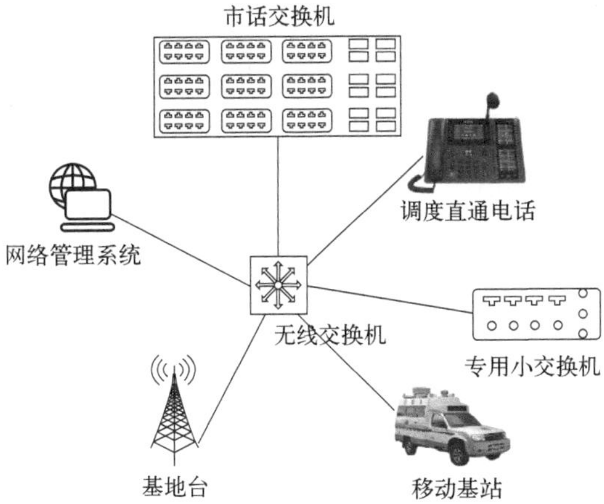

图 4.2　集群通信示意

可靠性。此外，集群通信可以根据实际需求进行灵活配置和调整，采用多种安全机制保障通信的安全性，防止非法入侵和窃听，确保通信内容的保密性。集群通信系统还具有良好的扩展性，可以根据需要增加新的设备或节点，以适应不断变化的通信需求。

（3）短波通信

短波通信是指利用波长在 100 ～ 10m 之间（对应的频率范围为 3 ～ 30MHz）的无线电波进行远距离通信的技术，如图 4.3 所示。这种通信方式主要依赖大气电离层对电磁波的反射和折射作用，使电波能够经电离层一次或数次反射后，传输至较远的距离，甚至可环绕地球进行传播。短波通信广泛应用于国际遥控、国际广播、海上通信、军事通信、民航通信、气象预报以及紧急救援等领域。

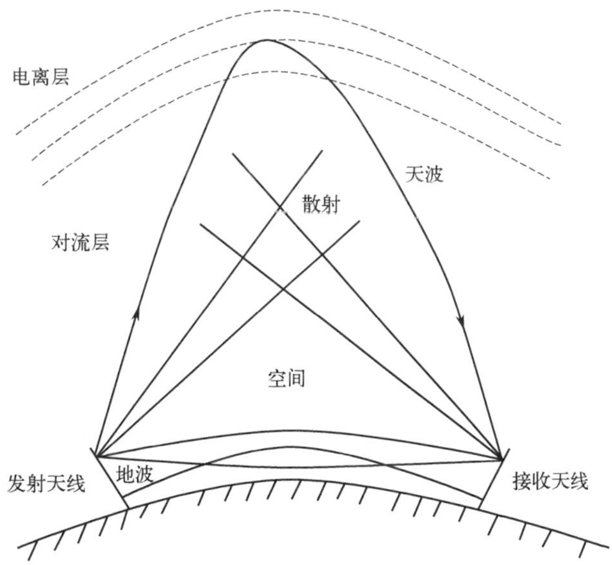

图 4.3　短波通信示意

短波通信其传输距离可达数千公里，覆盖范围广，能够在偏远地区、山区、海洋等复杂地理环境下保持良好的通信效果。短波通信设备使用方便，组网灵活，可以快速建立适应不同规模和需求的通信网络。同时，短波通信具有较强的抗干扰能力和抗毁性，能够绕过大气层中的干扰源，并在紧急情况下保持一定的通信能力。此外，与卫星通信等相比，短波通信运行成本较低，不需要支付话费，因此在经济条件有限的地区或场景下具有更大的应用优势。然而，短波通信也存在一些局限性，如稳定性较差、噪声较大、易受电离层状态变化影响等。因此，在应用短波通信时需要考虑这些因素，并采取相应的措施来降低其影响。

（4）微波通信

微波通信是使用波长在 1m 至 0.1mm 之间（对应的频率范围是 300MHz ～ 3000GHz）的电磁波——微波进行的通信。微波是一种具有极高频率的电磁波，其传播特性与光波相近，直线前进，遇到阻挡就被反射或被阻断。因此，微波通信主要采用视距传输方式，即发送天线和接收天线之间需要保持无障碍物的直线传输路径。在微波通信中，为了实现远距离通信，通常需要设置中继站来放大和转发微波信号。微波通信如图 4.4 所示。

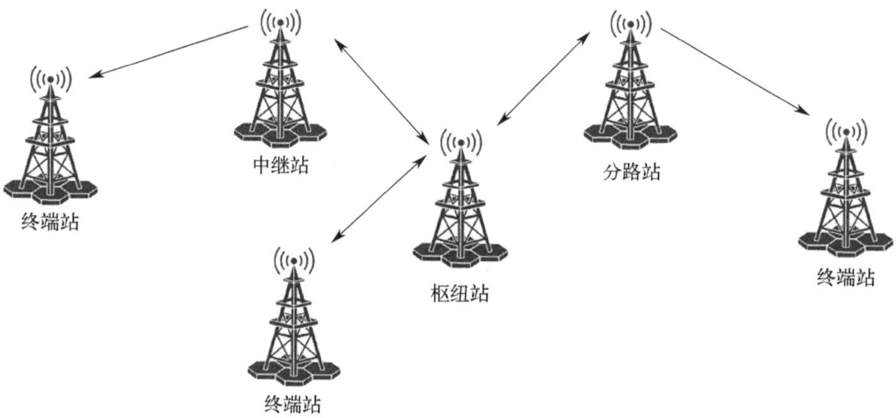

图 4.4　微波通信示意

微波通信频段资源丰富，传输容量大，支持高速数据传输和多种通信业务。它采用数字传输技术，具有抗干扰能力强、传输稳定等特点，能提供高质量的通信服务。微波通信组网灵活，适用于各种专用通信网和公共通信网，且设备安装和调试简单，能快速建立通信网络。同时，它不受有线线路限制，抗灾能力强，在自然灾害等紧急情况下能保持一定的通信能力，为救援和应急通信提供重要支持。与光纤通信等有线通信方式相比，微波通信建设速度快，不需要铺设线路，建设成本相对较低，尤其在山区、农村等偏远地区，是一种经济实用的通信方式。

（5）机载指挥所通信系统

机载指挥所通信系统是一个综合性的通信系统，它集成了多种通信手段和技术，包括无线电通信、卫星通信、短波通信、超短波通信等，以确保在复杂环境下实现稳定、高效的通信。该系统主要用于支持机载指挥所与地面控制站、其他机载指挥所或作战单位之间的通信，为指挥决策提供实时、准确的信息支持。机载指挥所通信系统如图 4.5 所示。

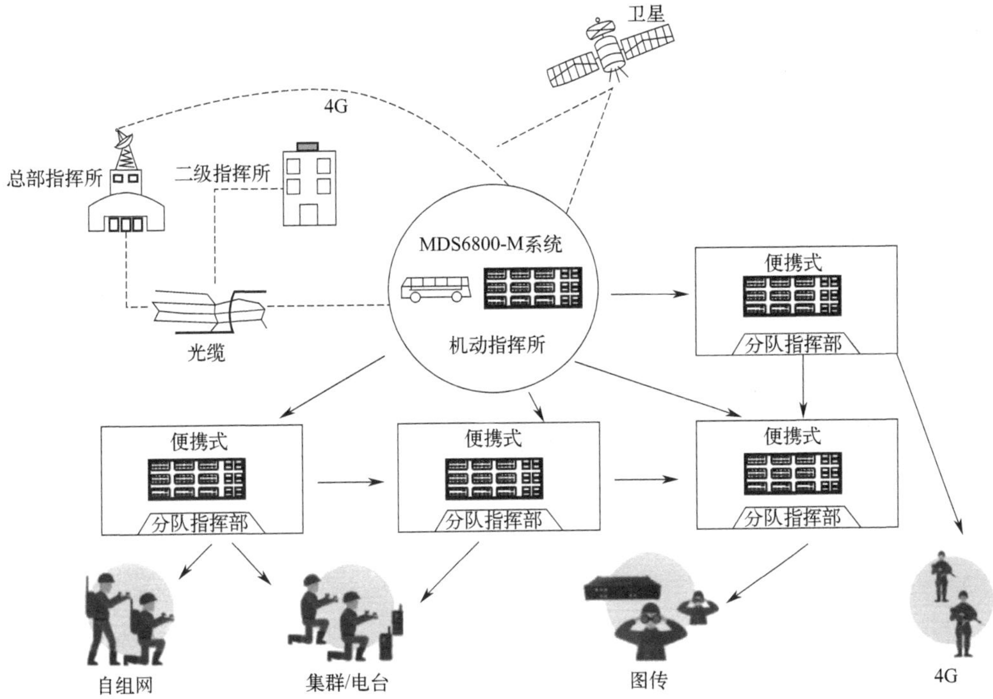

图 4.5　机载指挥所通信系统示意

机载指挥所通信系统集成了多种通信手段和技术，展现出高度的灵活性和适应性，能够满足不同场景下的通信需求。该系统采用先进的抗干扰技术，能够在复杂电磁环境下保持稳定的通信性能，确保指挥信息的准确传递。通过卫星通信等远程通信手段，机载指挥所通信系统能够实现远距离的通信覆盖，跨越地域限制，实时传递指挥信息至指定目标。同时，该系统具备高速的数据传输能力，能够实时传输指挥决策所需的信息和数据，为指挥员提供及时、准确的决策支持。在安全性方面，系统采用了多种安全保密措施，如加密通信、身份验证等，确保指挥信息在传输过程中的安全性和保密性。此外，机载指挥所通信系统还采用了模块化设计，使得系统易于部署和维护，同时具备自我诊断和故障排查功能，能够及时发现并修复潜在问题，确保系统的稳定运行。

2. 应急通信技术特点

应急通信技术是指在突发事件等紧急情况下，为了保障现场救援、指挥和调度所需的各种通信手段，以快速、准确传递信息为目的而采取的技术措施。不同于常规通信技术，应急通信技术具有抗毁能力强、灵活性强、通信安全可靠、快速部署和高机动性等特征。其主要特点如下。

（1）抗毁能力强

应急通讯系统的抗毁能力是指在面对自然灾害、事故灾难、公共卫生事件和社会安全事件等紧急情况时，具有较强的抗电磁干扰能力和核电磁脉冲防护能力，确保在紧急情况下通信的连续性和正常运行。这种能力对于应急响应和救援行动至关重要，因为它保证了在关键时刻能够进行有效的沟通和协调。

（2）灵活性强

应急通信技术的灵活性强是其核心优势之一，特别是在面对紧急情况时，可以根据实际情况进行调整和扩展，以适应不同场景下的通信需求。它不仅仅意味着系统能够迅速适应变化的环境和需求，更涉及多个层面的快速响应与高效运作。此外，应急通信技术能够根据不同的需求，灵活配置通信资源和功能，提供定制化的通信解决方案。

（3）通信安全可靠

应急通信系统通常具有较高的安全性，能够保证通信内容的安全性和保密性。其特点体现在安全性高、抗毁能力强、抗电磁干扰能力强、通信可靠并能与国防通信网互联以及灵活适应性强等方面。这些技术手段能够确保在紧急情况下，通信内容不被泄露或非法访问，从而保障应急通信的私密性和完整性。

（4）快速部署

应急通信系统能够迅速建立，并在短时间内投入使用，以满足紧急情况下的通信需求。具体而言，应急通信技术通过简化安装流程、采用模块化设计以及利用先进的自动配置和即插即用技术，实现通信设备在短时间内的快速安装、配置和启用，确保在紧急情况下快速恢复通信能力。

（5）高机动性

应急通信技术的高机动性特点显著，体现在其轻便易携、模块化设计便于快速部署，具备强大的无线通信能力以适应复杂环境，且能迅速配置和自适应调整通信参数，确保在紧急情况下快速恢复并维持稳定可靠的通信连接。部分应急通信系统如机载指挥所通信系统具有较强的机动能力，能够在不同地点和环境下快速部署和移动。

3. 应急通信设备

应急通信设备是专门设计用于在紧急情况下提供快速、可靠和安全的通信手段的设备。这些设备能够在自然灾害、事故灾难、社会安全事件、重大公共卫生事件等突发事件中，保障关键通信不中断或在关键时刻能够快速恢复通信，提高应对突发事件的通信保障能力，确保支持救援行动的顺利进行。常见的应急通信设备及其特点如下。

（1）卫星通信设备

卫星通信设备利用人造地球卫星作为中继站，实现地面站之间的通信。它们具有覆盖面广、频带宽、机动灵活等特点，不受地理条件限制，非常适合在灾区道路阻断时使用。卫星通信设备可以提供语音、图像、文字和数据等多媒体通信服务。在救援现场，除了个人使用的卫星电话终端外，还有中低速率的 IDR 卫星站、宽带 VSAT（甚小 D 径天线终端）便携卫星小站等固定业务地球站，以及能够提供更高容量通信的车载卫星通信系统。

（2）高空基站和低空飞行器

利用浮空飞艇或无人机搭载临近空间层高空基站，提供通信覆盖。这些设备可以采用现有蜂窝通信协议（如 4G、5G），为覆盖区域提供话音和互联网接入服务。低空飞行器应急通信主要利用无人机的快速部署能力，通过搭载基站设备为通信中断区域提供应急补盲。

（3）应急通信车

应急通信车集成了蜂窝通信基站、卫星 / 微波 / 光纤回传设备、油机电源等装置，可提供长时间的应急通信保障能力。这些车辆具有高集成度与灵活部署能力，可按需应用于大型活动场所热点容量补充和通信中断区域的应急保障。

（4）超级基站

超级基站是基于全局资源共享的新型集中式蜂窝网络架构，具有积木块式软硬件、协议资源可集中控制、协议软件可定义等特点。它最大的特点是采用了“光纤 + 卫星”的双路由传输链路，可在地面通信传输光缆中断等非常规情况下，自动切换成卫星通信模式，保障市民打电话和政府应急通信指挥的需求。

（5）系留式低空无人机应急通信方案

系留式低空无人机应急通信方案通过利用无人机搭载通信设备，并通过系留线缆与地面电源和控制系统相连，实现快速、灵活、可靠的应急通信服务。该方案能够迅速响应灾害救援等紧急需求，为救援人员提供稳定、连续的通信支持。

（6）自组网设备

自组网设备是指能够自动发现、配置和形成网络的无线通信设备。它们可以在没有中心节点或固定网络架构的情况下，通过无线链路相互连接，形成一个分布式、自组织的网络。具有自动组网、灵活可扩展、自修复能力和多跳通信等特点。如中兴高达的 sMesh 100 宽带自组网系统，采用无中心同频自组网技术，支持多跳组网，适用于 LTE（长期演进技术）现场应急系统数据回传和覆盖延伸。

（7）一体化指挥调度台

一体化指挥调度台是现代调度技术的集大成者，它将原本分散的、功能单一的调度系统整合到一个统一的管理平台上。一体化指挥调度台通常采用普通 PC+ 专业软件方式进行服务实现，也可以采用加固笔记本、加固笔记本三屏机、加固 PAD 等作为调度台。它们能够集成语音调度、定位、视频等功能，实现了信息集中显示、资源统一调配和事件的快速响应。

（8）终端设备

终端应急通信设备是指在紧急情况下使用的便携式通信设备，它们通常具有快速部署、易于携带和操作、适应各种环境条件的特点。常见的终端设备如4G/5G通信指挥箱、PDT（准同步数字传输）/LTE手台、背负式LTE设备和MA-Box便携式应急通信指挥箱等。这些设备在应急救援中发挥着至关重要的作用，确保了在关键时刻能够快速恢复通信，支持救援行动的顺利进行。

三、应急通信技术应用案例

1. 中国翼龙无人机提供应急通信

在“7·20”郑州特大暴雨事件中，面对部分区域洪水灾害导致的通信中断，应急管理部迅速部署翼龙无人机空中应急通信平台，有效应对米河镇等地区的通信中断问题。翼龙无人机通过搭载移动公网基站，成功实现了约50km^2范围内的长时稳定连续移动信号覆盖。在应急救援空中基站的协助下，累计接通用户达到2572个，单次最大接入用户数为648个。为灾区居民提供了及时报告灾情和报送平安的移动信号，确保了关键空中链路的通信保障。

无人机与卫星通信在此次救援中展现了其作为新型且有效的应急通信方式的潜力。为了提升应对紧急突发事件的能力，构建空天地一体化通信网络显得尤为重要。在此过程中，逐步建立统一的技术体制，分阶段实现业务、体制与系统的异构网络融合，是增强应急通信保障能力的关键步骤。通过这种方式，可以最大化网络效率，降低成本，并实现无缝的星地切换，保障业务连续性和用户体验。统一技术体制的建立，将有助于提升不同供应商提供的系统、移动台之间的互操作性，满足应急无线通信安全加密、全国联网以及与公网对讲系统融合的要求。

2. 中信卫星打通应急通信“生命线”

自2024年6月起，面对连续强对流天气引发的严重暴雨和洪涝灾害，中信卫星迅速启动应急响应机制，全力支持各级政府和电信运营商的卫星资源和技术需求。在灾害管理和指挥调度中，中信卫星所管理的卫星资源发挥了至关重要的作用。应急管理部门通过卫星通信技术，能够将灾区的实时视频迅速传输至各级应急指挥中心，为决策者提供直接的现场信息。水利部门则利用广泛的远程监测站点网络，高效收集并传输长江、黄河、海河、淮河和珠江等主要河流的水文数据，为洪水预测和应急响应提供了关键数据支持。

在中国电信、中国联通等基础电信运营商面临因降雨量激增而导致的卫星带宽资源紧张问题时，中信卫星迅速调配额外的免费卫星资源，确保了灾区通信网络的稳定，保障了灾区人民的生命和财产安全。此外，中信卫星在多次国内应急通信保障任务中展现了其专业能力和社会责任感。在2008年汶川地震、2010年玉树地震、2020年南方水灾、2023年泸定地震以及京津冀地区的特大暴雨洪涝灾害等重大自然灾害救援行动中，中信卫星均及时提供了高质量的卫星带宽资源和技术保障，为救援行动的成功和灾害损失的减少提供了重要支持。

第二节　应急大数据技术

技术进步，尤其是计算机技术、互联网技术和存储技术的发展，极大地提高了人类收集、存储和处理数据的能力。云计算和分布式计算技术的兴起，更是让处理大规模数据集成为可能。同时，数据量的激增也是推动大数据技术发展的重要因素，互联网的普及、移动设备的广泛使用和物联网的快速发展，都导致数据量呈指数级增长，预计到2030年全球数据存储量将达到2500ZB。应急大数据技术是应急管理未来发展的重要方向之一，作为现代科技在应急管理领域的深度应用，其核心在于依托大数据的收集、处理、分析和应用能力，针对应急管理过程中产生的海量数据进行高效、准确的处理。这一技术不仅极大地提升了应急管理的科学性和精准度，更为灾害预警、应急响应和灾后恢复提供了强有力的科学依据和决策支持。此外，大数据技术与我国应急管理的总体构想及发展方向高度契合，因此，要在我国应急管理中有效应用大数据技术，需立足于复杂适应系统的理论视角，以提升应急管理的适应能力，为政府决策提供有效的支持。

一、应急大数据技术概念与发展

1. 应急大数据技术概念

应急大数据技术是指在应急管理领域应用大数据技术，通过对海量、多样化数据的收集、存储、分析和应用，提高对突发事件的预防、响应和处理能力的一种技术手段。它涵盖了从预防、准备、响应到恢复的全过程，不仅包括了信息收集、风险评估、决策支持和资源调配等功能，还强调了跨领域的数据整合和智能化决策。智慧应急的概念框架包括了数据驱动的决策过程、高度集成的技术系统和动态的风险评估模型。智慧应急的核心特征是利用现代信息技术，特别是物联网、大数据、云计算、人工智能等技术，对紧急事件进行有效预测、及时响应、精准处置和恢复重建的过程。

智慧应急与传统应急相比，具有实时性、精准性、协同性和预见性等显著优势。它能够实现对复杂应急情境的快速响应和有效管理，提高应急管理的效率和效果，减少灾害损失，保障社会稳定和人民安全。智慧应急的实践意义在于提升应急响应速度、增强应急资源的有效配置以及强化公众参与和社会协同。技术支撑包括人工智能、大数据与云计算的融合利用、物联网技术在灾害监测中的作用，这些技术提高了应急管理的效率和适应复杂灾害情况的能力。智慧应急面临的挑战包括技术挑战与创新需求、法律法规与政策环境的适应。为了克服这些挑战，需要不断的技术创新以及相应的法律法规和政策环境的配合。

而在其数据来源上，应急大数据技术主要数据源包括传感器数据、社交媒体数据、政府及机构数据和企业数据等。

（1）传感器数据

来自各类传感器（如气象传感器、地质传感器等）的实时监测数据。

（2）社交媒体数据

来自社交媒体平台（如微博、微信等）的用户生成内容，包括文本、图片、视频等。

（3）政府及机构数据

来自政府部门、救援机构等的相关数据，如灾害预警信息、救援资源分布等。

（4）企业数据

来自企业的相关数据，如受灾企业的生产情况、库存情况等。

2. 应急大数据技术发展

应急大数据技术的发展与大数据的发展密不可分。大数据的发展历程经历了 4 个阶段：

① 从 20 世纪 90 年代至 21 世纪初的萌芽阶段，数据挖掘理论和数据库技术逐渐成熟，为大数据技术的诞生奠定了基础；

② 进入 21 世纪前 10 年的成长阶段，Web2.0 应用的发展带动了大数据技术的快速突破，如谷歌的 GFS 和 MapReduce 技术的提出，以及 Hadoop 平台的崭露头角；

③ 2010 ～ 2012 年的成熟阶段，大数据基础技术逐渐成熟，Hadoop 等大数据技术得到广泛应用，为大数据在各行业的应用提供了支持；

④ 自 2013 年至今的大规模应用阶段，大数据技术已渗透到社会各个领域，数据驱动决策成为新趋势，大数据平台普及，催生了更多应用场景，并推动了数据中台等概念的提出和应用。

大数据技术的发展为社会管理和企业运营带来了创新的管理模式。在智慧应急管理领域，大数据的应用正变得越来越重要，它推动了应急管理向数字化、智能化的转型。目前，应急管理面临的挑战之一是信息的有效利用不足，尤其是在大数据服务的运用上存在欠缺。在智慧城市的建设过程中，政府各部门在系统建设上存在信息共享难题，部门间的协同合作也面临较大难度。

为了应对这些挑战，需要采取一系列措施。首先，要强化数据的采集、汇聚，这是构建应急管理数字化体系的基础。通过建设数据治理系统，汇聚各类感知数据和基础数据，构建应急管理数据资源体系。其次，需要优化数据服务共享通道，加强数据安全保障，推进数据服务共享的广度和深度，实现跨部门、跨层级、跨区域的数据流通，打造安全可信的流通环境。此外，还需要激活数据要素潜能，提升安全生产监管能力、自然灾害监测评估能力、应急协调共享能力。例如，利用大数据、人工智能等新技术破解监管难题，提高执法精准化；利用公共数据研发基于大数据的自然灾害灾情监测评估模型，提高监测预警时效性；推动灾害事故、物资装备、特种作业人员、经营许可等数据跨区域共享共用，提高监管执法和救援处置协同联动效率。

大数据技术的应用和普及为灾害事件的应急管理提供了新的思路。随着移动互联网、卫星遥感、物联网、无人机等的广泛应用，各种社会和物理传感设备为灾害感知、灾情评估、灾后重建等提供了大量实时、定量的数据。多种数据融合进一步为系统、全面地建立健全应急救援体系提供了新的技术方法。

应急救援领域也涌现出一些新的技术和应用，其中典型代表如灾情地图（crisis mapping）、众包技术（crowdsourcing）、贫穷地图（poverty mapping）、地震感知手机应用 MyShake 等，提高了应急救援能力，促进了现代应急救援管理模式的变革和发展。特别是在“灾害响应 2.0”的新时代，大数据在灾害治理中扮演着至关重要的角色，其影响范围遍及全球，使得有效的灾害治理成为了一个亟待解决的全球性议题。随着智能手机、全球移动互联网接入以及社交媒体的蓬勃发展，人类在面对灾害时的响应方式和应对策略正经历着前所未有的深刻变革，我们的灾害应对能力正站在一个历史性的转折点上。2010 年海地地震期间，大数据驱动的灾害响应机制初次崭露头角，不仅标志着一种全新的、基于分布式智能的灾害应对模式——“灾害响应 2.0”的形成，同时也预示着大数据将在灾害治理领域开启一个崭新的时代，引领我们向更加高效、精准的灾害应对方向迈进。

近年来，大数据技术在灾害治理领域迅速崛起，其重要性日益凸显。在海地地震中，国际志愿者创建了“数字技术社区”，利用大数据驱动危机响应，开创了“数据人道主义”的新纪元。谷歌推出了“Person Finder”，使公众能够更新失踪人员状况和现场信息。2011 年东日本大地震时，大数据预警系统为新干线赢得了宝贵的 12 秒预警时间。2012 年的“桑迪”飓风中，社交大数据为救援行动提供了大量有价值的信息。2017 年美国厄玛大飓风期间，社交大数据在监测和救援中的表现令人印象深刻。而在 2018 年，当弗洛伦斯飓风袭击美国新伯尔尼市时，市政府和受困居民通过社交媒体推特有效地协调转移，确保了安全撤离。这些案例充分展示了大数据技术在灾害治理中的巨大潜力和实际效用。

二、应急大数据技术组成

1. 数据采集与管理

应急大数据技术在数据采集与加工处理方面，涵盖了数据接入、处理、管控、服务和运维等关键环节。数据接入负责从多源异构的数据源中抽取信息并进行对账，确保数据的完整性和一致性。数据处理则通过探查、定义、提取、清洗、关联、比对和标识等步骤，提升数据的质量，使其满足应用需求。数据管控关注数据资源的生命周期，包括分级分类、质量管理和资源目录，以确保数据的透明性、可管理性和可控性。数据服务提供对外的数据访问和管理能力，支持查询检索、统计分析等多种服务。数据运维则通过实时监控和管理，保障数据流程的稳定性和安全性。这些环节共同确保了应急管理中数据的高效治理和应用，支持快速响应和决策。

2. 数据处理与分析

大数据分析是应急大数据技术的核心，通过使用机器学习和数据挖掘技术，可以对数据进行深入分析，以预测和识别潜在的风险和威胁。这一步骤需要强大的计算能力，如分布式并行编程框架 MapReduce 和基于内存的分布式计算框架 Spark，而具体分析包括描述性分析和预测性分析等。其中，描述性分析聚焦探索历史数据并描述发生了什么，包括发现数据规律的聚类、相关规则挖掘、模式发现和描述数据规律的可视化分析。预测性分析主要基于逻辑回归等技术，预测未来的概率和趋势。通过分析历史数据与当前数据的关联，可以构建预测模型，识别出潜在的危机事件发生风险。例如，在地质灾害方面，可以通过对历史地震、滑坡等灾害事件的数据进行分析，找出潜在的危险区域及其可能发生的时间窗口；在公共卫生事件方面，可以通过分析人群流动、疫情传播等数据，预测出疾病暴发的潜在风险区域。

3. 信息系统建设与运维

应急信息系统的建设与运维是一个复杂而系统的过程，它需要考虑到系统的可扩展性和灵活性，以适应不断变化的应急需求和技术进步。其中拓展性主要指应急信息系统需要设计成可扩展的架构，以便能够随着技术的发展和业务需求的变化进行升级和扩展。这可能涉及硬件的升级、软件的更新以及新功能的添加。例如，通过采用云计算技术，系统可以快速扩展计算资源，以应对大规模数据处理的需求。此外，系统应能够适应不同的应急场景和需求，包括自然灾害、事故灾难、公共卫生事件等。这要求系统具有高度的模块化和配置性，以便能够快速调整和重新配置以适应不同的应急响应策略。

4. 网络安全保障

应急大数据技术的网络安全保障是一个全面的过程，它包括预防、监测、响应和处置等多个关键环节。在预防方面，采取物理安全措施如合理布局机房和配置防火设施，以及实施网络安全措施如建立防火墙和入侵检测系统，同时强化身份认证和访问控制，使用强密码和多因素认证技术。监测预警环节则依赖于建立健全的网络安全监测预警系统，按照《中华人民共和国网络安全法》和《中华人民共和国数据安全法》的要求，由国家网信部门统筹加强信息收集和通报。应急响应环节需要制定详细的预案和成立应急组织，包括各类应急处理指挥部和恢复组，以及明确安全事件分类和响应流程。事件处置则涉及对网络安全事件的成因分析、现场保护和证据留存。此外，信息共享机制的建立促进了网络安全信息的及时汇总和发布，而定期的应急演练则确保了预案的有效性和提高了应对能力。技术支撑方面，利用大数据和云计算等技术构建应用平台，实现风险监测和预警。最后，遵循相关法规如《国家网络安全事件应急预案》，确保应急处置的合法性和合规性。这些综合性措施共同作用，以提高对网络安全事件的应对能力，减少潜在的损失和危害。

三、应急大数据技术特点与应用场景

1. 应急大数据技术特点

应急大数据技术具有数据海量且多样、实时性与高效性、精准性与智能化、可视化与直观性、统一性与协同性以及安全性与可靠性等特点。这些特点使得应急大数据技术能够在应急管理和决策中发挥重要作用，提高应急响应的效率和准确性，为人民群众的生命财产安全提供更加有力的保障。

（1）数据海量且多样

应急大数据技术已成为现代应急管理和决策不可或缺的重要工具。在数据方面，应急大数据技术能够整合来自不同渠道、不同类型的海量数据，包括社交媒体、物联网设备、传感器网络、气象数据等，为应急响应提供全面、丰富的信息支持。

（2）实时性与高效性

应急大数据技术高度重视数据的实时采集、处理与分析能力，因为在应急事件中，时间的紧迫性意味着每一秒都至关重要。为了确保能够迅速响应并有效应对紧急情况，大数据技术必须能够即时捕获来自各种监测设备、传感器及不同系统的海量数据，并立即进行处理和分析，以提供及时准确的预警信息和决策支持。这一技术的高效性不仅体现在对数据的快速处理上，还展现在其能够迅速整合并共享跨部门、跨系统的数据资源上，从而打破信息孤岛，促进信息的流通与协作，显著提升应急响应的速度与准确性，为挽救生命、保护财产安全赢得宝贵时间。

（3）精准性与智能化

应急大数据技术借助高级算法和模型，对海量、复杂的数据进行深度挖掘和分析，从而能够实现对事件发展的精准预测和判断。这种技术的优势在于，它不仅能够从数据中提取关键信息，还能够发现数据之间的潜在联系和规律，为应急决策提供更加科学的依据。同时，应急大数据技术还结合了人工智能、机器学习等先进技术，实现了对应急事件的智能化识别和响应。这意味着，系统能够自动识别和分类应急事件，快速生成应对策略，从而极大地提高了应急管理的智能化水平和响应效率。

（4）可视化与直观性

应急大数据技术的数据可视化能力是其强大功能的重要组成部分，这一特性使得该技术能够将海量的、多维度且复杂的数据信息，通过先进的算法和工具，巧妙地转化为直观、易懂的可视化图表、图像和动画。这种转化不仅极大地降低了数据解读的门槛，还让应急管理人员能够在短时间内迅速捕捉到数据背后的关键信息和潜在趋势。面对突发事件，应急管理人员需要在极短的时间内做出准确的判断和决策。通过可视化图表，应急管理人员可以清晰地看到各类数据的分布、变化和关联，从而更加直观地理解事件的演变过程和可能的影响范围。此外，数据可视化还能帮助应急管理人员发现潜在的风险点和薄弱环节，进而提前预警和采取预防措施。

（5）统一性与协同性

应急大数据技术需要能够将分散在各部门、各系统的数据进行统一管理和协同处理。这有助于打破信息孤岛，实现数据的互联互通和共享共用，提高应急响应的协同性和整体性。统一性体现在数据格式、编码和术语的标准化上，确保来自不同部门、系统和设备的数据能够准确、可比地进行交换和共享。协同性则体现在跨部门的数据共享机制、跨系统的数据互通以及多方协作的应急响应上，通过实时数据支持和分析，帮助各方了解事件发展态势，制订科学合理的应急响应方案，实现资源的优化配置，从而提高应急响应的效率和准确性。

（6）安全性与可靠性

在应急领域，数据的安全性和可靠性是确保应急响应成功的关键因素之一。应急大数据技术不仅需要具备实时采集、处理和分析数据的能力，还需要采用严格的数据加密、备份和恢复等措施，以全面保障数据的安全性和可靠性。此外，为了进一步提高数据的准确性和完整性，应急大数据技术还需要建立完善的数据管理机制和流程，涵盖数据的采集、存储、处理、分析和共享等各个环节，确保数据的完整性和一致性。这些措施和机制的共同作用，有助于在应急事件中快速响应，提高应急响应的效率和准确性，从而为人民群众的生命财产安全提供更加坚实的保障。

2. 应急大数据技术应用场景

大数据技术在应急领域的应用场景广泛，涵盖了从预防、准备、响应到恢复的全过程。其具体应用包括实时监测与预警、应急响应与资源调度、社会舆情监测与分析、灾后恢复与重建及公众教育与参与等多种场景。此外，随着技术的不断进步和应用场景的拓展，大数据将继续在更多应用场景中发挥至关重要的作用。

（1）实时监测与预警

大数据技术能够整合来自各类传感器、物联网设备等的数据源，实现对自然灾害、安全生产事故等突发事件的实时监测。通过对这些数据的深度分析和挖掘，大数据技术可以预测灾害发生的可能性，提前发出预警，为应急响应和救援工作争取宝贵的时间。例如，在风暴来临之前，大数据可以分析气象数据，提前预警可能受灾区域，为紧急疏散和救援提供时间窗口。

（2）应急响应与资源调度

在灾害发生后，大数据技术可以迅速收集和分析各类数据，包括灾情、救援人员位置、交通状况等，为救援资源的调度和分配提供科学依据。通过实时更新和分析数据，大数据技术可以优化救援资源的配置，确保救援力量在最关键的地点投入，提高救援效率。此外，大数据技术还可以支持应急决策支持系统，帮助决策者更全面地了解灾情和资源情况，做出更科学、精准的决策。

（3）社会舆情监测与分析

大数据技术可以应用于社会舆情的监测与分析，通过对社交媒体、新闻报道等信息的大规模搜集和分析，了解公众对灾害事件的关注度和情绪反应。这有助于应急管理部门及时调整应对策略，更好地满足公众的需求，提高管理的透明度和公信力。同时，大数据技术还可以帮助识别谣言和虚假信息，维护社会稳定和秩序。

（4）灾后恢复与重建

在灾后恢复与重建阶段，大数据技术可以分析灾害影响范围和损失程度，为灾后重建和恢复工作提供科学依据。通过整合和分析各类数据，大数据技术可以制订更合理的恢复计划和重建方案，提高恢复效率和质量。

（5）公众教育与参与

大数据技术还可以通过分析公众的认知水平、关注点和行为习惯等信息，开展有针对性的公众教育。在灾害预防和应对过程中，可以利用这些信息提高公众的防灾意识和应对能力。同时，大数据技术还可以支持公众参与灾害救援和灾后重建工作，形成政府、社会组织和公众共同参与的应急管理体系。

四、应急大数据技术应用案例

1. 雅安基地实战化大数据指挥中心

雅安市在应急管理领域紧跟数字化、网络化、智能化的步伐，积极解决发展过程中的挑战。通过建立和优化应急信息化平台，雅安市的应急管理能力得到了显著提升。在科技创新保障安全的理念驱动下，雅安市建立了一个实战型的大数据指挥中心——雅安基地。该基地成功整合了应急管理部、省应急管理厅以及市公安、交通、水利等 20 个关键部门和 7 家企业的数据资源，包括地理信息、救援队伍、监测数据和重点场所信息等，数据总量超过 3 亿条。同时，还汇集了天网、雪亮工程、河道监控、交通监控和森林防火等 2 万余路监控视频，形成了 347 项数据资产，并提供了 80 项数据服务。

这些措施有效推进了数据智能服务、数据运营管理和城市信息模型等能力模块的发展，为雅安市建立应急智慧大脑的数据库和研判中心打下了坚实的基础。雅安市应急管理局与市消防救援支队紧密合作，实行联合值班，每日进行数据核查和调度，构建了“情报、指挥、行动”一体化的运行模式。这一模式将原本不可见的数据资源转化为可见的应急救援指挥能力，为雅安市的应急管理工作带来了新的活力和效率。

2. 福建省数字应急综合应用平台

福建省电子政务建设运营有限公司成功打破了数据壁垒，有效整合了部、省、市三级应急基础信息资源，打造出一个名为数字应急综合应用平台的系统。此平台不仅实现了全面的灾害预警功能，还强化了全链条监管流程，为福建省构建“数字应急”体系奠定了坚实基础。通过与应急管理部及各地市级应急平台的无缝对接，该平台已连接了省级气象、水利、地质等20多个行业厅局的39个相关业务系统，累计汇聚了约59.8亿条基础数据，涵盖气象预报、应急物资储备、救援队伍分布等多个方面。此外，平台还整合了 89 万条部级数据和 2.41 亿条省级数据，涉及危险化学品、工贸、矿山等企业的基本信息。

在数据赋能方面，福建省已接入 1.4 万条重点领域的感知数据（包括危化品、非煤矿山、森林防火、海上安全等）和 2.2 万路视频监控。借助先进的风险评估模型和 AI 视频分析技术，平台能够自动发布预警信息，实现对安全生产隐患的主动监测，推动应急管理从传统的“以治为主”向现代的“以防为主”转变。据统计，自 2023 年以来，福建省已成功消除了约 19 万次传感器异常报警，处理了 550 余起各类安全事故，事故死亡人数下降了 11%。同时，该平台还结合了企业画像数据治理模型，动态建立了监管对象台账库。目前，已有 5.1 万家危化品、烟花爆竹、矿山、工贸等企业纳入管理平台，实现了精准监管和靶向治理。此外，福建省多部门、跨层级的3万多条救援相关数据也已汇聚至该平台，显著提升了应急救援的协同作战能力。通过快速调度队伍和装备，实时掌握救援进展，福建省已实现了快速响应、高效协同和扁平化指挥调度的目标。

第三节　应急“3S”技术

在社会和经济快速发展的今天，我们面临着更加严峻的挑战，包括自然灾害、工业事故、公共卫生事件以及社会安全问题等各类突发事件。这些事件的应对速度和决策质量是判断应急管理成效的关键因素，也是评价应急管理体系效能的核心指标。为了提升应急系统的响应速度和决策的准确性，必须对应急管理相关的信息进行集中管理，并通过对这些信息的整理、分析、评估和模拟，制定出切实有效的应急预案。然而，传统的管理手段已经不能满足现代应急管理的需求。遥感技术（RS）、地理信息系统（GIS）和全球定位系统（GPS）等现代技术，在灾害事故的应急管理和防灾减灾领域显示出了广泛的研究前景和高效的应用潜力。近年来，国内众多研究机构和学者致力于“3S”技术的融合，为应急管理领域提供了创新的技术手段和方法。这些技术的整合应用，不仅增强了政府对重大突发事件的快速响应能力，还提升了科学决策的水平。

“3S”技术的结合使用，为应急管理提供了强大的观测、信息处理、分析模拟和决策咨询等功能。遥感技术能够获取大范围的地理和环境信息，为GIS提供数据源，支持空间决策分析。GIS作为处理空间问题的工具，具备数据获取、存储、显示、编辑、处理、分析和输出等功能，有效辅助管理和决策。GPS技术则以全球覆盖、高精度和高效率著称，为空间定位和导航提供了强有力的支持。这些技术的集成应用，已经在多个领域显示出其巨大的潜力，包括城市规划、环境保护、国土管理、交通监控、公共安全以及农业和水资源管理等。通过“3S”技术的融合，能够帮助决策者更好地预测、监控和应对各类突发性事件，更好地确保人民群众的生命财产安全。

一、应急“3S”技术概念与发展

“3S”技术是指将遥感技术、全球定位系统和地理信息系统3种技术相结合，同时融合了通信技术、计算机技术、空间分析技术、传感器技术、定位导航技术以及遥感监测技术等多种技术手段，通过采集、处理、管理、分析、表达、传播和应用灾害事故的相关信息，致力于提升灾害和事故的预防、监测、预警、响应和恢复重建等应急管理活动的效率，实现对灾害事故全过程的信息化管理及提供具有强大的观测、信息处理、分析模拟和决策咨询等能力的技术体系及平台。

“3S”技术在应急管理领域的发展历程是一个不断技术创新和应用拓展的过程。在早期阶段，遥感技术主要使用摄影术，随后经历了地面遥感、航空遥感和航天遥感 3 个阶段。地理信息系统的发展始于 20 世纪 60 年代，最初以地图和计算机地图制图为主，后来发展到地图数据库，最终形成了现代 GIS 系统。全球定位系统的发展始于 1973 年，美国国防部开始设计试验，1994 年全面建成，具有全球导航定位功能。进入 21 世纪，“3S” 技术与云计算、大数据、人工智能等新兴技术相结合，形成了更为强大的技术体系。GIS 技术发展出大数据 GIS、人工智能 GIS、新一代三维 GIS、分布式 GIS 和跨平台 GIS 五大技术体系，这些技术相互支持，拓展了 GIS 的能力和应用场景。随着 “3S” 技术的成熟，它们开始在各个领域集成应用。在应急管理领域，“3S” 技术提供了灾害监测、预警、评估和救援的技术支持。GIS 技术的发展进一步扩展了应用领域，体系结构、开发模式和服务模式都发生了深刻的变化。目前，“3S” 技术正朝着兼容统一共享的方向发展，使得 “3S” 技术在应急管理中的应用更加广泛和深入。

二、全球定位系统

全球定位系统是一种以卫星为基础的无线电导航系统，可提供高精度、全天时、全天候的导航、定位和授时服务，是国家经济建设、国防建设、交通运输的重要基础设施。当前，全球数字化、信息化发展迅速，智慧城市、物联网、智能交通等新兴应用对于全空间、高精度、高可靠定位的需求日益迫切。发展卫星导航增强系统，利用星基增强、地基增强以及多源信息融合等关键技术增强卫星导航定位的准确性、时效性和稳定性，已成为国际导航领域的关注热点。同时，全球定位系统在紧急救援中的精准定位、自然灾害影响的监测和建筑形变等方面均有诸多应用。

1. 全球定位原理及系统组成

卫星定位的基本原理是通过接收多颗卫星发射的信号，并计算信号传播时间和距离，确定接收机的位置，至少需要 4 颗卫星来确定接收机的三维位置，也可以通过 3 颗卫星确定接收机的二维位置，如图 4.6 所示。其主要由地面控制部分、空间卫星星座和地面用户设备 3 部分组成。地面控制部分涵盖主控站、监测站、地面天线以及通信辅助系统（负责数据传输）。主控站的核心职责是汇总各监测站的追踪数据，进而计算卫星轨道及时钟参数，随后利用地面天线将这些计算结果传送至卫星。此外，它还负责全面管理和协调整个地面控制系统的运作。至于空间卫星星座，通常由 24 ～ 30 颗卫星构成，它们位于大约 20000km 高的太空轨道上，并根据结构设计分散于 3 个或 6 个轨道平面上，确保相邻轨道间的夹角一致。为确保系统的持续运作，每个轨道还会增设一颗备份卫星，以便在主卫星发生故障时迅速接替。用户端设备则是导航信号接收机，其主要功能是捕捉并追踪卫星。一旦接收机锁定并追踪到卫星信号，就能测量接收天线至卫星的伪距离及其变化率，并解调得到卫星轨道参数等信息。基于这些信息，接收机内置的微处理器会运用定位算法进行计算，最终确定用户的具体地理位置（包括经纬度、高度）、速度以及时间等。

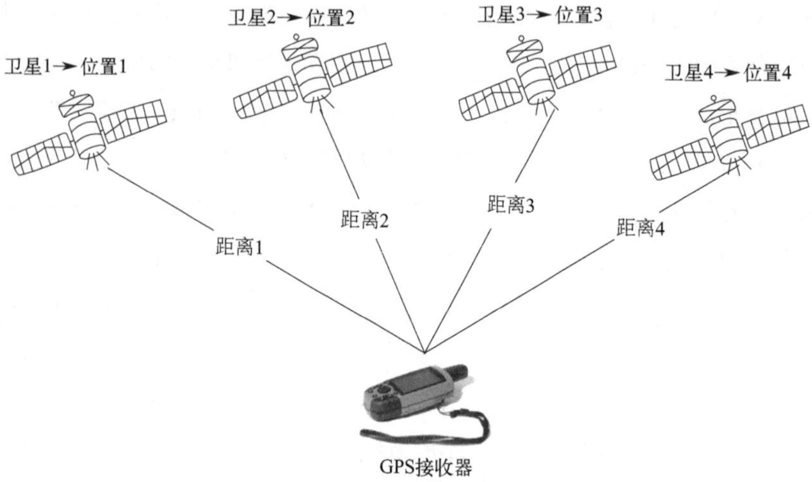

图 4.6　卫星定位原理

2. 主流全球定位系统

目前主流全球定位系统主要包括美国的全球定位系统（GPS）、俄罗斯的格洛纳斯卫星导航系统（GLONASS）、欧盟的伽利略卫星导航系统（Galileo）和中国的北斗卫星导航系统（BDS）。其中，全球定位系统发展最早，成熟度最高，商业应用开发深入。本小节将简要介绍这 4 个主要的正在全球范围运行服务的卫星导航系统的特点、发展等。

（1）全球定位系统

全球定位系统起源于 20 世纪 70 年代，当时美国国防部为了满足陆、海、空三军的导航需求，以及进行情报收集、核爆炸监测和应急通信等军事目的，启动了“导航卫星定时和测距全球定位系统”的研制工作，简称全球定位系统。1973 年，美国国防部开始了该系统的设计与试验工作。全球定位系统具备全球全天候连续不断的导航定位能力，能为全球任何地点或近地空间的各类用户提供连续的、全天候的导航定位能力，用户不用发射信号，因而能满足多用户使用。同时具备实时导航功能，定位精度高，观测时间短。利用 GPS 定位时，在 1 秒内可以取得几次位置数据，这种近乎实时的导航能力对于高动态用户具有很大的意义，同时能为用户提供连续的三维位置、三维速度和精确的时间信息。

（2）格洛纳斯卫星导航系统

格洛纳斯卫星导航系统是苏联 / 俄罗斯研制的卫星导航系统，该系统最早开发于 1976 年，是苏联时期启动的项目，格洛纳斯系统计划使用 24 颗卫星实现全球定位服务，可提供高精度的三维空间和速度信息，也提供授时服务，后由俄罗斯继续该计划。GLONASS 星座由 21 颗工作星和 3 颗备份星组成，公开数据显示，其定位精度约为 1.5 米，可为全球海陆空以及近地空间的各种军、民用户全天候、连续地提供高精度的三维位置、三维速度和时间信息。GLONASS 在定位、测速及定时精度上优于施加选择可用性（SA）之后的 GPS，由俄罗斯向国际民航和海事组织承诺向全球用户提供民用导航服务。

（3）伽利略卫星导航系统

伽利略卫星导航系统是由欧盟研制和建立的全球卫星导航定位系统，旨在提供独立于美国 GPS 和俄罗斯 GLONASS 的高精度定位服务。该计划于 1999 年 2 月由欧洲委员会公布，并由欧洲委员会和欧空局共同负责。伽利略系统的建设目的是为欧盟提供一个独立自主的高精度定位系统，减少对其他系统的依赖，同时提供更精准的数据服务。截至 2024 年，伽利略卫星导航系统在轨卫星共有 32 颗，可向全球提供服务。

（4）北斗卫星导航系统

北斗卫星导航系统是中国自行研制的全球卫星导航系统，也是继 GPS、GLONASS 之后的第三个成熟的卫星导航系统。北斗卫星导航系统（BDS）和美国 GPS、俄罗斯 GLONASS、欧盟 GALILEO，是全球卫星导航系统国际委员会已认定的供应商。北斗卫星导航系统可在全球范围内全天候、全天时为各类用户提供高精度、高可靠定位、导航、授时服务，并且具备短报文通信能力。其全球范围水平定位精度优于 9m、垂直定位精度优于 10m，测速精度优于 0.2m/s、授时精度优于 20ns。随着北斗系统建设和服务能力的发展，相关产品已广泛应用于交通运输、海洋渔业、水文监测、气象预报、测绘地理信息、森林防火、通信系统、电力调度、救灾减灾、应急搜救等领域。

3. 全球定位系统应急应用场景

全球定位系统在应急救援中的应用场景非常广泛，在精确定位与导航、实时监测与预警、资源调配与指挥调度、无人机与机器人救援到人员安全保障等方面都提供了有力的支持，且均已有诸多应用。全球定位系统的应用不仅可以提高救援效率和成功率，还可以为决策者提供科学依据。此外，随着技术不断进步，GPS 在紧急救援和安全领域的应用也在不断拓展。

（1）精确定位与导航

在自然灾害（如地震、洪水、滑坡等）或突发事故（如交通事故、建筑倒塌等）中，受困人员的生命安全至关重要。GPS 技术通过卫星信号定位，能够准确地确定受困人员的位置，为救援队提供及时、精准的导航信息。这对于迅速找到被困者并展开救援行动至关重要，可以极大地提高救援效率和成功率。

（2）实时监测灾害影响

GPS 技术的应用使得科研人员和救援机构能够实时监测受灾地区的地理变化，包括土地沉降、地壳位移等。这种实时监测不仅有助于更准确地估算灾害的影响范围，还能为决策者在应对紧急情况时提供科学依据。通过将 GPS 与地质信息系统相结合，可以更全面地了解灾害影响，以便更好地组织紧急救援和资源分配。

（3）资源调配与指挥调度

在紧急救援行动中，救援人员可以利用 GPS 导航系统更有效地规划救援路线，避开危险区域，提高救援效率。同时，GPS 还可以为飞行员提供精确的空投位置信息，降低空投过程中的风险，确保救援物资能够准确送达受灾区域。此外，救援指挥中心可以利用 GPS 技术实时掌握救援队伍的位置和动态，优化指挥调度方案，确保救援行动有序、高效地进行。

（4）保护特殊人群

GPS 技术还可以应用于保护特殊人群，如儿童、老人等。通过佩戴 GPS 定位装置，家长或监护人可以随时获取他们的位置信息，防止走失或发生意外。在紧急情况下，这些定位信息还可以为救援人员提供宝贵的线索，帮助他们迅速找到并救助受困人员。

三、应急地理信息技术

应急地理信息技术是指在应对自然灾害、事故灾难等紧急情况下，利用地理信息技术进行快速响应、监测、分析和决策支持的一系列技术手段和方法。它结合了地理学、信息技术和应急管理的知识，通过收集、处理、分析和展示空间数据，为决策者提供有关地理空间信息的可视化工具和决策支持系统。它涉及灾害预警与监测、灾害评估、资源调配、应急救援、灾后恢复重建和信息共享与协同工作等多方面内容。

1. 应急地理信息系统组成及功能

（1）应急地理信息系统组成

从系统论和应用的角度出发，地理信息系统被分为计算机硬件和系统软件、数据库系统、数据库管理系统以及应用人员和组织机构 4 个子系统。

① 计算机硬件和系统软件：主要包括计算机、打印机、绘图仪、数字化仪、扫描仪以及 GPS 接收器、遥感设备等。其中，计算机是系统的核心，用于运行 GIS 软件，处理空间数据；GPS 接收器用于获取地理位置信息；遥感设备用于获取地表和大气的物理信息。软件系统主要指操作系统，为 GIS 的开发和应用提供基础环境。

② 数据库系统：主要完成对数据的存储，包括几何（图形）数据和属性数据。几何数据描述地理空间位置，如地图、遥感图像等；属性数据描述空间数据属性的信息，如人口、GDP（国内生产总值）等。

③ 数据库管理系统：其核心则是通过数据库管理系统，可以完成对地理数据的输入、处理、管理、分析和输出。

④ 应用人员和组织机构：指从事 GIS 专业人员，特别是既懂专业又熟悉地理信息系统的复合人才，是地理信息系统成功应用的关键。

从软硬件和用户组成的角度出发，地理信息系统主要由硬件、软件、数据和用户四部分组成。其中，硬件是用于支持 GIS 软件的运行，包括计算机、GPS 接收器、遥感设备、绘图仪、打印机等。软件是用于管理、分析和可视化空间数据，主要包括 GIS 软件平台、数据库管理系统、空间分析工具、地图制作和可视化工具等。数据则是 GIS 的核心，主要包括空间数据、属性数据和元数据。用户是指利用 GIS 进行各种应用，主要包括政府机构、企业、科研机构和个人等。

（2）地理信息系统功能

地理信息系统的功能是多方面的，旨在提高应急管理的效率和效果。具体而言，其主要和关键功能主要包括数据集成与管理、实时监测与预警、快速评估与损害评估、决策支持、资源管理、规划与导航、可视化展示、通信与协作、情景模拟与训练、恢复与重建规划、报告与文档编制、公众信息发布、案例库与知识管理及扩展性与定制等。这些功能使GIS成为应急管理中的关键工具。

2. 地理信息技术特征

地理信息技术利用现代电子计算机技术、遥感技术、地理信息系统等手段，对地理空间信息进行获取、处理、分析和应用的一门综合性技术，其主要特征表现为实时性、准确性、综合性、智能化、空间特征和海量数据。

（1）实时性

地理信息技术能够实时地获取、处理和更新地理空间信息，确保用户能够获取到最新、最准确的地理信息数据。这种实时性在灾害监测、交通管理等领域尤为重要，可以帮助相关部门及时做出决策和应对措施。

（2）准确性

地理信息技术通过高精度的测量和计算，能够提供准确的地理空间信息。这种准确性在资源调查、环境监测等领域具有重要意义，可以确保数据的可靠性和科学性。

（3）综合性

地理信息技术融合了多种技术手段，如遥感技术、地理信息系统、全球定位系统等，能够实现对地理空间信息的全面获取和综合分析。这种综合性使得地理信息技术在城乡规划、环境保护等领域具有广泛的应用前景。

（4）智能化

随着人工智能技术的不断发展，地理信息技术也逐渐向智能化方向发展。通过引入机器学习、深度学习等算法，地理信息技术可以实现对地理空间信息的智能识别、分类和分析，提高数据处理的效率和准确性。

（5）空间特征

地理信息具有空间分布性，通过统一的空间定位基础实现，这是地理信息区别于其他类型信息的一个最显著的标志。地理信息能够反映地理现象的空间分布、相互联系和变化规律。

（6）海量数据

地理信息具有空间特征、属性特征以及不同时间的版本，因此数据量很大。同时，地理信息的采集和处理需要高精度的技术手段和大量的计算资源，这也进一步增加了需要处理的地理信息的数据量。

3. 地理信息技术主要应用

应急地理信息系统主要应用包括其基础应用、应急辅助决策、灾害监测与预警和灾后恢复与重建四大方面，以支持突发事件的预防、准备、响应和恢复工作，在应急管理和灾害救援中发挥着至关重要的作用。

（1）基础应用

主要包括地图管理和数据查询与分析。其中，地图管理包括地图编辑、量算和输入与输出等，具体而言包括对地图进行各种编辑操作，如添加、删除、修改地图元素等；进行地图上的距离、面积等测量计算；以及实现地图数据的导入与导出功能。数据查询与分析主要指地理信息系统提供海量空间、属性数据的快速存取和管理功能，工作人员根据应急指挥调度需求，对灾害范围及范围内的数据进行空间查询，通过 GIS 的空间分析功能，对灾害数据进行深入分析，为应急决策提供依据。

（2）应急辅助决策

应急辅助决策功能主要包括危险评估与规划、应急预案管理和应急指挥调度 3 个方面，其具体内涵如下。

① 危险源识别。ArcGIS 在危险源识别中发挥着重要作用，利用 GIS 空间定位功能，ArcGIS 能够帮助用户识别、分析和可视化潜在的危险源。无论是自然灾害（如洪水、地震）还是人为因素（如工业事故、环境污染），ArcGIS 都能提供有效的工具和方法来评估这些危险源的影响范围、潜在风险和可能的应对措施。借助 ArcGIS，决策者可以更加准确地了解危险源的情况，从而制定更加科学合理的防灾减灾策略。

② 风险分析。ArcGIS 的风险分析功能强大且灵活，通过数据收集、风险指标定义、空间分析和风险评估展示等，能够广泛应用于生态安全风险评估、地质灾害风险分析等多个领域。通过整合多源数据、定义风险指标、运用空间分析工具进行风险评估和分析，ArcGIS 能够为决策者提供科学、直观的风险管理和决策支持。

③ 应急规划。通过风险评估与预警、应急资源调度与管理、应急预案制定与演练以及应急指挥与决策支持等功能模块，ArcGIS 能够帮助决策者快速应对突发事件，优化资源配置，提高应急响应能力和协同作战水平。同时，ArcGIS 的数据集成与共享、可视化展示与分析以及灵活性与可扩展性等优势也为其在应急规划领域的应用提供支持。

④ 预案制定。ArcGIS 的预案制定功能是其地理信息系统（GIS）技术在应急管理领域的重要应用之一。通过 ArcGIS 将应急预案中的人员、物资、设施、实施等在 GIS 地图上显示，形成空间化的应急预案，以应对各种突发事件和紧急情况。

⑤ 预案模拟与演练：ArcGIS 通过整合地理空间数据、提供强大的空间分析工具和可视化展示功能，为预案模拟与演练提供了全面的解决方案。它能够帮助用户模拟各种突发事件和紧急情况，评估预案的有效性和可行性，优化应急响应策略，提高应急管理能力。

⑥ 指挥调度：基于 GIS 地图，通过实时监控与追踪、路径规划与导航、数据分析与决

策支持、应急响应与危机管理以及系统集成与定制开发等功能模块，ArcGIS 能够帮助组织提高指挥调度的效率和准确性，优化资源配置，通过智能辅助系统获取应急处置参考方案，实现应急救援指挥调度。

（3）灾害监测与预警

灾害监测与预警主要包括灾害监测和灾害预警两大方面。

① 灾害监测利用遥感、无人机等技术手段，实现灾害现场情况的实时监测，将实时监测数据汇聚到 GIS 平台，进行综合分析，为灾害预警提供依据。

② 灾害预警主要包括预警信息发布，即根据灾害监测结果，发布灾害预警信息和确定预警范围，即利用 GIS 空间分析功能，确定预警范围和影响区域。

（4）灾后恢复与重建

灾后恢复与重建功能主要包括损失评估、风险评估、规划制定和资源调配四大方面，其具体内涵如下。

① 损失评估。ArcGIS 支持使用各种应用程序采集损失评估数据，移动工作人员可以方便地采集有关损坏建筑物的信息，如损坏程度、位置等。此外，ArcGIS 还支持将损失评估结果进行可视化展示，通过制作地图、仪表盘等，用户可以直观地了解损失情况。

② 风险评估。ArcGIS 能够处理和分析复杂的地理空间数据，通过数据收集与整合、空间分析和风险评估结果可视化等，对灾后可能发生的次生灾害进行风险评估，为灾后恢复提供依据，从而制定针对性的风险管理和应对措施。

③ 规划制定。ArcGIS 在灾后规划制定如在选址分析、空间布局优化和基础设施规划等中发挥着重要作用。通过考虑地形地貌、交通状况、人口分布等因素，ArcGIS 可以帮助规划者设计出最合理、最经济的空间布局优化、基础设施建设等方案。

④ 资源调配。利用 GIS 平台，可开展资源需求预测、资源位置确定、资源调配路径规划、资源调度与协调和资源调配效果评估等功能应用，从而实现恢复重建过程中的资源合理调配和优化配置。

四、应急遥感技术

应急遥感技术是一种在紧急情况下快速响应并提供关键信息的遥感技术应用。其基于电磁波理论，通过传感仪器收集、处理远距离目标辐射和反射的电磁波信息并成像，以探测和识别地面景物。这些传感器安装在卫星、飞机、无人机等平台上，测量地球表面发射或反射的电磁辐射，并通过光谱分析等技术获取地表特征信息。应用场景包括自然灾害（如地震、洪水）和事故灾难（如火灾、爆炸）的快速响应与监测。其优势在于响应迅速、大范围覆盖、全天候监测、高精度和智能化处理。未来发展趋势包括定量化发展、智能化深化、网络化共享以及多元化应用拓展。

1. 遥感技术概念、分类及组成

（1）遥感技术概念及分类

遥感技术是一种非接触的、远距离的探测技术，它根据电磁波理论，应用各种传感仪器对远距离目标所辐射和反射的电磁波信息进行收集、处理，并最终成像，从而对地面各种景物进行探测和识别。其主要原理是任何物体都具有不同的电磁波反射或辐射特征。当这些物体与电磁波发生相互作用时，会形成特定的电磁波特性，如反射、吸收、透射等。遥感技术利用这些原理，通过传感仪器接收并记录这些电磁波信息，再经过处理和分析，揭示物体的特征性质及变化。

遥感技术主要分为光学遥感、微波遥感、红外遥感和雷达遥感等类型。其中，光学遥感主要利用物体对太阳光的反射特性进行探测；微波遥感利用物体对微波的反射特性进行探测，具有穿透云雨的能力；红外遥感利用物体自身辐射的热能进行探测，常用于监测地表温度、植被覆盖等；雷达遥感利用物体对电磁波的反射特性进行探测，具有全天候、全天时的监测能力。

（2）遥感技术系统组成

遥感技术系统主要由遥感器、遥感平台、信息传输设备、接收装置以及图像处理设备等组成，如图 4.7 所示，其具体内涵如下。

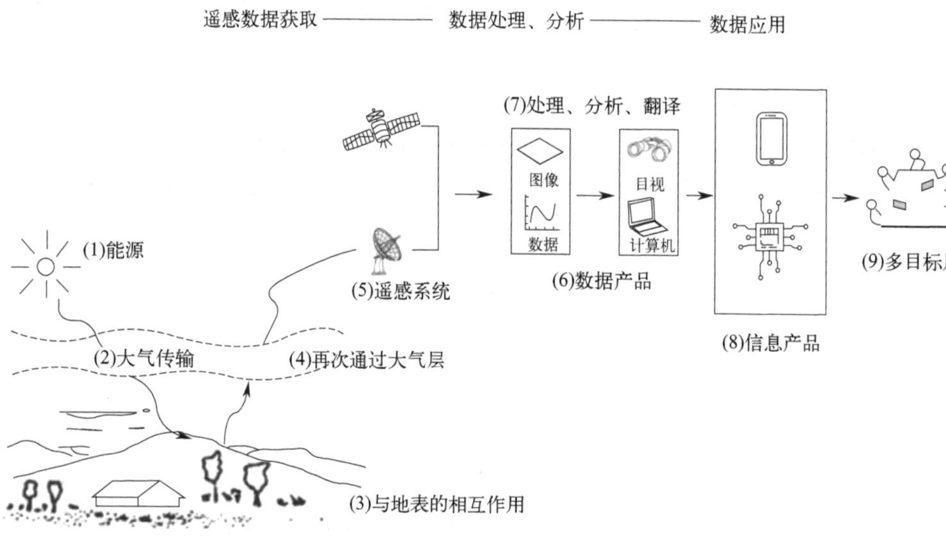

图 4.7　遥感过程示意

① 遥感器是遥感系统的重要设备，用于接收和记录目标物体的电磁波信息。常见的遥感器有照相机、多光谱扫描仪、微波辐射计、合成孔径雷达等。

② 遥感平台是搭载遥感器的运载工具，可以是高空气球、飞机、火箭、人造卫星、载人宇宙飞船等。

③ 信息传输设备用于将遥感信息从远距离平台（如卫星）传回地面站。

④ 接收装置与图像处理设备用于接收和处理遥感信息，包括几何校正、滤波等处理过程，以获取反映地物性质和状态的信息。

2. 遥感技术的主要特点

遥感的特点取决于遥感技术的功能，主要有以下几方面的特点。

（1）探测范围广

遥感技术能够覆盖的区域非常广阔。通过卫星、飞机等遥感平台搭载传感器，可以对地球表面的大范围区域进行观测和测量。例如，每幅陆地卫星图像可以覆盖数万平方千米的地面范围，这使得遥感技术能够在短时间内获取大量地理空间信息。

（2）非接触性

遥感技术的非接触性特点是指其能够在不与探测目标直接接触的情况下，通过无线电波、激光、红外线等方式，对地物进行感知和监测。非接触性保证了地物不受人为操作的干扰，能够在较大程度上保持被监测地物的真实状态。这对于需要高精度、高准确性监测的场合尤为重要，如环境监测、资源勘探、灾害预警等领域。

（3）周期性重复观测

遥感技术的重复观测周期是指遥感卫星能够按照预定的周期和轨道，对地面上一个固定的观测区域进行再次观测所需要的最短间隔时间，一般以同一区域被观测两次所间隔的天数、小时数或分钟数来度量。周期性重复观测使得遥感技术能够持续、稳定地获取地球表面的信息，为科学研究、环境监测、灾害预警等领域提供有力的支持。

（4）数据获取速度快

遥感技术能够在短时间内获取大量的地面信息，提高了数据更新的频率和时效性。具体而言，遥感技术利用传感器接收来自地球表面的信息，并快速将其转化为数字数据。这种技术能够迅速捕捉地表变化，提供实时或近实时的数据更新。例如，在自然灾害发生时，遥感技术可以迅速获取灾区影像，为灾害评估和应急响应提供关键信息。

（5）受地面条件限制小

遥感技术是通过卫星、飞机等遥感平台，从高空对地面进行观测的。因此，它不受地面地形的限制，无论是高山、丘陵、平原还是沙漠等复杂地形，遥感技术都能够进行有效的观测。此外，对于一些人迹罕至或难以到达的区域，如偏远山区、极地冰川等，也可做到有效的监测和应用。

（6）数据综合性强

遥感技术能够获取来自不同传感器、不同平台和不同时间点的多种类型数据。这些数据可能包括光学影像、雷达图像、红外数据、激光雷达（LiDAR）数据等。通过融合这些多源数据，可以形成更加全面、准确的地理空间信息，通过数据处理和分析，可以提取出丰富的地面信息，如地形、地貌、植被、土壤、水文、气候等。

（7）技术手段多样

遥感技术包括光学遥感、微波遥感、红外遥感、雷达遥感等多种技术手段，可使用多种类型的传感器来捕获目标物体的电磁波信息，这些传感器包括照相机、电视摄像机、多光谱扫描仪、成像光谱仪、微波辐射计和合成孔径雷达等。此外，在平台选择上，遥感技术可以通过人造卫星、飞机、无人机等不同的平台来获取目标物体的多维度信息。

（8）数据处理自动化程度高

遥感技术可借助计算机和图像处理软件进行自动化处理。从数据的接收、预处理到分析解译，整个流程可以高度自动化，减少了人工操作的环节。这种自动化处理不仅节省了人力成本，还大大提高了数据处理的效率。特别是随着计算机技术和人工智能的发展，遥感数据的处理和分析越来越自动化和智能化。

（9）应用领域广泛

遥感技术通过从高空或外层空间对地球表面进行观测，能够获取大量的地理空间信息，这些信息在多个领域都具有重要的应用价值。具体而言，在资源调查、环境监测、城市规划、灾害评估、军事侦察等领域都有广泛的应用，为科学研究、经济建设和国防建设提供了重要的技术支持。

（10）分辨率不断提高

随着遥感技术的发展，传感器的分辨率不断提高，包括空间分辨率、时间分辨率和光谱分辨率等，使得遥感数据更加精细和准确。例如，光学遥感卫星的空间分辨率已经达到“亚米级”，能够观测到更为清晰的图像，其中我国自主研发的GF-2号卫星通过0.8m全色与3.2m多光谱融合，最终得到的图像分辨率极高。

3. 应急遥感技术的应用

在应急管理中，遥感技术发挥着重要作用，其主要特点包括探测范围广、采集数据快速、能动态反映地面事物的变化、获取的数据具有综合性，为灾害的监测、预警、评估和救援提供了强有力的技术支持。一种“天 - 地 - 生”一体化信息采集系统如图4.8所示（书后另见彩图）。

随着遥感技术的不断发展和完善，其在应急管理中的应用将会更加广泛和深入。

（1）快速获取灾情信息

遥感技术能够迅速获取受灾地区的详细图像和更新地图，帮助搜救队伍确定需要援助的地区。在灾害发生后，通过卫星或航空遥感手段，可以迅速获取灾区的高分辨率影像，为救援决策提供及时、准确的信息支持。

（2）灾情监测和评估

遥感技术能够提供有关灾害破坏程度、影响范围等的关键信息，有助于决策者制订科学合理的救援和重建计划。通过对比分析灾前和灾后的遥感影像，可以评估灾害造成的损失，为灾后恢复和重建工作提供重要依据。

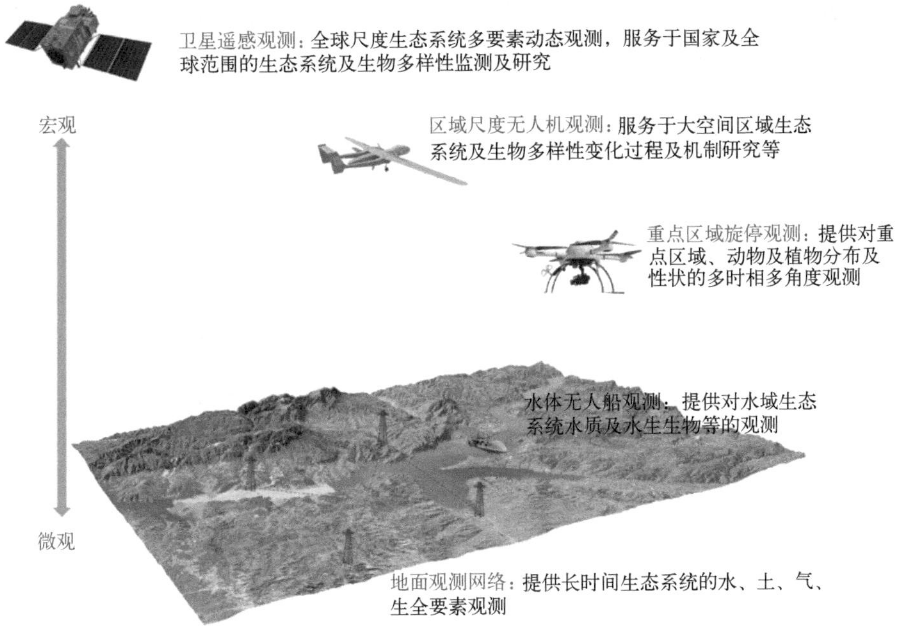

图 4.8 “天 – 地 – 生”一体化信息采集系统

（3）全天候监测

卫星遥感技术不受天气和地面条件的限制，可以实现全天候、全方位的监测。在灾害发生过程中，遥感技术能够持续监测灾区的变化情况，为救援队伍提供实时、动态的灾害信息，有助于制定和调整救援方案。

（4）大范围覆盖

遥感技术具有覆盖范围广的特点，一张陆地卫星图像的覆盖面积可达数万平方公里。这使得遥感技术在应急管理中能够迅速掌握整个灾区的全局信息，为决策者提供全面的灾害情况分析。

（5）动态监测与预警

遥感技术不仅可以在灾害发生后进行监测和评估，还可以在灾害发生前进行预警。通过监测地表形变、气象条件等关键信息，遥感技术可以提前发现潜在的灾害风险，为应急管理部门提供预警信息，有助于减少灾害损失。

（6）辅助救援决策

遥感技术与其他技术相结合，如地理信息系统、无人机技术等，可以构建出三维的灾害现场模型，为救援队伍提供直观的灾害现场信息。这有助于救援队伍制定更加精准的救援方案，提高救援效率。

（7）灾后重建规划

遥感技术还可以辅助灾区重建规划工作。通过获取震区基础地理数据，遥感技术可以为灾后重建提供及时、可靠、适用的科技保障。这有助于确保重建工作的科学性和合理性，促进灾区的快速恢复和发展。

五、“3S”技术在应急管理中典型应用案例

1. 汶川地震抗震救灾应用

在汶川地震发生后，国家测绘局迅速组织航空遥感飞机获取了灾区的第一手数据信息。同时，测绘科学研究院利用轻型直升机和无人机完成了对汶川、北川、绵竹、青川、广元等灾区的航摄任务，成功获取了 10 ～ 20cm 高分辨率的彩色数码航空遥感影像。这些影像数据为抗震救灾的决策提供了重要的科学依据。此外，在地面通信系统受损的情况下，我国自主研发的“北斗一号”卫星导航定位系统发挥了关键作用，为救援队伍提供了可靠的定位和导航服务。中国地震局也利用遥感技术和全球定位系统（GPS）收集灾区数据，并采用地理信息系统（GIS）技术，编制了抗震救灾地理信息三维仿真系统。这一系统为抗震救灾的决策提供了科学的依据，极大地提高了救援行动的效率和效果。

2. 佛山市城市安全运行监测中心

佛山市城市安全运行监测中心，作为佛山市政府积极响应国家城市安全风险综合监测预警体系建设试点的关键举措，致力于打造一个全方位、多维度的城市安全守护网络，以确保城市运作的平稳与安全。该中心巧妙融合“3S”技术［遥感技术（RS）、地理信息系统（GIS）、全球定位系统（GPS）］、物联网、大数据分析及云计算等前沿科技，铸就了“城市安全大脑”这一智慧中枢。该监测中心实行全天候 7×24h 值守，不间断地监控城市安全数据动态，并即时向各相关职能部门发送预警信息。通过与佛山市应急管理局等机构的紧密联动，构建了一套高效应急响应机制，确保任何紧急情况都能得到迅速而有效的处理。此外，监测中心还肩负着城市安全风险评估、监测预警及综合研判的重任，依托强大的数据分析能力，为城市治理决策提供科学依据与精准预判，显著增强了佛山市应对自然灾害、安全生产事故等突发事件的韧性与能力。更为关键的是，以“3S”技术体系为核心的安全运行监测中心，在促进跨区域应急联动协作方面发挥了不可替代的作用，有效加强了突发事件信息通报、应急资源的高效共享、协同处置能力以及联合应急演练的开展，全面提升了区域整体的应急管理效能。在实际应用中，如高明区的森林火灾、三水区和利环保科技有限公司的危化品厂区火灾以及台风“鹦鹉”等，监测中心充分展示了“3S”技术在应急管理全链条中的强大支撑作用，验证了其技术体系的实战效能与重要性。

第四节　应急物联网技术

物联网（internet of things，IoT）是一项通过互联网技术将物体（包括物理设备、生活用品等）连接在一起，实现信息互通和自主行动，以达到智能化管理和控制目的的技术体

系。其发展历程悠久，关键阶段包括早期探索与传感网阶段（20 世纪 60 ～ 90 年代末），当时物联网主要以传感网的形式在军事领域得到应用，随着 TCP/IP（传输控制 / 网际协议）和以太网技术的出现，数据通信网络进入新阶段，传感网的数据传输通道也逐渐 IP 化、以太化，随后传感器技术的飞速发展推动了传感网向工业及民用领域拓展。进入 21 世纪后，物联网迎来了概念提出与快速发展阶段（2000 年代初～ 2010 年代末），1999 年麻省理工学院的凯文·阿什顿教授首次提出物联网概念，2005 年国际电信联盟在突尼斯举行的信息社会世界峰会上正式认可了物联网的身份，2009 年 IBM 提出的“智慧地球”物联网战略标志着物联网进入快速发展期，此后物联网技术不断成熟并广泛应用于智能家居、智能安防、智慧城市、应急救援、智能电网和环境保护等各个领域。

一、应急物联网技术概念与发展

1. 应急物联网技术概念

应急物联网技术是物联网技术在应急管理中的应用与深度融合。对物联网技术的理解是明晰应急物联网技术的重要前提。具体而言，物联网技术是通过信息传感设备，按约定的协议，将任何物体与网络相连接，物体通过信息传播媒介进行信息交换和通信，以实现智能化识别、定位、跟踪、监管等功能。物联网的核心思想是让日常生活中的物品（如家用电器、汽车、工业设备等）能够通过互联网进行连接和通信，实现智能化、自动化的控制和管理。

应急物联网技术（emergency internet of things，E-IoT）是一种将物联网技术应用于应急管理领域的技术。它通过物联网技术实现对突发事件和灾害的预防、监测、响应和恢复，以提高应急管理的效率和效果。应急物联网技术基于物联网技术，包括射频识别、传感器、云计算、大数据技术和人工智能等。这些技术通过感知端、传输端、云端和应用端的四端联动，形成“四端联动三位一体”的现代智能管理模式。具体来说，感知端通过射频识别和传感器收集数据，传输端通过互联网和 5G 技术传输数据，云端通过云计算和大数据处理数据，应用端通过网络平台进行应急管理和决策。

2. 应急物联网技术发展

应急物联网技术的发展历程与物联网技术的发展密不可分，整体而言，应急物联网技术的发展经历了从早期探索与传感网阶段到物联网概念提出与快速发展阶段再到深化应用与创新发展阶段的多个关键阶段。随着技术的不断进步和创新应用的不断拓展，应急物联网技术将在不同领域发挥更加重要的作用。

（1）早期探索与传感网阶段

物联网的概念最早可追溯到 20 世纪 60 年代，当时它主要以传感网的形式应用于军事领域，通过传感器等设备收集数据，并借助有线或无线方式传输至处理中心，为军事决策提供关键支持。随着 TCP/IP 技术和以太网技术的兴起，数据通信网络迎来了新发展，局域网和广域网迅速普及，传感网也随之实现了数据传输通道的 IP 化和以太化，显著提升了数据传输的效率与可靠性。此后，随着传感器技术的不断进步，传感网的应用范围逐渐从军事领域拓展至工业及民用领域，在工业领域被广泛应用于设备监测、故障诊断等方面，而在民用领域，则开始涉足环境监测、智能家居等多个方面。

（2）物联网概念提出与快速发展阶段

1999 年，麻省理工学院的凯文·阿什顿教授首次提出了物联网（internet of things）的概念，被誉为“物联网之父”，这一概念的提出使人们开始关注物体间的互联互通。2005 年，国际电信联盟（ITU）在突尼斯举行的信息社会世界峰会上发布的《ITU 互联网报告 2005：物联网》从官方层面正式确认了“物联网（IoT）”的合法身份，标志着物联网技术开始受到国际社会的广泛关注和认可。2009 年，IBM 提出的“智慧地球”物联网战略，更是将物联网推向了快速发展期，此后物联网技术不断成熟并广泛应用于各个领域，特别是在应急领域，物联网技术在灾害监测、预警、救援等方面的应用，显著提高了应急响应的速度和效率。

（3）深化应用与创新发展阶段

随着无线通信技术、云计算、大数据等技术的蓬勃发展，应急物联网技术迎来了前所未有的发展机遇。这些先进技术的融合，不仅为应急物联网提供了更为强大的数据处理、存储能力，还带来了更加灵活多样的网络连接方式。在应急领域，物联网技术的深化应用已成为常态，它被广泛运用于灾害的实时监测、预警以及救援等关键环节。例如，通过广泛部署的传感器网络，我们能够实时掌握地震、洪水等自然灾害的动态信息；无人机搭载物联网设备在空中进行高效监测与救援行动；物联网技术还助力实现了应急物资的智能化管理和精准调度。而在应急物联网技术的持续创新发展中，人们不断挖掘新的应用场景，探索前沿的解决方案，如利用物联网技术推动城市安全监测和预警系统的智能化升级，以及通过物联网技术实现应急指挥系统的可视化管理和高效协同作战，这些创新实践正不断推动着应急物联网技术迈向更高水平的发展阶段。

3. 应急物联网技术发展挑战

应急物联网技术在发展过程中也遇到了多方面的挑战，这些挑战涉及技术、安全、标准与规范、数据管理、能源供应等多个层面，为了克服这些挑战，需要政府、企业和社会各界共同努力，加强技术研发、标准制定、安全管理、数据管理和能源供应等方面的工作，推动应急物联网技术的健康、快速发展。

（1）技术挑战

技术挑战主要包括设备兼容性与互操作性及数据处理与分析能力。其中，设备兼容性与互操作性指物联网设备来自不同的制造商，它们可能使用不同的通信协议和数据格式，导致设备之间的互联互通困难。为了实现不同系统和设备的有效集成，需要制定统一的通信标准和数据交换协议。目前，虽然有了一些初步的国际标准，但还没有形成全面统一的标准体系。数据处理与分析能力是指随着物联网技术的应用，收集到的数据量呈指数级增长。这些数据需要通过高效的数据处理和分析技术转化为有用的信息，以支持应急决策。这不仅需要强大的计算资源，还需要复杂的算法和数据分析技术。对于许多组织来说，如何存储、处理、分析和从大量数据中提取有价值的洞察是一个重大挑战。

（2）安全挑战

随着物联网设备的激增，网络攻击面显著扩大，这些类型多样、数量庞大的设备由于硬件资源有限，往往难以实现复杂的安全防护措施，成为黑客攻击的潜在目标。同时，物联网设备的互联互通特性加剧了安全问题的严重性，一旦某个设备受到攻击，攻击可能迅速蔓延至整个网络。此外，物联网设备收集的数据通常包含敏感的个人信息，如位置、健康数据和日常活动等，但在数据收集、存储和传输方面，物联网行业目前缺乏统一的安全标准和监管机构，导致数据隐私保护面临诸多困难。

（3）标准与规范挑战

目前，物联网行业在技术和规范层面上面临着显著的挑战，主要体现在缺乏统一的技术标准和规范上。这一现状导致不同厂商生产的物联网设备在安全性、兼容性以及其他关键性能方面存在显著的差异，使得设备之间的互联互通变得异常复杂和困难。由于缺乏统一的标准，企业在部署物联网系统时不得不面对高昂的互联成本和技术障碍，这不仅增加了企业的运营负担，还限制了物联网技术的广泛应用和快速发展。因此，制定和实施统一的技术标准和规范，成为推动物联网行业健康、有序发展的关键所在。

（4）数据管理挑战

物联网设备在日常运行中会产生海量的数据，这些数据中蕴含着丰富的信息和价值，但要想从中提取有用的信息，就需要对其进行有效的管理和分析。然而，在实际操作中，企业面临着数据管理和分析的巨大挑战。物联网设备产生的数据量庞大且复杂，企业往往难以有效地处理这些数据，导致大量数据资源被浪费，同时数据背后的潜在价值也未得到充分挖掘和利用。这不仅限制了物联网技术的应用效果，也影响了企业的决策效率和准确性。因此，如何高效地管理和分析物联网设备产生的数据成为物联网领域亟待解决的重要问题。

（5）能源供应挑战

物联网设备为了持续运行并发挥其功能，依赖于多种外部能源供应，例如太阳能电池、发电机以及传统的电网供电等。这些能源供应方式在不同的应用场景下各具优势，但同时也存在着一定的局限性。特别是在某些特殊或极端环境下，如长时间的阴雨天气导致太阳能电池效能下降，或是自然灾害导致电网中断，这些能源供应方式可能会受到严重影响，从而导致物联网设备出现失灵或无法正常工作的情况。这种能源供应的不稳定性和不确定性，不仅影响了物联网设备的可靠性和稳定性，也限制了物联网技术在更广泛领域的应用和发展。

二、应急物联网技术主要类型

应急物联网技术在应急管理和灾害响应中发挥着至关重要的作用，如专网物联网技术，基于 5G 的应急物联网技术，融合 AI、区块链及大数据的应急物联网技术和基于 RFID（射频识别）的物联网技术，等等。不同类型的应急物联网技术各有优劣，应根据具体应用场景和需求进行选择。而在实际应用中，也应当综合考虑多种技术特点进行融合应用，以提升应急响应的效率和准确性。

（1）专网物联网（P-IoT）技术

P-IoT 技术，即专网物联网技术，是一种基于 VHF（甚高频）和 UHF（特高频）授权频谱的低功耗物联网技术。它通过提供高、中、低速多种数据传输能力，成为专用数字集群通信系统的增值性服务。P-IoT 技术不仅满足了用户对语音通信的基本需求，还拓展了物联网方面的应用解决方案。在应急领域，P-IoT 技术展现出其独特的应用优势，包括高可靠性、强大的抗干扰能力以及出色的实战应用能力。由于工作在专用的授权频段，P-IoT 技术不易产生相互干扰，确保了关键数据在理想的信道条件下传输，从而保障了数据的可靠性。

P-IoT 技术在安全性、可靠性、终端功耗等方面具有显著优势，特别是在专网行业用户的特殊需求下。它利用行业用户的 VHF、UHF 窄带授权频谱，通过多种传输模式为行业用户提供多样化的专网物联网服务。P-IoT 技术在石油化工、森林防火、地质灾害救援等应急领域已经得到实战应用，并证明了其先进性、实用性和有效性。此外，P-IoT 自组网模式的研究和应用，为专网物联网的未来发展提供了新的方向。这种模式允许大量 P-IoT 终端之间有序互通并自动组成大面积覆盖网络，具有自组织与独立组网、多跳路由和动态拓扑等特点，能够在无基站情况下完成终端的灵活组网和对目标区域的完整覆盖，满足对无网络覆盖地区进行关键信息采集的需求。通过结合自组网技术，P-IoT 网络能够兼具专网的安全可靠和自组网的灵活抗毁优点，进一步拓展了其在应急场景中的应用潜力。

（2）基于 5G 的应急物联网技术

5G 技术作为新一代的网络信息技术，拥有高速度、泛在网、低功耗、低时延、万物互联以及重构安全等显著特点。这些特性不仅为物联网技术的广泛应用提供了有力支持，还特别适用于应急响应领域。5G 的高速数据传输能力使得物联网设备能够实时传输大量数据，满足应急响应的实时性需求。同时，5G 网络的低时延特性确保了物联网设备之间的通信更加迅速，从而提升应急响应的效率和准确性。此外，5G 的万物互联能力使得各种物联网设备能够相互连接，形成一个庞大的应急响应网络，进一步提升整体应急能力。

在远程监控与指挥方面，5G 技术与云终端的结合可以将救援信息通过物联网设备及时发送到救援中心，实现远程监控与指挥。5G 技术的应用在应急、灾备、防控等方面发挥了重要作用，推动了 5G、人工智能、大数据、区块链等新一代信息技术的加速融合，为各行业实现数字化、网络化、智能化转型升级提供了新机遇。例如，在医疗领域，5G 技术可以支持远程会诊系统，实现专家医生与基层医疗机构之间的远程会诊和指导，提高了医疗服务的可及性和质量。在森林消防领域，5G 技术可以提高火险预警和应急响应的针对性、时效性，实现森林火情的“早发现、早报告、早扑救”，维护森林资源安全和减少生命财产损失。

（3）融合 AI、区块链及大数据的应急物联网技术

随着人工智能（AI）、区块链以及大数据等前沿技术的快速发展，这些技术与物联网的深度融合极大地增强了应急管理的智能化和可靠性。在技术特点方面，AI 技术通过机器学习和数据分析，能够提供智能预测与预警，从而为安全事故的预防和应急响应提供科学决策支持。大数据技术的应用使得从海量数据中提取有价值的信息成为可能，进一步优化了预测模型和响应策略。同时，引入区块链技术，其分布式账本和加密算法确保了数据的安全性和完整性，有效防止了数据篡改和泄露，为应急管理提供了一个可靠的数据保障体系。

在应用优势方面，AI 的辅助决策功能尤其显著，它能够处理和分析大量复杂数据，快速识别模式和趋势，为应急决策者提供实时、准确的信息，从而提高决策的效率和质量。此外，区块链技术在确保数据安全方面发挥着重要作用，它不仅保护了数据传输过程中的隐私，还确保了数据在存储和处理过程中的不可篡改性，这对于需要高度数据完整性的应急响应场景至关重要。综合这些技术，物联网技术在应急管理中的应用不仅提高了事故预防和响应的效率，还增强了整个系统的安全性和可靠性，为构建智能化的应急管理体系提供了坚实的技术基础。

（4）基于 RFID（射频识别）的物联网技术

RFID（radio frequency identification，射频识别）是一种利用无线射频信号实现非接触式数据传输的物联网自动识别技术，由 RFID 标签、读写器和计算机系统（或数据管理系统）3 部分组成。该技术通过无线电波识别特定目标并读写相关数据，无须与被识别物体建立机械或光学接触，具有高效快捷、远距离识别、数据存储量大和环境适应性强等特点。在物联网中，RFID 技术广泛应用于物流追踪、门禁系统、食品安全溯源、资产管理和服装行业等领域，实现了从工厂到门店的全程追溯、防窜、防伪以及快速盘点、理货、找货等功能。然而，RFID 技术也存在成本较高、隐私与安全问题以及标准不统一等缺点，需要采取相应的措施加以解决。尽管如此，随着技术的不断发展和产量的增加，RFID 技术的成本正在逐渐降低，应用前景仍然广阔。

三、应急物联网技术特点与应用场景

1. 应急物联网技术特点

应急物联网技术作为物联网技术在应急领域的应用，具有一系列独特的技术特点。具体而言，应急物联网技术具有实时监测与预警、高效的数据传输与处理、跨部门协同与信息共享、智能化决策支持、自适应性和可扩展性以及高可靠性和稳定性等特点。这些特点使其在应急响应、灾害监测和救援等方面具有广泛的应用前景和重要的价值。

（1）实时监测与预警能力

应急物联网技术通过广泛部署的各类传感器和监测设备，能够实现对环境参数、设备状态以及人员活动的实时监测。这种实时监测不仅限于传统的物理参数，如温度、湿度、压力

等，还包括了更复杂的生物识别、化学检测以及辐射监测等。通过实时采集和分析这些数据，系统能够及时发现潜在的安全隐患，为应急响应提供宝贵的预警时间。更重要的是，结合大数据分析和人工智能技术，应急物联网技术还能够实现对突发事件的预测和预警，进一步提升应急响应的准确性和效率。

（2）高效的数据传输与处理机制

在应急情况下，信息的实时性和准确性至关重要。应急物联网技术利用先进的通信技术，如5G、Wi-Fi 6以及卫星通信等，实现了数据的快速传输和实时更新。这确保了监测数据能够迅速传递到应急指挥中心，为决策者提供最新的信息支持。同时，应急物联网技术还具备强大的数据处理能力，能够对海量数据进行快速分析和处理，提取出有价值的信息，为应急响应提供科学依据。这种高效的数据传输与处理机制，大大提高了应急响应的效率和效果。

（3）跨部门协同与信息共享平台

应急物联网技术打破了部门之间的信息壁垒，实现了信息的实时共享和协同作战。通过建立一个统一的应急管理平台，各部门可以实时了解彼此的工作进展和资源情况，形成合力应对突发事件。这种跨部门协同和信息共享不仅有助于优化资源配置，提高应急响应的效率和效果，还能够避免重复建设和资源浪费。

（4）智能化决策支持系统

应急物联网技术结合大数据和人工智能技术，为决策者提供了智能化决策支持。通过对历史数据和实时监测数据的分析，系统能够预测突发事件的发展趋势和可能的影响范围，为决策者制定科学合理的应急方案提供有力支持。这种智能化决策支持系统不仅提高了决策的科学性和准确性，还大大缩短了决策时间，为应急响应赢得了宝贵的时间。

（5）自适应性和可扩展性设计

应急物联网技术具有高度的自适应性和可扩展性。它可以根据不同的应急场景和需求，灵活配置传感器和监测设备，实现对不同灾害类型的监测和预警。同时，随着技术的不断发展，应急物联网技术还可以不断扩展其功能和应用范围，以适应更广泛的应急需求。这种自适应性和可扩展性设计使得应急物联网技术能够持续适应和应对不断变化的应急挑战。

（6）高可靠性和稳定性保障

在应急情况下，物联网设备的可靠性和稳定性至关重要。应急物联网技术通过采用冗余设计、故障检测和恢复机制等手段，确保了设备在恶劣环境下仍能正常工作。这种高可靠性和稳定性保障为应急响应提供了可靠的信息支持，确保了救援行动的顺利进行和人员安全。

2. 应急物联网技术应用场景

应急物联网技术凭借其实时监测、高效数据传输与处理、跨部门协同、智能化决策支持以及高可靠性和稳定性等特点，在自然灾害监测与预警、城市安全与应急响应、工业安全与事故预防以及灾后救援与恢复等多个领域都发挥着重要作用。

随着技术的不断进步和应用场景的拓展，应急物联网技术将为人类的生命财产安全提供更加有力的保障。

（1）自然灾害监测与预警

① 地震监测：物联网设备可以实时监测地震活动，通过内置的传感器检测地震信号，并立即将数据传输到数据中心进行分析。一旦检测到异常，系统能够提前几秒到几十秒发出警报，为人们采取避险措施提供宝贵时间。

② 洪水预警：通过在河流、湖泊等水域部署水位传感器和雨量计，物联网技术可以实时监测水位变化和降雨量，及时预警洪水风险，为防汛抗洪工作提供决策支持。

③ 森林火灾监测：利用热成像摄像头和烟雾探测器等物联网设备，可以实时监测森林火险情况，一旦发现火情，立即触发报警机制，为森林消防部门提供及时的火情信息。

（2）城市安全与应急响应

① 公共安全监控：物联网技术可以应用于城市公共安全监控系统中，通过摄像头、人脸识别等设备实时监测城市安全状况，及时发现并处理安全隐患。

② 交通应急指挥：在交通领域，物联网技术可以实时监测交通流量、车辆速度等信息，为交通管理部门提供实时的交通状况分析。在发生交通事故或紧急情况时，系统能够迅速调度救援资源，指导救援车辆快速到达现场。

③ 环境监测与治理：物联网技术还可以用于监测城市空气质量、噪声污染等环境问题，为生态环境部门提供数据支持，帮助制定有效的环境治理措施。

（3）工业安全与事故预防

① 化工厂安全监测：在化工厂等危险环境中，物联网技术可以实时监测有毒有害气体浓度、温度、压力等参数，一旦发现异常，立即触发报警机制，防止事故发生。

② 矿山安全监控：物联网技术可以应用于矿山安全监控系统中，实时监测矿井内的瓦斯浓度、人员位置等信息，确保矿山生产安全。

③ 设备故障预警：通过物联网技术实时监测设备的运行状态，可以预测设备的故障趋势，提前进行维护或更换，避免设备故障导致的生产事故。

（4）灾后救援与恢复

① 救援物资调度：在灾害发生后，物联网技术可以实时监测救援物资的数量和位置，为救援部门提供准确的物资调度信息，确保救援物资能够及时到达灾区。

② 伤员搜救：利用物联网技术，如无人机搭载的生命探测仪等设备，可以迅速定位受困人员的位置，为救援人员提供搜救方向。

③ 灾后重建规划：物联网技术还可以用于灾后重建规划中，通过实时监测和分析灾区的环境参数和建筑状况，为重建工作提供科学依据。

四、应急物联网技术应用案例

海南省“互联网＋防灾减灾”综合信息平台是一个集防灾预警、减灾措施实施及灾后救助功能于一体的综合性信息服务平台，其主旨在于加速提升海南省面对自然灾害时的响应速度及执行效率。该平台遵循“一个中心，双平台”的总体架构原则，即构建一个防灾减灾大数据中心，以及配套的防灾减灾决策支持平台与信息服务平台。通过整合来自 36 个厅局的涉灾大数据资源，该平台打破了数据孤岛现象，实现了跨部门间的信息互联互通与高效共享。

该平台不仅具备对台风、暴雨、洪水等自然灾害进行实时监测与预警发布的能力，为政府决策与公众行动提供即时、精准的信息支撑，还支持多部门间的远程会商、业务协同及联动指挥，确保从应急响应启动至灾后恢复重建的每一步都能得到全面的业务协同支持。此外，平台还能够根据用户当前位置，推送定制化防灾服务信息，包括天气状况、交通信息、区域预警、最近避难所位置及疏散路线等，极大地增强了公众的防灾自救能力。

在抗击“莎莉嘉”与“卡努”等强台风的实战中，该平台展现了其非凡的价值，从灾前预警到灾中应对，再到灾后恢复，全程为政府部门提供了科学依据与决策辅助，同时也为公众提供了及时有效的信息服务，成功实现了人员零伤亡、灾害损失最小化的目标。其运行不仅显著提升了海南省防灾减灾工作的效率与质量，减少了灾害带来的物质损失，保障了人民群众的生命财产安全，还促进了政府部门间的信息共享与协同作业，提高了政府的服务效能与公信力。未来，该平台将进一步加强与公众的互动沟通，提升公众防灾减灾意识与技能，为海南省的防灾减灾事业提供更加坚实的技术支撑与保障，共同构建更加安全、和谐的社会环境。

第五章　应急救援资源管理技术

应急救援资源在突发事件的管理中起到了至关重要的作用。应急资源泛指在突发事件中，能够迅速调动或积极响应的各类资源的总称。它不仅涵盖防灾、救灾和恢复等环节所需的物资资源，如食品、医疗设备、救援设备，还包括应急管理过程中必需的技术、专业人才和资金等支持。合理协调和储备这些资源是应急准备阶段的重要内容，以确保在灾害发生时能够快速响应并有效调配资源，保障救援工作的顺利进行。

随着应急管理体系的不断完善，我国在加强应急物资保障体系建设方面也取得了显著进展。2022 年 10 月 11 日，应急管理部、发改委、财政部等联合发布了《“十四五”应急物资保障规划》，提出到 2025 年建成统一领导、分级管理、规模适度、种类齐全、布局合理、多元协同、反应迅速、智能高效的全过程多层次应急物资保障体系。该体系旨在建立中央与地方互为补充的物资储备模式，确保突发事件发生时，能够快速、准确地调度物资和设备，最大限度地降低灾害造成的人员伤亡和财产损失。

应急救援资源主要包括应急救援装备、应急救援物资（用于应急救援工作的各种物质资源）、应急救援队伍、应急救援资金等形式。

第一节　应急救援装备

应急救援装备，指用于应急管理与应急救援的工具、器材、服装、技术力量等。如消防车、监测仪、防化服、隔热服等各种各样的物资及技术装备。应急救援装备种类繁多，功能不一，适用性差异大，可按其具体功能、适用性等分为监测检测装备、预警报警装备、个体防护装备、通信信息装备、灭火装备、化工救援专用装备以及医疗救护装备。

一、监测检测装备

1. 有毒有害气体检测仪

有毒有害气体分为可燃气体与有毒气体两大类。可燃气体的危害主要是气体燃烧引起爆炸，从而对财产与人身安全造成危害。通常将可燃气体发生爆炸的气体浓度称为最低爆炸极限，英文缩写为 LEL，对可燃气体一般检测它的 LEL。有毒气体根据它们对人体不同的作用机理分为刺激性气体、窒息性气体和急性中毒性有机气体三大类，一旦发生泄漏将对人体产生极大的危害，因此有必要对其进行检测。如图 5.1 所示（书后另见彩图），常见的气体检测仪有四合一检测仪（可检测氧气、硫化氢、一氧化碳、可燃气体）、氧气检测仪、可燃气体检测仪。

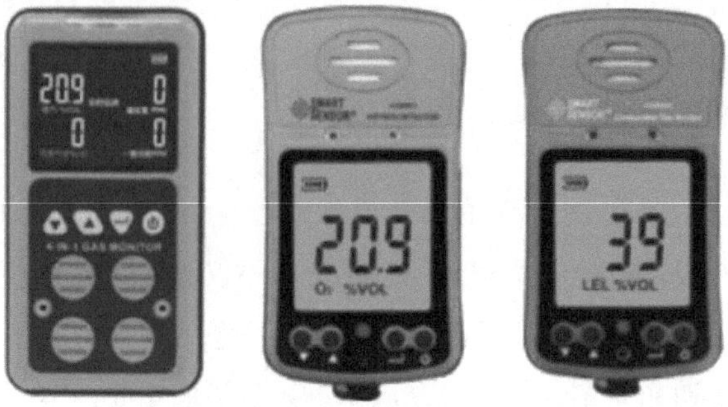

(a) 四合一检测仪　　(b) 氧气检测仪　　(c) 可燃气体检测仪

图 5.1　常见气体检测仪

其中有毒有害气体检测仪可以分类为：

① 按检测对象分类。可燃性气体（含甲烷）检测报警仪、有毒气体检测报警仪、氧气检测报警仪。

② 按检测原理分类。可燃性气体检测仪，有催化燃烧型、半导体型、热导型和红外线吸收型等；有毒气体检测仪，有电化学型、半导体型等。

③ 按使用方式分类。便携式气体检测仪和固定式气体检测仪。

④ 按使用功能分类。气体检测仪、气体报警仪。

⑤ 按采样方式分类。扩散式气体检测仪和泵吸式气体检测仪。

⑥ 按检测气体种类分类。单一式气体检测仪和复合式气体检测仪。

2. 烟雾探测器

烟雾探测器主要用于火灾报警系统。它适合安装在少烟或禁烟的场所，能够通过探测烟雾中的离子浓度来判断火灾，当烟雾浓度超过限量时，传感器会发出声光报警，并向采集器发送报警信号。根据不同的救援场景和检测需求，选择合适的烟雾探测器尤为重要。烟雾探测器的原理主要基于放射性元素镅-241，该元素会电离空气中的氧和氮形成电流。当烟雾进入探测器时，这种化学反应会被破坏，从而触发警报。

常见的烟雾探测器种类包括离子感烟式探测器、光电感烟式探测器和红外光束感烟式探测器。离子感烟式探测器是一种点型探测器，利用放射性物质电离空气，使其导电。当烟雾进入电离区域时，空气导电性下降，达到一定阈值时发出警报。光电感烟式探测器通过烟雾对光线的吸收和散射原理工作，分为遮光型和散光型两种。而红外光束感烟探测器是线型探测器，通过光束的变化探测火灾烟雾，常用于大面积空间，分为对射型和反射型两种。烟雾探测器适合安装在发生火灾后会产生大量烟雾的场所，不适用于平时烟雾较多或通风较快的环境。

利用红外线进行火灾烟雾探测的仪器现在应用得非常普遍，而且安装简单，价格低廉。如图 5.2 所示（书后另见彩图），烟雾探测器用于探测烟雾离子，烟雾浓度超过一定限度时，传感器发出声光警告，并向采集器输出警报信号。

红外烟雾探测仪，一般使用 12V、24V 电压，这种电压可以通过适配器或者蓄电池提供。烟感器安装一般采用吸顶固定式，用螺栓就可固定。但应注意不可安装在高温度、高风速的地方，否则会影响其警报性能。报警器在通电之后，就处于工作状态，发光二极管每分钟闪烁一次，当探测到烟雾时，探测器发出清楚的脉动声光警讯，并同时输出信号供采集器识别，直到烟雾散去为止。按下测试器按钮并保持 3s 以上，烟雾传感器会发出清脆响亮的脉动报警信号，同时发光二极管快速闪烁；把烟雾吹入探测器中，烟雾传感器会发出警告信号。

3. 红外热成像仪

红外热成像仪是一种将不同温度的物体发出的不可见红外线转变成可视图像的设备。红外热成像仪原理，是通过红外摄像机将物体发出的红外线转变为可视黑白图像。物体之间相对温度的差别在探测仪的黑白图像上体现为不同的灰度，物体温度高则相对较为明亮，反之则较暗。图 5.3（书后另见彩图）为常见的手持式红外热成像仪。

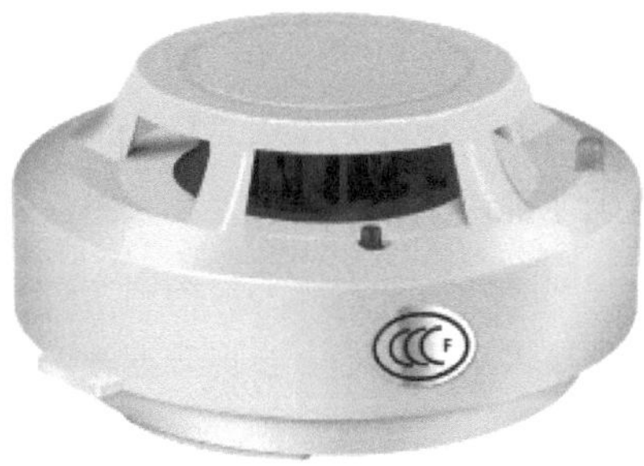

图 5.2　常见的红外烟雾探测器

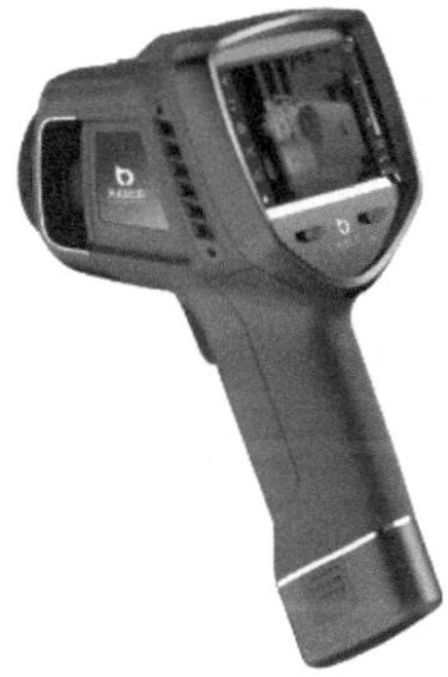

图 5.3　手持式红外热成像仪

红外热成像仪在应急领域应用广泛，特别是在火灾救援、地震救援、交通事故处理、搜救行动等各类突发事件中，发挥着不可替代的作用。

在火灾救援中，红外热成像仪能够透过烟雾、火焰等障碍，帮助消防人员准确探测高温火源位置和受困人员。由于火灾现场的能见度极低，传统的目视设备难以发挥作用，而红外热成像仪能够通过温度差异显示出火势发展和人体位置，从而为快速有效的救援提供支持。此外，它还能检测墙体、门窗等建筑物表面的温度变化，判断内部火灾蔓延情况，帮助消防人员确定是否需要进行破拆或者撤离。

在地震或建筑坍塌的搜救工作中，红外热成像仪也有重要作用。由于灾害现场往往伴随大量碎石瓦砾，红外热成像仪能够探测到被掩埋人员发出的微弱热量信号，辅助救援人员快速确定受困人员的具体位置，从而缩短救援时间、提高生还概率。与传统的生命探测仪器相比，红外热成像仪无须与目标直接接触，适合在恶劣的救援环境中使用，尤其是在夜间或能见度极差的环境条件下。

4. 生命探测器

生命探测器是采用不同的电子探头即微电子处理器，识别空气或固体中传播的微小振动，如呼吸、呻吟、敲击等，以探测搜索被倒塌建筑物、树丛等所掩埋或遮掩的生命。是一种在坍塌建筑和狭窄空间中快速且精确营救被困人员的仪器。目前主要有音频生命探测仪和视频生命探测仪两种。图 5.4（书后另见彩图）为视频生命探测仪。

音频生命探测仪是一种专门用于灾害现场搜救工作的设备，其设计体积小、质量轻、携带方便，且操作简单，极大地提升了应急救援人员在复杂环境下的工作效率。该设备配备全方位的声音传感器，探测频率范围为 1 ～ 300Hz，能够高灵敏度地捕捉被困人员发出的微弱声波，如敲击声、呼救声或其他任何声响。其先进的传感器系统可同时接收 6 个传感器的信息，并通过波谱显示出任意两个传感器的探测结果，帮助救援人员快速定位声音来源。设备还支持单声道或立体声监听功能，灵活适应不同的使用场景。其配备的小型对讲机（带麦克风）不仅可以接收以空气为载体的声波，还允许救援人员与幸存者进行对话交流，提升救援行动的沟通效率。音频生命探测仪的核心组件包括主机、传感器、电池、连接电缆和多向麦克风，确保设备的整体功能性和稳定性。

视频生命探测仪常见类型为蛇眼生命探测仪，主要用于建筑物倒塌、地震等灾害现场寻找被困人员。视频生命探测仪通过摄像头和光缆，将受灾现场的影像信息传回到显示器，帮助救援人员在狭小的空间或视线受阻的环境中，精确地确认幸存者的位置和状态。蛇眼生命探测仪探头纤细、可弯曲，能够灵活深入废墟、裂缝或障碍物下方，捕捉肉眼无法看到的画面。它还能与超声波生命探测仪配合，通过结合不同技术手段，进一步提升搜救效率。视频生命探测仪的主要组件包括显示器、充电器、电池、手柄、摄像头、光缆和手指环等，方便救援人员在各种复杂场景下灵活操作，实时获取清晰、准确的影像。

5. 侦检机器人

在石油、石化等高危生产作业中，一旦发生有毒有害气体或液体泄漏，传统的人工监测方法具有显著的局限性。即便佩戴防护装备，救援人员进入泄漏区域时，仍存在因长时间暴露、装备密闭性减弱或突发爆炸等意外情况带来的生命危险。侦检机器人通过远程操控，能够有效代替人工，长时间进行环境监测，并执行简单的危险处置操作，从而在确保救援人员安全的同时，有效预防事故进一步扩大。此类机器人通常配备有毒气体监测仪、摄像头、操作臂等装备，具备灵活的转向和爬坡能力，能够在复杂地形中执行任务，与传统人工救援方式相比，侦检机器人在操作效率和安全性上具有明显优势。

侦检机器人可以进入易燃易爆、有毒缺氧或浓烟弥漫的危险环境中开展探测、搜救和灭火任务。此外，机器人配备的水炮系统能够通过自主记忆调整角度和轨迹，持续精准定位着火点实施灭火。搭载的双向语音通信模块使得操控人员可以与指挥后台实时语音对讲，提升应急指挥的效率。在能见度较低的火场环境中，机器人依托红外热成像仪对最高温区域进行自动追踪，优先扑灭火源，并能够及时发现并处理潜在的暗火，减少二次灾害发生的可能性。智能侦检机器人如图 5.5 所示（书后另见彩图）。

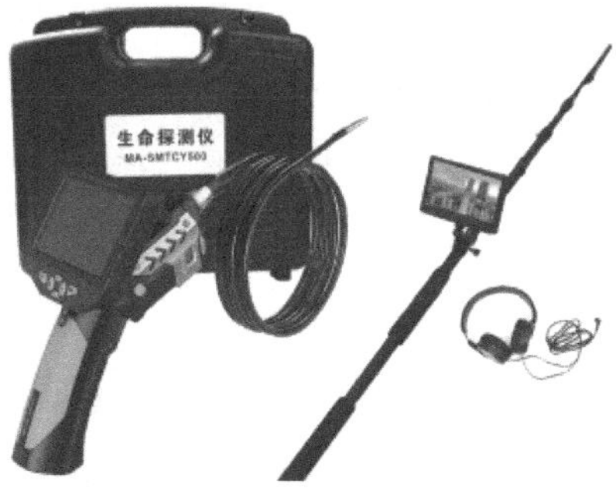

图 5.4　视频生命探测仪

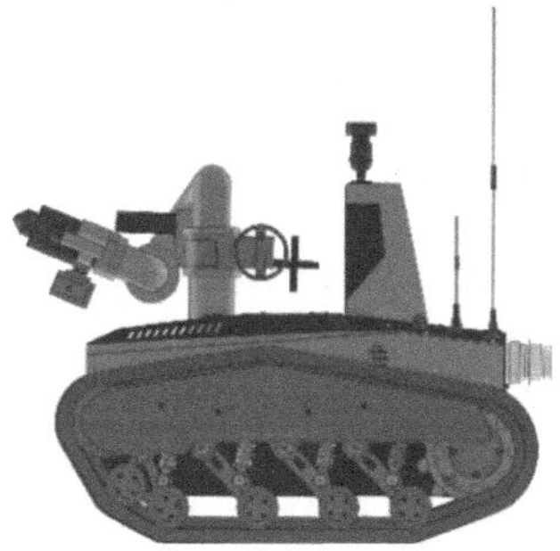

图 5.5　智能侦检机器人

6. 无人机

无人机的高空监测能力使其能够从广域范围内获取详细的环境信息，涵盖火灾、洪水、地震、化学泄漏等不同类型的灾害现场。它能够迅速抵达灾害现场，提供高效的实时监测，尤其在传统人力或其他设备难以到达的区域，展现出其独特的优势。图 5.6（书后另见彩图）为常见的智能无人机。配备高清摄像头、红外热成像仪、气体检测传感器等先进设备的无人机，可以在复杂地形和恶劣气候条件下快速捕捉到现场的关键数据，实时传输给指挥中心，为决策提供科学依据。特别是在火灾等应急场景中，红外热成像技术能够精确定位高温区域，帮助判断火势蔓延方向和隐蔽火点，为消防行动提供精准指导。

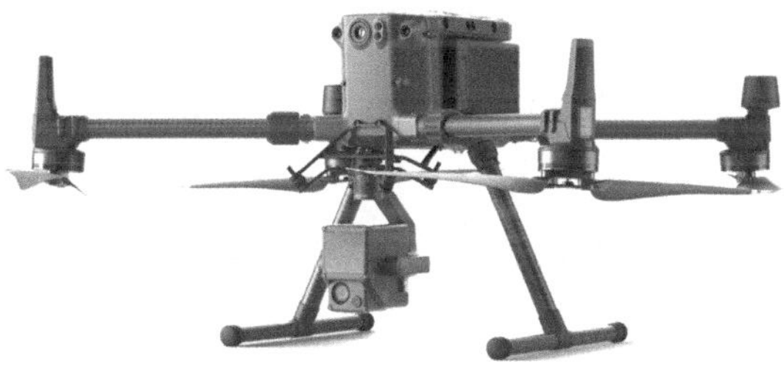

图 5.6　大疆无人机

无人机的快速监测检测能力也能缩短应急响应时间。在突发灾害的初期，无人机可以在极短时间内完成起飞、巡查和监测工作，迅速获取现场情况，并帮助制定初步应急方案。相比传统的地面监测和直升机巡逻，无人机操作简便，维护成本低，且不受地面条件或天气的过多限制，可以频繁、反复地执行任务，确保灾害演变过程中信息的持续更新。

二、预警报警装备

1. 监测报警器

监测报警器，是与监测仪器联动的报警装置。即事先为报警器设定一个参数，监测报警器接收来自监测仪器的信号，当监测数值达到设定值时，报警器随之启动，发出警报信号。老式报警器一般采用闪光式或蜂鸣式，现代报警器则一般同时采取声光两种报警方式，这种报警器主要用来监测易燃易爆气体浓度、氧气浓度、烟雾浓度、液位、压力、温度、漏电量等是否超标。在应急救援工作中，便携式报警器最为常用。监测报警器具有向生产操作人员、随机监测人员提供报警的作用，以便及时采取相应的措施并进行处置。

2. 手摇式报警器

手摇式报警器是一种无须电源支持的报警设备，通过人工摇动手柄即可实现报警，特别适用于无电源场所的应急预警，如图 5.7 所示（书后另见彩图）。其工作原理是通过顺时针方向转动手柄，齿轮箱的传动逐级加速，使鸣轮高速运转，从而产生强大的声波报警效果。警报声的强度与摇动手柄的速度成正比，通常需要达到 90r/min 的转速才能达到理想的声响效果，报警声距离可达数公里。手摇警报器体积小、质量轻，便于携带和安装，只需很小的操作空间，适合流动性作业。无论是在公路、山区、加油站，还是在部队、矿山、机场、仓库等场所，手摇式报警器都能提供可靠的警报。这类设备主要用于突发事件中的应急报警，如防汛、抗灾、森林消防等，确保人群及时获得事故警示信号，有效减少人员伤亡。在应对紧急情况时，手摇式报警器以其便捷性和高效性成为理想的报警工具。

3. 信号枪

信号枪（图 5.8，书后另见彩图）通过发射高度可见的光信号或烟雾信号，迅速传达紧急情况，具有强大的穿透性和远距离可视性，能够在白天和夜晚不同环境中使用，确保救援人员和周边人员及时做出反应。在复杂的救援和应急环境中，信号枪不依赖电力或通信设备，特别适用于山地、海上、森林等偏远地区或发生大规模自然灾害（如地震、洪水）导致通信中断的场景。其使用简单便捷，发射时间短，能够在紧急情况下迅速部署，适合应急人员、救援队伍或普通群众在危急时刻快速发出求救信号。此外，信号枪所发出的信号高度明显，在广阔或复杂环境中极易识别，可实现空中、地面人员的同步协作，显著提高救援效率。

4. 安全标志

安全标志（图 5.9，书后另见彩图）通过明确、可视化的信息传递，有效指导人员在紧急情况下采取正确的行动，确保应急响应的及时性和准确性。安全标志主要通过图形、文字和颜色的组合来传达危险信息或指引安全路径，广泛应用于工厂、建筑工地、公共场所以及交通设施等应急管理中。

安全标志主要包括安全标志牌和安全标志带两大类。

图 5.7　手摇式报警器

图 5.8　信号枪

图 5.9　安全标志

（1）安全标志牌

是用以表达特定安全信息的标志，由图形符号、安全色、几何形状（边框）或文字构成。主要放置于操作人员容易发生错误而造成事故的场所，安全标志按其含义分类为禁止标志、警告标志、指令标志和提示标志四大类型。

（2）安全标志带

主要用于划定警戒区域及引导逃生路线使用。安全标志带有普通彩带及夜光膜安全标志指示带等种类。夜光膜安全标志指示带，由受光、蓄光、发光型的夜光材料制作而成，适用于隧道、地铁、煤井、山洞及大型建筑物的应急逃生指示标志。

三、个体防护装备

1. 头部防护装备

头部防护用品是为防御头部不受外来物体打击和其他因素危害而配备的个人防护装备。安全帽是避免或减轻坠落物及其他特定因素等外来冲击物伤害人体头部的主要防护用品，如图 5.10 所示（书后另见彩图）。安全帽由有一定强度的帽壳和帽衬、下颌带及附件组成。

按照防护功能要求，可分为一般防护帽、防尘帽、防水帽、防寒帽、安全帽、防静电帽、防高温帽、防电磁辐射帽、防昆虫帽等几类产品。按照外形分类，可分为无檐、小檐、卷边、中檐、大檐等。按照作业场所分类可分为一般作业和特殊作业，Y 表示一般作业类别的安全帽，T 表示特殊作业类别的安全帽。安全帽颜色的选择随意性比较大，一般以浅色或醒目的颜色为宜，如白色、浅黄色等，也可以按有关规定的要求选用，遵循安全心理学的原则选用，按部门区分来选用，或者按作业场所和环境来选用。

2. 眼面部防护装备

护目镜是在眼镜架内装有各种护目镜片的一种眼面部防护装备，图 5.11（书后另见彩图）为常见的护目镜，防止有害物质伤害眼睛，如防冲击、辐射、化学药品等，具体见表 5.1。

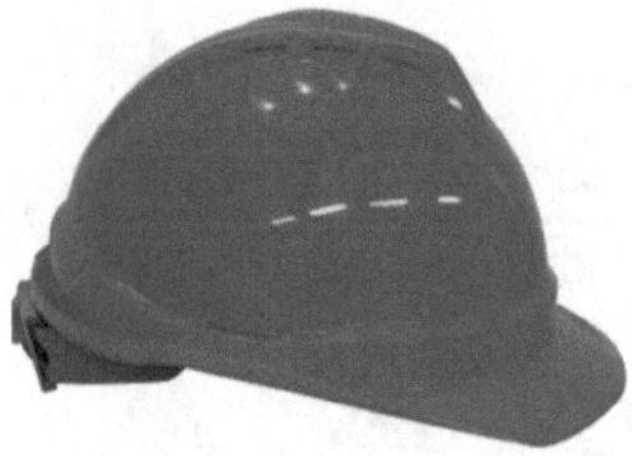

图 5.10　安全帽

图 5.11　常见护目镜

表 5.1　防护眼镜种类及材质

防护种类		滤光片材质（字母代号）		
名称	代号	玻璃	塑料	镀膜
防辐射光（焊接、炉窑）	FS	B	—	—
防太阳光	TY	B	S	M
防冲击	CJ	B	S	—
防激光	JG	B	S	M
防微波	WB	B	—	M
防辐射	SX	B	—	—
防烟尘	YC	—	S	—
防化学飞溅物	XY	—	S	—

日常应经常检查眼睛防护用具的零部件是否灵活、可靠，镜片是否完好。应保持防护眼镜的清洁卫生，禁止与酸、碱及其他有害物接触，避免受压、受热、受潮及阳光照射。

防护面罩是防止有害物质伤害眼面部（包括颈部）的护具，分为手持式、头戴式、全面罩、半面罩等多种类型，具体见表 5.2。

表 5.2　防护面罩种类

名称	手持式	头戴式		安全帽与面罩连接式		头盔式
代号	HM-1	HM-2		HM-3		HM-4
		HM-2-A	HM-2-B	HM-3-A	HM-3-B	
	全面罩	全面罩	半面罩	全面罩	半面罩	

防护面罩的保存要注意避免受压、受热、受潮及阳光照射。

3. 呼吸器官防护装备

（1）按防护原理分类

主要分为过滤式和隔绝式两大类。

过滤式呼吸器是依据过滤吸收的原理，利用过滤材料过滤空气中的有毒、有害物质，将受污染的空气转变为清洁空气供人员呼吸的一类呼吸防护用品。如防尘口罩、防毒口罩和过滤式防毒面具。图 5.12（书后另见彩图）为过滤式防毒面具。

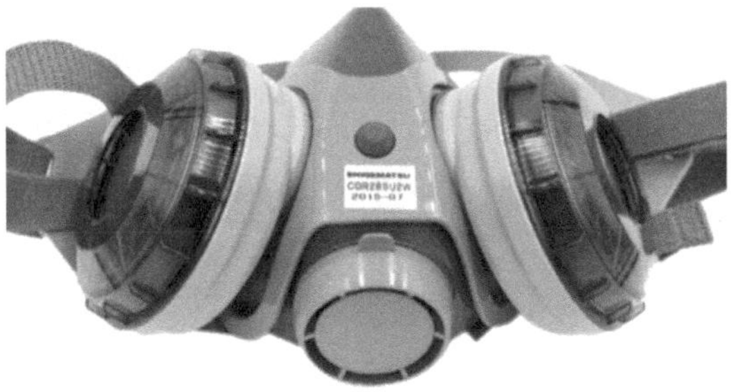

图 5.12　过滤式防毒面具

隔绝式呼吸器是依据隔绝的原理，使人员呼吸器官、眼睛和面部与外界受污染空气隔绝，依靠自身携带的气源或靠导气管引入受污染环境以外的洁净空气为气源供气，保障人员正常呼吸。

（2）按供气原理和供气方式分类

主要分为自吸式、自给式和动力送风式 3 类。

自吸式呼吸器是指佩戴者自主呼吸克服部件阻力的呼吸防护用品，如普通的防尘口罩、防毒口罩和过滤式防毒面具。其优点是结构简单、质量轻、不需要动力消耗；缺点是由于吸气时防护用品与呼吸器管之间形成负压，气密性和安全性相对较差。

自给式呼吸器是指以压缩气体钢瓶为气源供气，使人的呼吸器官、眼睛和面部完全与外界受污染空气隔离，依靠面具本身提供的氧气（空气）来满足人的呼吸需要的一类防护面具，主要由面罩、供气系统和背具构成。自给式呼吸器主要用于有害物质浓度较高（体积浓度 $\geqslant$ 1%），有害物质种类不明，环境空气中氧气浓度 $<$ 16%，以及空气中含有大量一氧化碳等时，过滤式防毒面具无法发挥作用的场合。自给式呼吸器的优点是不论毒剂的种类、状态和浓度大小，均能有效地予以防护。自给式呼吸器的缺点是质量重、体积大、结构复杂、价格昂贵，使用、维护、保管要求高。

动力送风式呼吸器是指依靠动力克服部件阻力、提供气源，保障人员正常呼吸的防护用品，如军用过滤送风面具、送风式长管呼吸器等。其特点是以动力克服吸器阻力，人员在使用过程中体力负荷小，适合作业强度较大、环境气压较低（如高原）、人员心理紧张等环境和场合使用。

4. 听觉器官防护装备

听觉器官防护用品，是指能够防止过量的声能侵入外耳道，使人耳避免噪声的过度刺激，减少听力损失，预防由噪声对人身引起的不良影响的个体防护用品。

护耳器主要包括耳塞、耳罩和防噪声头盔三大类。

（1）耳塞

耳塞（图 5.13，书后另见彩图）是插入外耳道内，或置于外耳道口处的护耳器。耳塞按其声衰减性能分为低频、中频、高频三大类。

（2）耳罩

耳罩（图 5.14，书后另见彩图）是由压紧每个耳廓或围住耳廓四周而紧贴在头上遮住耳道的壳体所组成的一种护耳器。耳罩壳体可用专门的头环、颈环或借助于安全帽或其他设备上附着的器件而紧贴在头部。

（3）防噪声头盔

防噪声头盔（图 5.15，书后另见彩图）通常由坚固的外壳和内部缓冲层组成，通过头盔壳体、内衬等的吸声、隔声达到降噪的效果。它可以有效减轻噪声对耳朵的伤害，保护头部免受外界打击和碰撞。

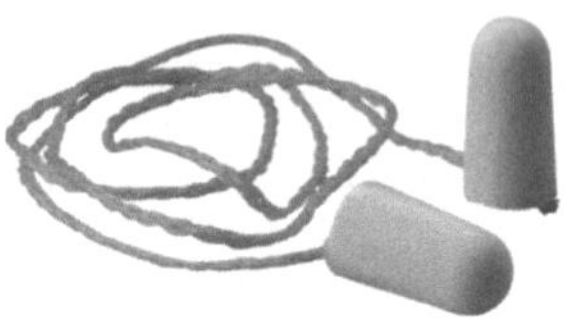

图 5.13　耳塞

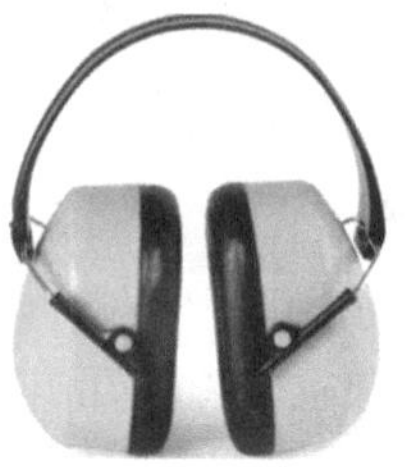

图 5.14　耳罩

图 5.15　防噪声头盔

5. 躯干防护装备

在应急救援工作中，用于躯干防护的安全产品主要是各种类型的防护服。根据使用目的不同，可以分为静电防护服、化学防护服、隔热服、避火服等。化学防护服又可根据使用环境不同，分为防酸、防碱、防辐射、抗油拒水等类型。常见的防火服、防化服、一次性防护服如图 5.16 所示（书后另见彩图）。

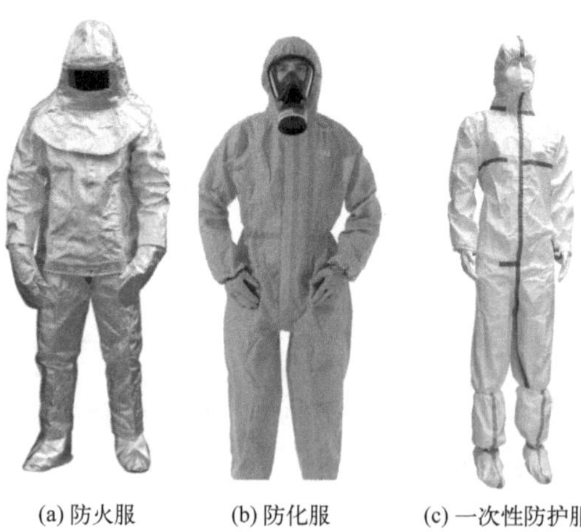

(a) 防火服　　(b) 防化服　　(c) 一次性防护服

图 5.16　常见的躯干防护装备

（1）防静电防护服

防静电防护服必须用防静电织物。防静电织物，是在纺织时，混入导电纤维纺成的纱或嵌入导电丝织造形成的织物，也可是经处理具有防静电性能的织物。导电纤维，是全部或部分使用金属或有机物的导电材料或静电耗散材料制成的纤维。在气体爆炸危险场所的 0 区、1 区且可燃物的最小点燃能量在 0.25mJ 以下的区域应穿用防静电防护服。

（2）防酸碱工作服

在从事生产、搬运、倾倒、调制酸碱，修理或清洗化学装置等职业活动中，穿着适当的化学防护服，能够有效地阻隔强酸、强碱、磷和氢氟酸等化学物质所致的烧伤，在穿用中应避免接触锐器，以防止机械损伤。酸碱防护服按照功能分为 4 个级别。

A 级气体密闭型防护服：主要应用于对呼吸系统、黏膜、皮肤可能造成极大危害的场所以及有限污染空间或通风条件极差的场合。

B 级防液体化学物质溅射防护服：该类防护服对皮肤防护要求不是特别高，适用于只存在液体、不存在气体或蒸气的场所。

C 级增强功能型防护服：该类防护服能有效防止液体化学物质溅射，化学物质不经皮肤吸收，适用于只存在液体、不存在气体或蒸气的场所。

D 级维持功能型防护服：主要防止液体溅射，但是防护时间有限。

（3）阻燃防护服

在有明火、散发火花、在熔融金属附近操作和有易燃物质并有发火危险的场所工作，应穿用阻燃防护服，以减缓火焰蔓延，降低热转移速度，并使其碳化形成隔离层，以保护劳动者的安全与健康。

阻燃服分为 A、B、C 3 个级别。

A 级适用于有明火、散发火花、在熔融金属附近操作有辐射热和对流热的场合。

B 级适用于有明火、散发火花、有易燃物质并有发火危险的场所。

C 级适用于临时、不长期使用、有易燃物质并有发火危险的场所。

（4）抗油拒水防护服

抗油拒水防护服，是指经过处理，使防护服织物纤维表面能排斥、疏远油、水类液体介质，从而达到既不妨碍透气舒适，又能有效抗拒此类液体对内衣和人体的侵蚀的效果。分为冬季和夏季两类抗油拒水防护服。

（5）消防防护服

消防防护服，是灭火和抢险救援作业必需的基础性防护器材。根据其性能不同，分为普通防护服和特殊防护服两类。

① 普通防护服是指消防员在进行灭火战斗时为保护自身而通常穿着的作业服。防护服又分为常规型防护服和防寒型防护服两种。常规型防护服应由阻燃抗湿外罩和可脱卸的抗渗水内层组成。防寒型防护服应由阻燃抗湿外罩和可脱卸的抗渗水内层、保暖层、内衬层

组成。

② 特殊防护服，包括隔热服、防火隔热服等多个种类。高性能的避火隔热服，采用复合材料，一般分防火层、防水层、耐火隔热层、阻燃隔热层、舒适层，并能够有效防护高温水蒸气的喷溅。该产品具有强度高、阻燃、耐高温、抗热辐射、防水、耐磨、耐折、对人体无害等优点。此外消防隔热服应存放在通风干燥处，定期暴晒，以防发霉毁烂。

（6）手足防护装备

① 个体防护手套，是指用来保护手或手的一部分使其免受伤害的个体防护装备。从性能上，防护手套分为绝缘手套、耐酸（碱）手套、焊工手套、防X射线手套、防水手套、防毒手套、防机械伤手套、防静电手套、防热辐射手套、耐火阻燃手套、防微波手套等许多种类。

② 足部防护用品有防护鞋（靴）、护腿、防护鞋罩等用品。足部防护鞋（靴）又分为安全鞋、防护鞋和职业鞋三大类。

四、通信信息装备

快速、有效的通信是事故应急救援的重要保障。对于应急救援的及时性、准确性、高效性，都具有重要的保障作用。当前，应急救援通信信息装备包括通信装备与信息处理装备两大类。图5.17（书后另见彩图）为常见的防爆对讲机以及数码摄像机。

（1）通信装备

包括有线、无线电话通信两大类。有线通信装备主要包括普通固定电话机、专用防爆电话机、有线视频对讲机、专用保密通信装备。无线通信装备主要包括普通对讲机、专用防爆对讲机、普通移动电话机、专用移动电话机、固定卫星站、移动卫星小站等。

（2）信息处理装备

是指进行信息传输与处理的装备。主要包括多路传真和数字录音系统，摄影、摄像装备，计算机，无线上网卡，等等。特别是影像采集工具，对于应急救援信息的现场指挥、事后评价等提供重要的支持。现在应用最广泛、处理速度最快、效果最好的是数码摄像机（DV）、数码照相机（DC）。

五、灭火装备

1. 灭火器

灭火器是一种可由人力移动的轻便灭火器具。它能在其内部压力作用下将所充装的灭火剂喷出，用来扑灭火灾。灭火器选择的综合考虑因素有灭火器配置场所的火灾种类、灭火有效程度、对保护物品的污损程度、设置点的环境温度、使用灭火器人员的素质。常见灭火器以及适用火灾类型见表5.3。

表 5.3　常见灭火器以及适用火灾类型

火灾种类	范围	灭火器选择种类
A 类火灾	指固体物质火灾，如木材、棉、毛、麻、纸张	磷酸铵盐干粉灭火器 泡沫型灭火器 水型灭火器 卤代烷型灭火器 专用的干粉灭火器
B 类火灾	指液体火灾和可熔性的固体物质火灾，如汽油、煤油、原油、甲醇、乙醇、沥青等	碳酸氢钠和磷酸铵盐灭火剂等干粉类的灭火器 二氧化碳灭火器 泡沫型灭火器 卤代烷型灭火器 专用的干粉灭火器
C 类火灾	指气体火灾，如煤气、天然气、甲烷、丙烷、乙炔、氢气	碳酸氢钠和磷酸铵盐灭火剂等干粉类的灭火器 二氧化碳灭火器 卤代烷型灭火器
D 类火灾	指金属火灾，如钾、钠、镁、钛、锆、锂、铝镁合金等燃烧的火灾	专用的干粉灭火器
E 类火灾	指电气火灾	磷酸铵盐干粉灭火器 二氧化碳灭火器 卤代烷型灭火器
F 类火灾	指烹饪器具内的烹饪物（如动植物油脂）火灾	干粉灭火器 泡沫型灭火器 卤代烷型灭火器

此外，灭火器不应设置在潮湿或具有强腐蚀性的地点，在设置时，应该有相应的保护措施。并且灭火器不得设置在超出其使用温度范围的地点。

2. 消防炮

消防炮是远距离扑救火灾的重要消防设备。图 5.18（书后另见彩图）为火灾救援中常见的灭火炮。

(a) 防爆对讲机　　(b) 数码摄像机

图 5.17　通信信息装备

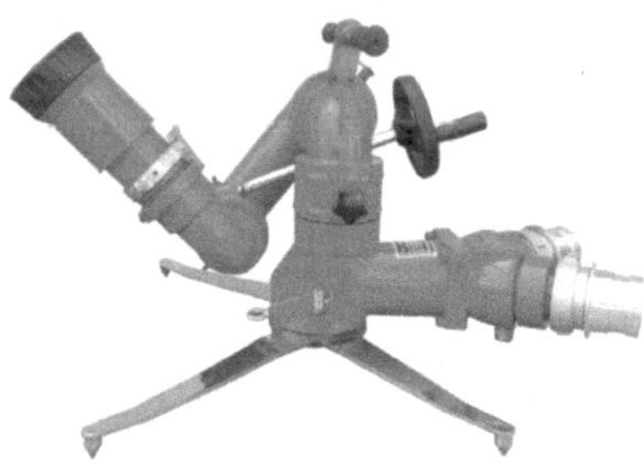

图 5.18　灭火炮

（1）按照灭火剂分类

按照消防炮使用的灭火剂，消防炮分为消防水炮、消防泡沫炮、电动遥控水炮。消防水炮是喷射水，远距离扑救一般固体物质的消防设备。消防水炮射程远，结构简单，性能稳定可靠，操作灵活，维修方便。消防泡沫炮是喷射空气泡沫，远距离扑救甲、乙、丙类液体火灾的消防设备。电动遥控水炮，也叫远控消防水炮，是为了减少消防人员作业艰苦的危险而设计的消防设备，它可以远距离遥控操作水炮进行火灾扑救。

（2）按照使用状态分类

可将消防炮分为固定式与移动式两种。

3. 消防车

消防车是消防队的主要装备。其用途是将灭火指战员及灭火剂、器材装备安全迅速地运到火场，以抢救人员，扑救火灾。常见的消防车如下。

（1）水泵消防车

主要负责输送水源，并配备有水泵和储水罐，可以在火灾现场提供水源，同时也可以进行灭火作业。

（2）泡沫消防车

配备了泡沫发生装置，可以将水和泡沫混合物喷洒到火源上进行灭火。

（3）干粉消防车

主要用于扑灭固体火灾和气体火灾，配备干粉灭火剂的储存罐和喷洒装置，可以将干粉灭火剂直接喷洒到火源上。

（4）泡沫 - 干粉两用消防车

这种消防车既可以输送水源，又可以喷射泡沫或干粉灭火剂。

（5）高压消防车

这种消防车配备了高压水泵和大容量水箱，可以提供高压水源进行灭火作业，特别适用于高层建筑火灾。

（6）举高消防车

这种消防车主要用来进行高空灭火和救援，它配备了举高设备，可以将消防员举高到高空进行灭火或救援作业。

（7）化学事故应急救援车

这种消防车主要用来进行化学事故应急救援，它配备了个人防护设备、洗消设备和化学危险品处理设备等。

4. 消防栓

消防栓是用来连接消防水网与消防水龙带的固定式供水接口。在消防栓上可直接连接消防水带通过消防水枪灭火，也可通过连接消防水带为消防车补给消防水，这是消防栓的两个主要功能。消防栓一般不防撞，不能带压维修。

5. 消防泵

消防泵可供输送不含固体颗粒的清水及物理化学性质类似水的液体之用。主要用于消防系统增压送水。图 5.19（书后另见彩图）为消防泵，两端孔洞用于连接管道。

① 根据工作原理，可分为离心泵、水环泵、串并联消防泵、多级串联式消防泵。

② 根据使用状态，可分为：固定消防泵、手抬机动消防泵；卧式消防泵、立式消防泵；等等。

③ 根据具体使用功能，可分为供水泵、泡沫泵、喷淋泵、稳压泵等。

6. 破拆工具

破拆工具是消防人员在灭火或救人时强行开启门窗、切割结构物或拆毁建筑物，开辟灭火救援通道，清除阴燃余火及清理火场时的常用装备。根据驱动方式的不同，现有的破拆器具可分为机动破拆器具、液压破拆器具、化学破拆工具。

（1）机动破拆器具

由发动机和切割刀具组成，主要包括手提式动力锯、机动链锯、双轮异向切割锯等器具。图 5.20（书后另见彩图）为机动链锯。

图 5.19　消防泵

图 5.20　机动链锯

（2）液压破拆器具

根据用途不同可分为扩张器、剪切器、顶杆、开门器等，见图 5.21（书后另见彩图），其动力源有机动泵和手动泵，附件有液压油管卷盘等。液压破拆器具是使用频率较高的破拆器具，可广泛应用于火灾及交通事故现场的营救工作。

图 5.21　液压破拆工具组

（3）化学破拆工具

主要有丙烷切割器、氧气切割器、便携式无燃气快速切割器。其中丙烷切割器主要由丙烷气瓶、氧气瓶、减压器、丙烷气管、氧气管等组成，用于切割低碳钢、低合金钢构件等；氧气切割器由氧气瓶、气压表、电池、焊条、切割枪、防护眼镜和手套等组成，具有体积小、质量轻、快捷安全和低噪声的特点；便携式无燃气快速切割器主要用于消防、公安、特种部队、石油和天然气输送管道等部门。

7. 逃生装备

（1）接跳救生气垫

接跳救生气垫是一种高空逃生的接跳救生设备，即在地面上铺开气垫，充气后，供高处人员跳下，通过缓冲软着陆，保护逃生者的安全。图 5.22（书后另见彩图）为充气型逃生气垫。

救生气垫主要有风扇型救生气垫、气瓶气挂式救生气垫两类。采用具有阻燃性能的高强纤维材料制成，具有阻燃、耐磨、耐老化、折叠方便、缓冲性好、拆卸简单、使用寿命长等特点。其适合接救高度一般为 20m 左右。

（2）柔性救生滑道

柔性救生滑道是一种优良的高处火灾逃生设备。柔性救生滑道品种齐全，有固定式、组合式、便携式、多人口共用式以及儿童专用柔性救生滑道。其采用由最新多功能防火布做成的防火套，最高耐温 600℃，具有良好的抗热辐射性能，特别适合火场使用。柔性救生滑道可以使 20 人在 1min 内从高楼上安全撤离，人员不致受到燃烧和烟熏的伤害。

（3）高空往复式救生缓降器

高空往复式救生缓降器主要适用于发生火灾、地震等危急情况下，利用使用者的自重，从一定的高度，以一定的速度匀速安全降至地面，见图 5.23（书后另见彩图）。高空往复式救生缓降器可以根据用户的要求配置不同长度的绳索，具有操作简便、可靠、安全等特点。

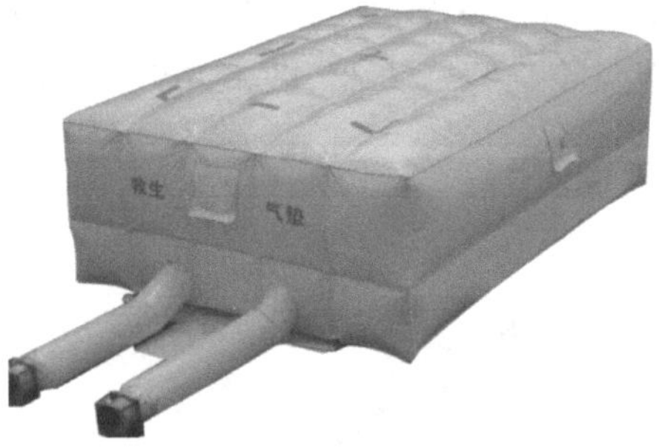

图 5.22　充气型逃生气垫

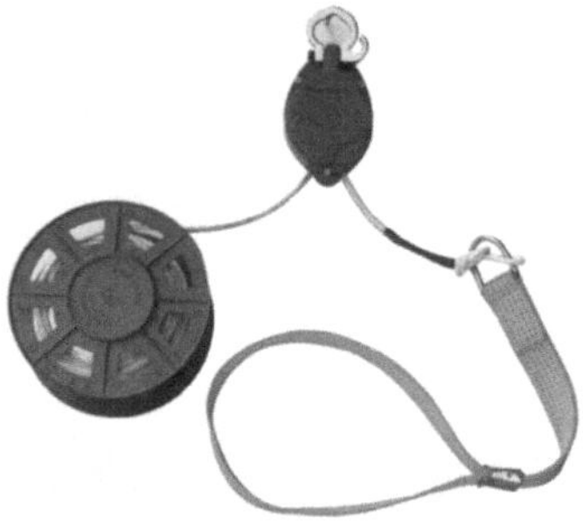

图 5.23　救生缓降器

六、化工救援专用装备

1. 堵漏装备

在石油化工生产、危险化学品运输等过程中，管线、压力容器等设备、装置因腐蚀穿孔、高压破裂等导致泄漏的情形很常见，因此，堵漏装备在石油化工生产、危险化学品运输等过程中，具有重要的应急处置、保障安全生产的作用。

（1）内封式堵漏袋

由堵漏气袋、压缩空气瓶、连接器（带减压阀、安全阀）组成。在对其进行充气后，利用圆柱形气袋充气后的膨胀力与管道之间形成的密封比压，堵住泄漏，气袋膨胀后的直径可达到原有直径的 2 倍。一般适用于 5 ～ 1400mm 内径的管道。

（2）外封式堵漏垫

由气垫、固定带、密封垫、耐酸保护袋和脚踏气泵组成。将堵漏垫外覆于泄漏部位，并通过绳索拉紧，利用压紧在泄漏部位外部的气垫时内部产生的压力对气垫下的密封垫产生的密封比压，在泄漏部位重建密封，从而达到堵漏的目的。用于密封管道、容器、油罐车等的泄漏，管道、容器等的直径应在 480mm 以上。

（3）注胶堵漏器具

由注胶堵漏枪、63MPa 液压泵、高压油路、无火花钻、各种卡具及密封胶组成。可以消除管线、三通、弯头、焊缝处泄漏。适用温度 200 ～ 900℃，压力从真空到 32MPa 以上。该堵漏器具用机械方法将密封剂挤入夹具与泄漏部位形成的空腔内或挤入泄漏处本身的空腔内，剂料在短时间内热固或冷固成新的密封圈，达到止漏的目的。

（4）真空堵漏系统

可用于大直径储罐和管线的堵漏作业。系统由真空泵、模具、连接管等部分组成。红松经蒸馏、防腐、干燥等处理，用于各种容器的点、线、裂纹产生泄漏的临时堵漏。适用温度 −70 ～ 100℃、压力 −1.0 ～ 0.8MPa 的堵漏。

（5）小孔堵漏枪

用于单人快速密封油罐车、储存罐、液柜车裂缝的堵漏设备。其显著特点是根据泄漏口的大小和形状、配备不同规格尺寸的枪头，枪头由高强度橡胶和增强材料复合制成。

2. 输转装备

（1）污水袋

主要用于收集污水等有害液体，送入专门处理场所进行净化处理，避免造成外排污染。适用于野外或缺乏水源的地方，是进行洗消的辅助设备，采用特殊材料制成，可折叠，轻便坚固。

（2）有毒物质密封桶

主要用于收集并转运有毒物体和污染严重的土壤。密封桶由两部分组成，并在上端预留了观察和取样窗，便于及时对转运物体进行观察和取样。一般由金属内桶、金属内桶盖子、聚乙烯外桶及聚乙烯外桶盖子组成。

（3）吸附袋

用于小范围内吸附酸、碱和其他腐蚀性液体。包括吸附块、吸附纸、塑料收集袋等。

（4）液体吸附垫

可快速有效地吸附酸、碱和其他腐蚀性液体。吸附能力为自重的25倍，吸附后不外渗。可围成圆形进行吸附，吸附时，不要将吸附垫直接置于泄漏物表面，应将吸附垫围在泄漏物周围。使用后的吸附垫不得乱丢，要回收进行技术处理。

（5）有害液体抽吸泵

用于迅速抽取有毒有害及黏稠液体，由电动机驱动，电压为220～380V，配有接地线，安全防爆型。能吸走地上的化学液体或污水，有效地防止污染扩散。

（6）手动隔膜抽吸泵

用于输转有毒、有害液体。由泵体、传动杆、隔膜（氯丁橡胶膜或弹性塑料膜）、活门、接口等组成。

（7）多功能毒液抽吸泵

可输送黏性极大或极小的液体、粉状物，也可输送固体粒状物（直径可达8mm）；运送物品和扁平管内部接触，有利于清洗。运行维修时应停止机械，断开电源，保证设备不会引起事故。

3. 化学救援车

化学救援车是一种配备破拆工具、堵漏工具、呼吸器、洗消器、排烟机、防毒衣、空气呼吸器、照明灯具、起重、牵引、洗消帐篷加压泵、侦检仪器、重型防化服等化学应急救援装备的专用车辆，功能齐全，战斗力强。

4. 电气安全用具

电气安全用具是指用以保护电气作业人员，以避免触电、弧光灼伤或高空坠落等伤害事故所必备的用具。主要包括起绝缘作用的绝缘安全用具，如绝缘棒、绝缘鞋等，具有验电作用的电压指示器，登高作业用的安全腰带以及保证检修安全的临时接地线、遮栏、标示牌等。

七、医疗救护装备

医疗救护装备，是指对事故现场伤员进行现场急救、转移的专业工具。如担架、救护车、氧气袋、急救箱等工具。在相关装备，如急救箱中，还要装备如速效救心丸、杜冷丁、心律平、地塞米松、烫伤膏、强心针等药品。其中救护车分为两种：一种是普通救护车，一般都配有医生、护士等专业人员，并配有心脏起搏器、输液器、氧气袋以及一些急救药品等；另一种是ICU（重症监护病房）救护车，此种救护车相当于小型的ICU病房和小型手术室，内置氧气、吸引器、心脏起搏吸器、全套监护器、药品器材、手术器械等。另外担架的种类也比较繁多，目前常见的有帆布（软）担架、铲式担架、折叠担架椅、吊装担架、充气式担架、带轮式担架、救护车担架及自动上车担架等。

第二节　应急救援物资

应急救援物资是指在应对突发事件或灾害过程中，为保障紧急救援、人员安置、生活保障和灾后恢复工作所需的各类物资，包括救生类、生活保障类、医疗防护类和设备类物资。这些物资的配置和储备是应急管理体系中的关键组成部分，能够在突发事件发生后迅速调度和投放，为应急救援工作提供有效支持。

应急救援物资可以分为救生类物资和生活保障类物资。救生类物资主要用于灾害现场的生命救助与安全防护，常见的有救生船（艇）、救生圈（衣）、生命探测仪、小型起重设备、绳索、担架等，这类物资用于紧急情况下的人员搜救、疏散和安全转移，帮助救援人员在复杂的环境中迅速展开行动。生活保障类物资则用于灾民安置和基本生活需求的保障，通常包括衣物、被褥、食品、饮用水、救灾帐篷、净水设备、取暖设备、应急医疗用品等，确保灾民受灾后的生活基本得到保障，维持基本的生存条件。这些物资不仅为救援工作提供支持，也为灾民的迅速恢复和生活稳定奠定基础。

应急救援物资能够在灾害或事故发生的第一时间为救援行动提供必需的物质基础，确保救援效率、减少人员伤亡、控制灾害扩散，并为灾民提供基本生活保障。合理的物资储备和调度不仅可以快速应对紧急情况，还能提升整个应急管理系统的响应能力，降低灾害的长期影响。此外，应急物资的科学管理和合理调配能够节约资源，减少浪费，确保在各类灾害应对中发挥最大效益。总体来说，应急救援物资在保障社会公共安全和维护人民生命财产安全方面具有不可替代的重要作用。

一、应急物资评估

应急物资评估是指在应急情况发生时，对现有物资进行评估和分析，以确定能否满足应急需求的过程。应急物资评估的目的是根据实际需要，确定应急物资的类型、数量和分布，以便在灾害或紧急情况下提供支持和帮助。

应急物资评估是应急管理中的关键环节，旨在确保所储备和分配的物资能够有效应对突发事件中的实际需求。评估过程涉及对物资的种类、数量、质量、储备地点、使用效率等方面的系统性的分析，以优化应急物资的管理与调度。其主要目的是确保应急物资在灾害发生后能够迅速响应需求，避免物资短缺或过剩。

物资需求评估是应急物资评估的核心内容，旨在根据灾害类型、规模、受灾人群数量等因素，准确预测所需物资的种类与数量。

物资储备评估主要关注现有库存能否满足可能的灾害需求。通过定期检查物资储备状况，评估其种类、数量是否合理，以及物资是否具备良好的保质期和使用状态。

供应能力评估则涉及物资从储备点到需求点的配送效率，包括运输能力、储备网络布局等。

物资质量评估确保应急物资在灾害中的实际使用效果，如救生设备的可靠性、食品药品的安全性等。此外，评估物资是否适应特定灾害的需求也是关键，如高寒环境下的保暖设备或高湿环境下的防水物资等。

使用效率评估关注物资在应急响应过程中的调度、分配和使用情况。通过分析物资在应急救援中的实际分配效率，评估调度流程是否科学合理、分配策略是否符合灾区需求以及资源是否被有效利用。

1. 应急资源评估步骤

（1）收集信息

在进行物资评估之前，需要收集各种相关的信息。这些信息包括但不限于灾害发生的地点、时间、影响范围、受伤人数、物资需求等。收集信息可以通过调查问卷、实地考察、采访等方式进行。

（2）分析物资需求

根据收集到的信息，对应急资源的需求进行分析和估计。这包括对不同类型资源的需求进行量化分析，如食品、水源、医疗设备等。同时，还需要关注不同区域、不同群体的物资需求差异。

（3）评估现有物资

评估现有的应急资源，包括物资、人员、设备等。需要了解资源的类型、数量、分布等情况。评估现有资源的目的是确定资源的可用性和适用性。

（4）确定资源缺口

通过比较资源需求和现有资源的情况，确定资源的缺口。缺口可以分为实际缺口和潜在缺口。实际缺口是指现有资源无法满足需求的情况，潜在缺口是指未来可能发生的资源缺口。

（5）制定调配方案

根据资源缺口的情况，制定相应的资源调配方案。资源调配方案包括资源的采购、储备、分配等措施。在制定调配方案时，需要考虑资源的优先级和紧急程度。

（6）监测和评估

在资源调配过程中，需要进行监测和评估，以确保资源的有效使用。监测可以通过实地调研、数据统计等方式进行，评估可以根据监测结果对调配方案进行调整和改进。

2. 应急资源评估方法

应急资源评估可以采用多种方法和工具，以下是一些常用的评估方法。

（1）SWOT 分析

SWOT 分析是一种常用的资源评估方法，通过分析资源的优势、劣势、机会和威胁，可以对资源进行全面评估。S（strengths）是优势、W（weaknesses）是劣势、O（opportunities）是机会、T（threats）是威胁。通过 SWOT 分析，可以发现资源的潜在问题和发展空间。

（2）调查问卷

调查问卷是一种常用的数据收集方法，可以帮助评估现有资源的情况。通过设计合适的问卷，可以了解资源的类型、数量、分布等情况。调查问卷可以通过在线调查、邮寄等方式进行。

（3）专家咨询

专家咨询是一种获取专业意见和建议的方式。通过与相关领域的专家进行沟通和交流，可以获取宝贵的资源评估信息。专家咨询可以通过面对面会议、电话咨询、在线研讨会等方式进行。

（4）数据分析

数据分析是一种快速获取资源信息的方法。通过收集和分析大量的数据，可以了解资源的分布、使用情况等。数据分析可以利用统计学方法、模型建立等方式进行。

二、应急物资需求预测

应急物资需求预测通过科学分析和预测手段，准确估算在突发事件中所需的物资种类、数量和供应时间。其核心目标是确保应急物资能够在灾害或突发事件发生时，快速、准确地到达所需地点，避免物资的短缺或浪费，从而保障救援工作顺利进行。

应急物资需求预测需考虑多种影响因素，包括灾害类型、事件规模、受灾人口、地理环境、气候条件等。具体灾害如洪水、地震、火灾、疫情等不同类型的事件对物资的需求存在显著差异。例如，洪水灾害可能需要大量净水设备和防水物资，而疫情可能需要大量的防疫物资、医疗设备和药品等。此外，受灾区域的交通情况、基础设施以及供应链网络布局也会直接影响物资需求的预测精度。

物资需求预测常用的方法包括案例推理、层次分析法、多元回归法等。

1. 案例推理

案例推理（case-based reasoning，CBR）是目前人工智能中一种新兴的推理方法，最早起源于美国耶鲁大学 Roger Schank 教授在 1982 年的著作 *Dynamic Memory* 中的描述。它是一种模仿人类推理和思考过程的方法论，也是一种构建智能计算机系统的方法论。CBR 来源于人的认知心理活动：人们在面临一个新问题时，往往把以前使用过的与该问题类似的案例联系起来，运用过去解决该事例的经验和方法来解决当前问题。它可以较好地模拟专家的联想、直觉、类比、归纳、学习和记忆等思维过程，其核心思想是在进行问题求解时，使用以前求解类似问题的经验和获取的知识来推理，针对新旧情况的差异做相应的调整，从而得到新问题的解并形成新的案例加入案例库中，随着案例库的增长，系统的经验将会越来越丰富。

CBR 技术就是采用匹配的方法，找出与问题相似的案例，其理论基础是相似原理。案例推理的工作流程如图 5.24 所示。

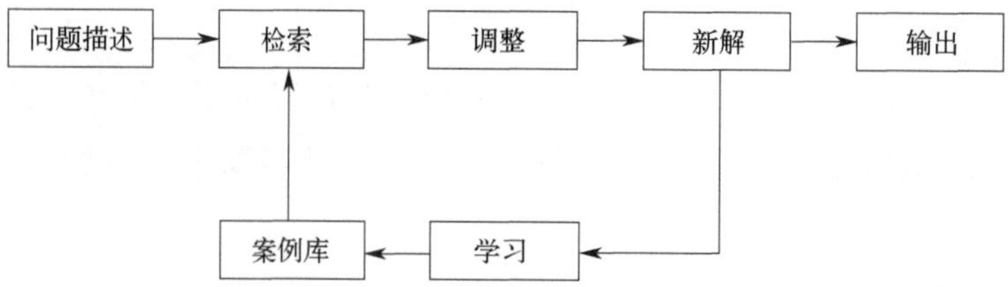

图 5.24　案例推理的工作流程

在应急物资需求预测中，CBR 通过回溯历史突发事件的应急响应案例，推导出类似事件中的物资需求，进而指导当前事件的物资调拨和储备。其基本流程包括案例表示与组织、案例索引与检索、案例调整、案例学习 4 个关键环节。

（1）案例表示与组织

案例表示与组织是 CBR 技术的基础，涉及如何抽取应急案例的特征变量，并以结构化的方式存储在计算机中。应急物资需求案例通常包括事件类型（如地震、洪水）、事件规模、受灾人口、所需物资种类与数量等信息。这些特征变量的组织与存储不仅便于后续的检索和匹配，还为后续分析提供了结构化数据支持。

（2）案例索引与检索

在面对新的突发事件时，案例推理的首要任务是从案例库中找到最相似的历史案例。这需要通过相似性度量算法，根据事件的关键特征如地理位置、气候条件、受灾规模等，进行相似度计算。常用的方法包括欧几里得距离、加权平均等。索引与检索的质量直接决定了案例推理结果的准确性和实用性。

（3）案例调整

由于每个突发事件在具体情况上并不完全相同，直接套用历史案例往往不能完全满足需求。因此，案例推理法会对检索到的相似案例进行调整。例如，根据当前事件中的气候变化、灾害程度等因素，对物资需求进行适当的修正。通过这种调整，推导出更加符合当前实际情况的应急物资需求方案。

（4）案例学习

新问题的解决方案在实施后，相关数据和经验会被保存至案例库，扩展案例库的知识范畴。随着时间推移，系统的案例库不断丰富，能够提供更为精确的预测。这一过程还可以从历史案例中提取出浅层的规则知识或修改深层的模型知识，以进一步提升预测精度。

2. 层次分析法

层次分析法（analytic hierarchy process，AHP）是一种系统化的决策分析方法，最早由美国运筹学家萨蒂（Thomas L. Saaty）于 20 世纪 70 年代提出。它通过将复杂的决策问题分解为多个层次，采用定量和定性相结合的方式，帮助决策者在多个评价标准之间进行权衡选择。AHP 在应急物资需求预测中应用广泛，尤其适用于复杂、多标准的决策场景，如突发事件中的应急资源配置。

层次分析法是将决策问题按总目标、各层子目标、评价准则直至具体的备选方案的顺序分解为不同的层次结构。通过分析复杂系统所包含的因素及其相关关系，将问题条理化、层次化，构造一个层次分析结构模型，将每一层次的各要素两两比较，按照一定的标度理论，得到相对重要程度的比较标度并建立判断矩阵，计算判断矩阵的最大特征值及特征向量，得到各层次要素对上层次某要素的重要性次序，从而建立权重向量，其主要步骤如下：

① 应用 Saaty 的 1 ～ 9 标度法（见表 5.4）来反映指标间的相对重要性。

② 根据标度理论，构造两两比较判断矩阵 $\boldsymbol{A}$。

$$\boldsymbol{A}=(\boldsymbol{a}_{ij})_{n\times n}(i,j=1,2,\cdots,\ n) \tag{5.1}$$

式中，$\boldsymbol{a}_{ij}=1$，$\boldsymbol{a}_{ji}=1/\boldsymbol{a}_{ji}$。

表 5.4　Saaty 的 1 ～ 9 标度法

相对重要度	定义	说明
1	同等重要	两者对目标贡献相同
3	稍微重要	稍有差异
5	基本重要	有差异
7	确实重要	差异明显
9	绝对重要	重要性明显
2，4，6，8	相邻两程度之间	需要折中时使用

③ 将判断矩阵 $\boldsymbol{A}$ 的各列作归一化处理。

$$\overline{\boldsymbol{a}_{ij}}=\boldsymbol{a}_{ij}/\sum_{k=1}^{n}\boldsymbol{a}_{kj}\left(i,j=1,2,\cdots,n\right) \tag{5.2}$$

④ 求判断矩阵 $\boldsymbol{A}$ 各行元素之和。

$$\overline{\boldsymbol{w}_i}=\sum_{j=1}^{n}\overline{\boldsymbol{a}_{ij}}\left(i,j=1,2,\cdots,n\right) \tag{5.3}$$

⑤ 对进行归一化处理得到 $\overline{\boldsymbol{w}_i}$ 。

$$\boldsymbol{w}_i=\overline{\boldsymbol{w}_i}/\sum_{j=1}^{n}\overline{\boldsymbol{w}_i}\left(i=1,2,\cdots,n\right) \tag{5.4}$$

⑥ 根据 $\boldsymbol{Aw}=\lambda_{\max}$ 求出最大特征根和其特征向量。

⑦ 一致性检验。

首先，计算一致性指标。

$$\mathrm{CI}=\frac{\lambda_{\max}}{n-1} \tag{5.5}$$

其次，找出相应的平均随机一致性指标 RI。最后，计算一致性比例 CR=CI/RI；当 CR ＜ 0.1 时，可接受一致性检验，否则对 $\boldsymbol{A}$ 修正。

在应急物资需求预测中，首先需要将问题进行分解，将复杂的需求预测分解为多个层次，如目标层（应急物资需求预测）、标准层（影响物资需求的关键因素）和方案层（物资类型）。通过这种结构化的层次模型，可以将问题从全局层面细化到具体的需求预测标准与物资种类。在预测应急物资需求时，各类因素对物资需求的影响不同，层次分析法通过构建对比矩阵，运用 1 ～ 9 的尺度对不同因素进行两两比较，确定各个因素的相对重要性。专家可以根据历史事件经验、突发事件的具体情况，评价每个因素的重要程度，最终计算出各个因素的权重。通过确定影响因素的权重，AHP 能够结合各类物资的特征与重要性，进行综合评分，最终给出每种物资的优先需求程度。经过计算和评估，AHP 可以为应急管理决策者提供系统的、科学的物资需求排序与建议。在应急响应过程中，由于突发事件的不确定性，应急物资需求往往难以准确预测。通过层次分析法，可以对影响物资需求的因素进行深入分析，依据权重合理规划应急物资的优先级。结合历史数据和经验，AHP 能够提升应急资源调配的精准度，避免物资浪费和不足。

3. 多元回归法

多元回归法是一种统计学方法，用于分析多个自变量（独立变量）对一个因变量（依赖变量）的影响关系。通过建立自变量与因变量之间的回归方程，预测因变量的变化趋势。在应急物资需求预测分析中，多元回归法被广泛应用于评估和量化多种影响因素对物资需求的影响，帮助决策者根据灾害或突发事件的相关变量进行科学预测。

多元回归法的核心是通过历史数据建立自变量与因变量之间的数学模型。在应急物资需求预测中，因变量通常是不同类别应急物资的需求量，而自变量则可以是影响需求的多种因素，例如：灾害类型和规模（如地震、洪水等的强度）、受灾人口数量、灾害发生的地理区域和气候条件、基础设施的破坏程度、政府应急响应速度和资源调动能力等。

通过分析这些变量与应急物资需求之间的关系，可以建立回归模型，用于预测未来发生类似事件时的物资需求量。设 y 为因变量，x_1，x_2，…，x_k 为自变量，并且自变量与因变量之间为线性关系时，则多元线性回归模型为

$$y = b_0 + b_1x_1 + b_2x_2 + \cdots + b_kx_k + e \tag{5.6}$$

式中，b_0 为常数项；b_1，b_2，…，b_k 为回归系数；x_1，x_2，…，x_k 为影响因素（自变量）；e 为误差项。

多元回归分析能够量化每个自变量对应急物资需求的影响程度。通过对回归系数的估计和显著性检验，可以判断哪些因素对物资需求起主要作用。例如，在洪水灾害应急响应中，受灾人口数量、降雨量、地形地貌等变量对救援物资需求量可能具有不同的影响权重。通过回归分析，可以识别出最重要的影响因素，帮助应急管理部门更有效地调配资源。

与单一变量预测方法相比，多元回归法可以处理多个影响因素的综合效应，因此能够提高应急物资需求预测的精度。例如，在预测地震灾害中的医疗物资需求时，仅考虑受灾人口的数量可能不足以准确预测需求，但如果将灾害的破坏程度、医疗基础设施受损情况、地理位置等多个变量纳入回归模型，预测结果会更加精确。

在应急管理过程中，事件的发生和发展具有动态性。多元回归模型可以根据新获取的数据进行调整和修正，实时更新预测结果。例如，在灾害初期，救生物资的需求可能随着事件

的进展逐渐变化；而在后期阶段，生活保障类物资的需求可能增加。多元回归法允许根据不同阶段的变量变化，动态调整模型，从而为应急响应提供更加精准的指导。

三、应急物资的管理与分配

应急物资的管理是对应急物资从需求分析、筹措、储存、保障运输、配送和使用直至消耗全过程的管理。对应急物资进行妥当的管理能够最大限度地削减自然因素和人为因素对物资理化性质的影响，保证其价值的充分发挥，保证在应急状况下各种物资的合理配发和使用，是实现应急物流快速保障的重要物质基础，也是衡量应急物流保障水平的显著标志。

1. 应急物资管理的要求

应急物资在管理过程中的详细要求有注意质量，确保平安，合理存放，优化流程，精确无误，全程监控。

“注意质量”是应急物资管理的首要环节。应视质量为生命，没有牢靠的质量保证就不会有高水平的应急物流。这就要求依据应急物资所处的详细自然环境，保持其自身的理化特性，为物资储存、运输、搬运等创造良好的外部环境。

“确保平安”是应急物流和应急物资管理的根本要求。平安工作是应急物资管理工作的基础。由于应急物流追求高速度，因此在应急物资的运输、配送、发放等过程中必须保证平安，做到平安稳妥，无事故发生，确保万无一失。

“合理存放”要求对应急物资存放的空间位置合理化，便于快速搬运、配送。

“优化流程”是应急物资管理的内在要求。优化物资管理流程可以最大限度地削减物流环节，节约物流时间，符合应急物流追求时空效益最大化的特点。

“精确无误”是表达应急物资管理水平的重要标志。应急物流的高速高效运转并不是以牺牲精确率为代价的，而是要求精确把握应急物资的数量、规格、品种、型号等信息，对应急物资的储存、配货、发放等过程做到肯定精确，严防各类过失事故的发生，做到不错、不乱、不差。

“全程监控”是指对应急物资从需求、筹措、储存、运输、配送到消耗整个过程的动态和静态监督掌握，需要收集应急物资的实时信息，为指挥机构推断状况、作出决策提供可靠依据。

2. 应急物资分配的原则

应急物资的分配过程中，为了使整体分配方案达到最优，制定分配方案时要遵循如下的分配原则。

（1）物资效用最大化

由于地震灾害的突发性，短时间产生的大量需求无法全部得到满足，在救援物资供不应求的情形下，对应急物资进行分配时应该考虑使每份应急物资发挥它的最大价值。

（2）供需相匹配

严重的自然灾害会波及多个受灾区域，而各个区域所处位置、经济发展状况以及常住人口等因素都不尽相同，所造成的受灾严重情况也不一样，因此在实际分配中要综合考虑这些因素，确保对该地的物资供应量最大程度符合当地的受灾状况。

（3）多因素综合考量

灾害发生后，为减少灾民的损失，救援物资需及时供应到受灾点，但在灾后初期需求大于供给的情形下，只追求时间最短的分配是不合理的，对灾民心理因素的考量以及实施较为公平的分配方案同样重要，因此，制定分配方案需综合考量多个因素，使得分配方案较为合理。

（4）整体最优化

救援行动需持续开展，应急物资的分配同样是一个多阶段的活动，针对灾情的不断变化，受灾群众的需求也在动态变化，对应急物资的需求需经过多次分配才能被满足，要立足于整体最优化的原则来进行分配，以达到救援效果最佳的目的。

3. 应急物资分配的特点

（1）时效性

自然灾害通常会给受灾地带来严重的破坏，会造成道路损毁、通信受阻等增大救灾难度。为最大程度地维护当地灾民的生命及财产安全，避免社会面遭受更大的经济损失，应在灾害发生后的第一时间开展救援行动，并将救援物资在最短的时间内输送到受灾地，最大限度地减少各方损失。在各类应急救援物资中，应急医疗物资最具有时效性，为避免灾民在受伤后由于次生灾害等情况造成更严重的危及生命的伤害，应对灾民进行及时挽救，医疗物资也需及时准确地供应。综上，应急救援物资的分配具有时效性的基本特征。

（2）多阶段性

自然灾害的发生往往伴随着次生灾害，基于灾害发生的持续性这一特征，灾民对各类物资的需求不断变化，需求量逐渐增加，物资的一次分配往往不能满足灾民的应急需求。因此，应急物资的分配计划也应根据受灾地区的动态需求进行不断调整，具有多阶段性这一特征。

（3）弱经济性

应急物资分配是在政府主导下的一种追求时间最短化和物资效用最大化的特殊分配活动。应急救援过程中，人是排在第一位的重要因素，几乎不考虑经济因素，因此应急物资分配具有弱经济性。

四、应急物资调度

应急物资调度是应急管理中确保物资及时、有效到达救援现场的关键环节。它涉及物资从储备点到受灾区域的运输、分配和调度策略的制定。调度的核心目标是最大限度地缩短物资到达时间，同时确保物资供应的准确性与合理性。应急物资调度过程中，需综合考虑灾害的类型、受灾区域的交通条件、救援需求的紧迫性等因素。优化调度的算法包括线性规划、多目标优化、遗传算法等，这些算法可帮助应急管理者在复杂的约束条件下作出最优决策。有效的物资调度能够提高救援效率，最大程度减少灾害损失。

1. 应急物资调度的原则

在应对突发事件时，需要整合所有组织和力量调动应急物流系统的所有因素积极参与应急救援与物资调度，需要统一指挥、统一行动，以最大程度保障应急物资调度的效果。因此，在突发事件发生后，进行应急物资调度时需要遵循的主要原则有以下几点。

（1）敏捷性原则

由于突发事件往往具有突发性强、不确定性大、危害性大、发生演化快等特点，所以要求应急物资调度的决策者要在突发事件发生后的第一时间内做出正确的判断与决策，应急救援工作开展得越快，应急物资调度得越早，越能减小突发事件给社会各方面造成的损失，否则就会陷入十分被动的局面，不利于控制突发事件发生后的社会局面。与此同时，在应对突发事件时，应急物资调度工作要能够根据应急物资需求与供给以及运输工具、运输条件的变化及时调整应急物资调度方案，实现快速且有效即敏捷的应急物资调度。

（2）有效性原则

在突发事件发生后的应急救援初期，应急物资需求点对应急物资的需求激增且数量巨大，而此时的应急物资供给往往比较匮乏，应急物资供不应求的特点十分显著，为最大限度地减少受灾群众各项损失，为突发事件发生后受灾群众的生存和基本生活提供物资保障，必须把有限的应急资源用到最紧急的地方，在满足各个需求点的应急物资最低满足率的基础上，尽最大可能保障应急物资需求紧急度高的需求点的应急物资需求，使得应急物资的效用最大，同时，也使得应急物资调度的有效性最大。

（3）公平性原则

突发事件发生后，在开展应急救援工作进行应急物资调度时要考虑各应急物资需求点对应急物资需求的紧急程度，在满足各个应急物资需求点的应急物资最低满足率的基础上，对于应急物资需求紧急度高的需求点，要尽量最大化其应急物资满足率超过最低满足率的值。而对于应急物资需求紧急度较低的需求点，不能忽视其应急物资需求，也要满足其应急物资最低满足率，特别是在突发事件发生后应急救援初期应急物资供不应求的特点非常明显时，一定要能保证应急物资调度的相对公平，这样才能有利于应急救援的逐步有效开展，进一步促进社会稳定与社会公平。

2. 应急物资调度的特征

应急物资调度是研究当事故发生时，应急调度系统如何调度应急物资参与救援的问题。应急物资调度是应急物流的重要组成部分，目的在于在灾害行为发生后及时采取有效措施，尤其是物资供给措施，对受灾人群实施救助或阻止灾害的延续，从而尽最大可能消除或减小受灾系统的损失，具有复杂性、及时性、高效性、可靠性、协调性、社会性、多约束性和多目标性等特点。

（1）复杂性

复杂性主要通过应急物资调度的物资需求特点所体现，具体表现在以下方面。

① 应急物资种类多。在应急活动中，为保障受灾地区民众生活及应急救援活动的开展，应急物资包括基本生活物资、医疗器材和药品、救援设备等各方面的人力、物力和财力。以汶川地震的物资需求类别为例，仅据不完全统计达 7 大类以及 46 小类。

② 需求结构复杂。所谓物资的需求结构主要是指所需要的各类物资之间的结构比例关系，通常用一个相对的指标来刻画这种关系。突发事件的类型以及应急救援活动的阶段，通常决定着物资的结构需求，不同类型的突发事件需要不同种类的物资需求组合。需求结构复杂性使得应急救灾运作更加复杂。在汶川地震中，随着抗震救灾重点的转移，审计部门发现救灾捐赠物资出现了结构性过剩和短缺并存的状况，甚至于出现一些捐赠物资与灾区实际需求脱节的情况。此外，在应急物流活动中，许多意料之外的变数，如天气变化、次生灾害等可能会导致额外的物流需求，如在汶川地震应急物流行动中，可能会暴发大范围的疫情，需求结构发生根本性变化，由最初的对帐篷、搜索仪器、营救设备、医疗器材、衣物、食物等物资的需求，变成对医疗药品等物资的需求，甚至于原有的用于伤病救治的医疗药品因主体需求的改变，在种类、数量上的比例关系也将发生变化。

③ 需求数量与时间不确定。在灾害发生后，由于通信线路的破损、交通路线的阻断、信息职能机构功能丧失、灾情信息无法全面判断、灾害演变规律难以把握等原因，灾区往往无法及时将物资需求相关信息完整、正确地报送外部。此外，由于突发事件的类型不同以及应急救援活动阶段的不同，各种需求具体时间无法正确预测。例如，汶川地震后，伤亡人数和破坏每天都在发生不同的变化，与此同时，由于通信障碍及救援人员灾区信息收集的滞后性，对于各类物资的需求数量与需求时间无法有一个明确的把握。

从上面对物资需求的内容分析可以看出，如果把物资的种类、结构、数量及需求在时间和数量等方面的不确定性进行综合考虑，对作为应急响应方案制定重要依据的物资需求进行分析是相当复杂的。

（2）及时性

当自然灾害或者应急事故发生时，人们总是期望应急资源能够尽快从分散的各地运送到事故地点，于是，应急响应时间最短自然成为应急问题的最主要优化目标，当然也是首先应该要考虑并加以解决的问题。如我国地震时人员伤亡的统计表明，如果地震灾区被埋压人员在震后 10h 内被抢救出来并得到及时救治，其生存率很高，而 48h 后生存率明显下降，72h 后生存率很小，这充分说明在地震之后及时开展应急救援活动的重要性。物资分配决策的基本目标是追求时间效益最大化，在最短的时间成本上实现应急物资的供给，满足受灾群体的物资需求。应急物资若不能及时响应，则会给整个应急救援活动带来巨大的损失。

（3）高效性

由于应急物资分配的复杂性，且加上事前无法准确预测灾害持续时间、强度、范围以及造成的危害程度等参数，使得决策带有极大的不确定性，物资分配决策应及时有效地向需求主体提供正确品种、足够数量的应急物资。这里的“及时有效”还要求决策必须考虑物资在其功能时效和需求时间内送达需求点，以期发挥应急物资的效用和价值。这种不合理的物资供给结构导致应急物资决策比较低效。

（4）可靠性

灾害时间的突发性、信息的高度缺失性以及灾害发展的不可预知性等特点，使得应急物资分配决策极易受系统变化的影响。且前期决策失效，重新决策所带来的延误成本是不容忽视的。因此，决策方案必须具备高度可靠性。

（5）协调性

在物资调度过程中涉及不同的利益集团，对应急响应的需求水平和目标存在差异，协调各方面的利益，考虑各集团（如供应主体与需求主体）的需求，是应急物资分配决策所必须的。以应急响应时间和应急物资供给量为例，在灾害爆发的短时间内，就政府层面而言更关心如何在第一时间作出应急决策以稳定局面，因大量物资的调集、灾害情况及需求信息的统计往往需要较长时间，而作为应急需求主体的受灾群体则更需要对物资如饮水、食品等最需要物资的最低限度满足。所以，决策方案必须具备高度的系统协调性。

其次，应急活动作为一种人道主义行为，在其实施过程中除了响应效率之外，应急物资配给和调度应考虑不同受灾对象（如地理分布、收入差距等导致的城乡和贫富差异）的公平问题才能实现系统最优，这对当前我国所进行的和谐社会建设具有重要意义。

（6）社会性

应急物资的筹集过程往往是全社会乃至全球的动员，其分配过程也需要社会力量予以支援。如在汶川地震中，随着抗震救灾工作的开展，出现了物流运输资金紧缺的情况，各大慈善公益组织机构接收的大量救灾物资无法及时向灾区输送，救灾工作在运输过程和最终落实救援上极其滞后于社会各界的捐助速度，救灾需要拥有大量运输工具、专业经验和成熟运输网络的运输力量。中华慈善总会和各界物流发展促进组织审时度势，在灾情发生后积极发起成立“中国慈善与公益物流领导小组”，希望号召各方物流力量共同开展公益慈善物流，迅速建成全国的抗震救灾物流保障网络和专业平台，供各大慈善公益组织机构共同调度使用，及时地输送物资，挽救生命和开展灾后重建。

（7）多约束性

突发事件应急物资调度过程往往要受到以下几个约束条件的制约。

① 信息约束。在突发事件发生后的短时间内，系统不能够全面掌握有关突发事件的信息，造成预测和决策的误差。

② 时间约束。应急物资调度的目标是指在约束时间内应该实现的目标。应急物资调度都不应该超出约束时间范围，超过了约束时间，调度过程所能实现的价值将大大降低甚至毫无意义，应急物资调度速度越快，突发事件的影响后果将越小；相反，应急物资调度速度越慢，突发事件造成的危害将越大。

③ 资源约束。资源约束是指对应急物资数量和质量的约束。在突发事件发生初期，在有限时

间、有限范围内采用有限的筹集方式筹集到的物资数量往往十分有限，质量也往往难以得到保证。

④ 运输基础设施约束。由于突发事件可能毁坏公路、铁路、港口、通信、电力等基础运输设施，对事发地的运输环境造成较大破坏，应急物资调度难以正常进行。

（8）多目标性

不同的应急阶段有不同的应急任务和相应的调度目标，在事件爆发初期，时间和损失最小化是应急调度最重要的目标，如在地震发生后 10h 内被抢救出来的埋压人员如能得到及时救治，生存率很高，48h 后被抢救出的埋压人员生存率则大幅下降，72h 后生存率更低；由于在初期筹集到的应急物资也很有限，如何使有限的应急物资发挥最大的效用，即使得各应急需求点的满意度最大也是应急物资调度的目标。但在随后的应急阶段，随着物资筹措方式的拓宽，应急供应点及其可提供的物资数量将大量增加，而信息的确定性也导致需求预测的准确性，这时的应急目标就不仅仅是时间的最小化，而更多地应考虑如何选择合适的供应点及各供应点应提供相应的物资量来降低应急成本。

3. 应急物资调度的算法

应急物资调度的目标是通过优化模型，合理调度救援资源，从而在最短时间内以最小成本将所需物资送达受灾地区。调度过程中，通常需考虑以下问题。

① 需求预测：突发事件发生后，迅速评估受灾区域的物资需求量和优先级。

② 供应点与需求点匹配：在多个物资供应点与受灾需求点之间，如何合理分配物资以满足需求。

③ 运输路径优化：根据路况、时间和成本选择最优运输路径。

④ 时间约束：紧急情况下，物资需在规定时间内运送到位，以减少损失。

⑤ 多目标优化：通常调度需在时间、成本、资源限制等多个目标之间平衡，形成多目标优化模型。

应急物资调度算法为应急管理提供了强有力的技术支持，通过对调度问题的优化求解，可以大大提高救援物资的分配效率，减少灾害带来的损失。常见的应急物资调度算法包括启发式算法、元启发式算法、线性规划算法、动态规划算法等。

启发式算法是一类利用经验规则进行问题求解的算法，常用于解决复杂、动态的调度问题。启发式算法通过快速生成可行解，并逐步改进解的质量，在短时间内找到接近最优的方案，适合时间紧迫的应急场景。常用的启发式算法包括最近邻算法，该算法通过优先选择与当前点最近的下一个目标点，逐步生成物资调度路线；贪心算法，每次选择当前情况下最优的决策，不考虑全局最优性，尽管其计算速度较快，但在复杂问题中往往无法找到全局最优解。在灾害发生后的早期阶段，可以使用启发式算法迅速确定物资的运输路线，特别是在对时间要求高于成本的场景中。

元启发式算法通过模拟生物进化、自然界现象或复杂系统的行为，逐步逼近全局最优解，具有良好的鲁棒性，能够解决大规模复杂问题。

常见的元启发式算法包括：

① 遗传算法。遗传算法通过模拟自然界中的生物遗传和进化过程，逐步优化物资调度方案。该算法的核心是将问题编码为“基因序列”，通过选择、交叉、变异等操作，生成新的调度方案，最终找到最优解。遗传算法常用于解决大规模应急调度问题，具有较强的全局搜索能力，但计算时间较长。

② 粒子群优化算法。粒子群算法模拟群体行为，每个粒子代表一个调度方案，粒子在搜索空间中不断调整位置，逐渐趋向最优解。相比遗传算法，粒子群优化收敛速度较快，适合实时性要求较高的调度任务。

③ 模拟退火算法。模拟退火算法通过模拟金属退火过程的物理现象，逐步降低系统的“温度”，减少随机性，最终收敛至全局最优解。模拟退火算法的优点在于能够跳出局部最优解，找到更优的调度方案。

元启发式算法适合灾害救援中调度问题规模较大、复杂度较高、存在多个目标需要优化的情况，特别是在灾害后期物资需求更加明确时，采用这些算法可以有效优化资源分配与调度。

线性规划是一种基于数学模型的优化方法，广泛应用于物资调度问题。其核心思想是在给定约束条件下，优化某一线性目标函数，通常用于解决时间、成本、资源等目标的单目标或多目标优化问题。

线性规划的常见应用包括：

① 最小化运输成本。通过求解目标函数，将运输成本作为优化目标，找出最优的调度路径。

② 最大化需求满足率。将应急物资的供应情况和灾害需求结合，求解如何最大化满足需求，尤其在物资不足的情况下，优先调度高优先级物资。

线性规划的主要优势在于其数学模型的严谨性与解的最优性，但在面对突发事件的不确定性和动态变化时，线性规划模型的灵活性有限。

动态规划是一种通过将复杂问题分解为若干子问题，逐步求解最终问题的算法。动态规划特别适用于具有重叠子问题和最优子结构的应急物资调度问题。例如，在应急物资分批次运输的场景下，动态规划可以通过分解不同批次的运输计划，分别对每个批次的最优调度路径进行求解，最终合并为整体调度方案。动态规划具有计算效率高、适合分阶段决策的特点。

第三节　应急救援队伍

一、应急救援队伍体系

在自然灾害和事故灾难频发的背景下，多种应急救援力量在应急处置中发挥了重要作用，整体应急救援能力不断提升。经过不断发展，我国形成了综合与专业相结合，国家、地方和社会协同发展的应急救援队伍体系，大致上可以分为国家、地方、基层和社会四大类。

1. 国家应急救援队伍

（1）国家综合性消防救援队伍

2018 年的国家机构改革组建应急管理部，由其负责统筹应急救援力量建设，原公安消防部队和武警森林部队退出现役，转制组建国家综合性消防救援队伍，实行准军事化管理。《“十四五”国家应急体系规划》明确，要将消防救援队伍和森林消防队伍整合为一支正规化、专业化、职业化的国家综合性消防救援队伍。经过改制后的几年磨合期，通过整合应急管理部消防救援局和森林消防局的职责，国家消防救援局在 2023 年 1 月 6 日正式挂牌，负责管理国家综合性消防救援队伍。根据《组建国家综合性消防救援队伍框架方案》的规定，国家综合性消防救援队伍按照消防救援工作中央与地方财政事权和支出责任划分意见，由应急管理部和县级以上地方人民政府共同建设，建设经费列入各级政府预算。但地方各级人民政府并不具有对国家综合性消防救援队伍的领导指挥权。改革转制后，消防救援队伍从以防火、灭火为主的单一消防职能转变为“全灾种、大应急”的职能定位。国家综合性消防救援队伍作为应急救援的主力军和国家队，承担着防范化解重大安全风险、应对处置各类灾害事故的重要职责，在应急救援中发挥了巨大作用。

（2）军队、武警、公安应急救援队伍

《军队参加抢险救灾条例》第 2 条规定，军队是抢险救灾的突击力量，执行国家赋予的抢险救灾任务是军队的重要使命；《中华人民共和国人民武装警察法》第 4 条、第 18 条将抢险救灾纳入武警部队的任务范围，具体包括核生化救援、医疗救护、疫情防控、交通设施抢修抢建等；《中华人民共和国人民警察法》第 21 条规定，人民警察应当积极参加抢险救灾和社会公益工作。可见，军队、武警和公安虽然并不直接冠以“应急救援队伍”之名，实际上却是国家十分重要的应急救援力量，而且面向的是“全灾种、大应急”救援任务，在类型上也应属于国家综合性应急救援队伍。只不过，参加应急救援并不是这些队伍最主要的任务，这些队伍参加应急救援的职责范围和具体方式，已经由与其相关的组织性法律、法规和内部规章制度进行了明确，原则上不需要在应急救援类的法律中另作规定。

（3）国家专业性应急救援队伍

国家专业性应急救援队伍承担的是某个领域、某类突发事件的专门应急救援任务，其建设方式包括由国务院主管部门单独建设和依托大型企业单位建设。通过前一种方式建设的队伍管理和指挥调度权限属于国务院主管部门，由国家财政保障，如国家地震灾害紧急救援队；通过后一种方式建设的队伍依托单位进行保障，国家财政对其维运、训练和装备给予支持，其所依托的企事业单位负责日常管理和指挥调度，在遂行国家应急救援任务时由国务院主管部门指挥调度，如国家矿山应急救援队、国家危险化学品应急救援队以及在医疗救援领域依托高等级医院组建的国家应急医学救援队等。

2. 地方应急救援队伍

（1）地方综合性应急救援队伍

按照《突发事件应对法》和《消防法》的规定，县级以上地方政府应当建立本区域的应急救援队伍。在地方应急救援队伍中，最常见的是承担综合性救援任务的地方专职消防队，其设立目的在于弥补本区域内国家综合性消防救援力量的不足，提高地方预防和处置事故灾难的能力。目前，大部分地方专职消防队与本区域内的国家综合性消防救援队伍混编管理，作为后者的辅助力量，配属到消防救援站，由国家综合性消防救援队伍的指挥机关进行指挥，由地方财政进行全额保障。近年来，部分地方政府在专职消防队伍外，另外组建了综合性应急救援队伍，由政府部门统一管理和指挥，作为地方政府直接掌握的应急救援力量使用。

（2）地方专业性应急救援队伍

与国家专业应急救援队伍类似，地方政府的职能部门可以根据实际需要单独建设或者依托企事业单位建设专业应急救援队伍，承担本地区的专业性应急救援任务。例如，按照《安全生产法》第 82 条的规定，从事重点行业的生产经营主体应当建设应急救援队伍。除了国家主管部门依托大型骨干企业建设的国家专业性应急救援队伍之外，地方政府部门也会依托一些规模较大的企业建设本区域的专业性应急救援队伍。这些队伍由企业负责组织和日常管理，地方财政给予一定的装备支持和专项补助，在遂行应急救援任务时由地方主管部门指挥调度。

3. 基层应急救援队伍

按照《国务院办公厅关于加强基层应急队伍建设的意见》，基层应急救援队伍一般由基层综合性应急救援队伍和基层专业应急救援队伍组成，主要承担区域内突发事件的信息报告和先期处置等任务。实践中，基层应急救援队伍大多采取多方合作共建的方式，由基层政府工作人员、社会组织成员、基层群众等共同组成。基层应急救援队伍一般在当地政府或应急现场指挥部的统一领导下，按基层应急管理机构安排开展应急处置工作。基层应急救援队伍由建设主体单独或者共同保障，地方财政对其运维、训练和装备等给予一定支持。

4. 社会应急救援队伍

社会应急救援队伍主要包括社会团体应急救援队伍、企业应急救援队伍、志愿者应急救援队伍和第三方营利性应急救援队伍等。社会团体应急救援队伍主要指红十字会下属的各救援队伍，其建设资金来源主要是社会捐赠，大部分成员是志愿者，由各级红十字会进行管理调度，接受县级以上政府应急管理部门和相关行业主管部门的指导和监督；企业自建应急救援队伍由企业按照相关规定和章程建立，主要负责本单位的日常风险排查和应急处置；志愿者应急救援队伍是由目前我国各地存在的大量从事应急救援的志愿者组织的，如蓝天救援队，这些志愿者大多是无偿、自愿、兼职的，其中部分志愿者拥有专业特长，在紧急救援阶段可以开展水下搜救、伤病员转移等第三方工作；第三方营利性救援队伍是指注册为提供专业化、市场化应急救援服务的企业，这类企业本身不从事其他经营活动，专门为政府、企业提供应急救援服务并收取一定费用。

二、应急救援指挥体系

应急救援指挥体系是指对指挥体系构成、机构主要职责、指挥关系区分等方面所确定的特殊组织制度。明确应急救援指挥体系，对于提高应急救援指挥的效能具有十分重要的作用。

1. 应急救援指挥体系构成

（1）国家应急救援指挥总部

国家应急救援指挥总部是国家最高指挥机构，是对参与处置的军地救援力量进行统一组织和领导的指挥机构。其基本职能为：在党中央和国务院的统一领导下负责管理国家重大突发事件，启动国家应急预案、下达各种指标，明确指挥和协调关系，评估事态发展，组织对外宣传，协调涉外工作，总结经验教训，研究制定和完善应急预案，以及领导平时应急指挥建设工作。该指挥部由党中央、国务院、军队主要领导、有关职能部门领导和专家组成。

（2）省级应急救援联合指挥部

省级应急救援联合指挥部按照属地管理的原则，由各省、自治区、直辖市党、政及当地驻军、有关职能部门和专家组成。其基本职能是制定和完善本地区应急预案，组织领导应急救援指挥建设，重大突发事件预测、预防，启动应急预案，组织领导本区域救援力量并协调相关救援力量和物资，完成应急救援任务。军队参加省级应急救援联合指挥部依托当地驻军建立，负责发生在本区域范围内的各种突发事件的应急救援工作。

（3）市（地）级应急救援联合指挥部

按照属地管理的原则，由各市（地）党、政和驻军主要领导、有关职能部门和专家组成。其基本职能是制定和完善本区域应急救援预案，组织领导应急救援指挥建设，重大突发事件预测、预防，启动应急预案，领导本市（地）救援力量并协调相关救援力量和物资，完成应急救援任务。市（地）级应急救援联合指挥部由现场应急救援指挥部和市（地）级应急救援指挥部组成。现场应急救援指挥部由参加救援行动的各行业专业救援人员、区域内驻军指挥员和相关专家组成，具体负责一线的应急救援处置行动。

2. 应急救援指挥关系区分

应急救援指挥关系，是指参加灾害救援行动的军地各级指挥机构上下级和友邻之间所形成的各种关系的总和。在确定指挥关系时，应当从灾害救援的实际需要出发，遵循简洁、合理、顺畅的原则，特别是应对国家重大灾害跨区遂行应急救援任务时，指挥关系相对较复杂，既要接受上级和本级的指挥，还要接受灾区临时指挥，有时还要实施越级指挥，因此必须理顺各种指挥关系。

（1）隶属关系

隶属关系即军队和地方对各自所属力量构成的指挥关系。这种指挥关系形成于平时，是军地内部固有的上下级关系。在遂行应急救援行动时，地方行动力量由地方指挥机构直接指挥，军队行动力量由军队直接指挥，两者没有相互直接指挥的权力。

（2）配属关系

配属关系即为了满足完成任务的需要，将一部分力量加强给另一部分力量所构成的指挥关系。这种指挥关系是临时性的，不具有隶属性。这种指挥关系可能形成于完成任务的某个阶段，当这一阶段完成后自动解除配属关系。如在抢险救灾中需要爆破力量遂行开辟通道、拆除建筑、炸堤泄洪等任务时，可将爆破分队直接加强给救灾任务力量遂行任务。

（3）支援关系

支援关系即在应急救援行动中以一方的组织指挥为主，其余力量给予协助配合时构成的指挥关系。这种指挥关系随机性很强，既可能发生在军地之间，也可能发生在军队内部。如在抗洪抢险时，工程部队对一线救灾部队的支援配合。

（4）协调关系

协调关系即没有隶属关系的应对力量，为达成共同的救援任务而形成的相互协作的关系。一般情况下，相互协作的力量在共同的应急救援领导机构的统一组织下，互相协同动作，共同完成应急救援任务。

以上 4 种关系并不是固定方式，实际运用过程中可根据救援实际需要适当调整。

3. 应急救援指挥基本方式

在应急救援指挥中，通常有以下几种基本指挥方式。

（1）按级指挥

按级指挥，是依照隶属关系逐级实施的指挥。实施按级指挥，要求指挥员必须正确地行使自己的职权，对下要防止越过直接下级进行指挥，对上不能越过直接上级而请求更高一级指挥员的指挥，以免破坏正常的指挥层次。

（2）越级指挥

越级指挥，是越过直属下级实施的指挥。通常在执行特殊救援任务或情况紧急时采用。越级指挥者应及时将其命令、指示告知被越级的下级；受越级指挥的下级亦需及时向其直接上级报告受领任务的情况。实施越级指挥，可减少当时不必要的指挥层次，提高指挥效率。

（3）委托式指挥

委托式指挥，是指根据应急救援的总体意图，结合具体救援任务，委托下级指挥员所进行的自主的指挥方式。委托式指挥方式就是使下级指挥员有较大的指挥权，充分发挥下级指挥员的能动性，以利于指挥员机断行事。实施委托式指挥，上级指挥员只是向下级指挥员明确任务、完成任务的时限、说明有关事项、提供完成任务所需的有关保障，不规定完成任务的具体方式和步骤，下级指挥员可根据上级意图及实际情况，自主地指挥救援行动。

（4）加强指挥

加强指挥，是上级指挥员或其指派的人员，协助下级指挥员完成救援指挥。这种指挥方式主要是按照救援力量是否增强而划分的一种方式。通常在下属救援力量执行重要任务或独立遂行任务时采用。实施加强指挥可以增强所属救援力量的指挥效能，确保救援任务的圆满完成。但这种指挥也容易影响下级指挥员的主动性、创造性和负责精神。因此，在实施加强指挥时，上级指挥员要特别注意发挥下级指挥员的主动性和创造性，要尽量采取指导和协调的方式。

（5）靠前指挥

靠前指挥，是指挥位置较之通常情况更贴近救援现场实施的指挥。靠前指挥是按照指挥主体相对客体的位置划分的一种方式，其实质是通过指挥位置的前移，对部署的调度与控制。靠前指挥是应急救援行动中经常采用的一种指挥方式。当遇有重大灾害救援时，可视情况在现场建立精干的指挥组，负责对本部救援力量的集中统一指挥。实施靠前指挥，可以直观、充分地了解现场情况，预测事态发展趋势，根据不断发展变化的情况采取相应的措施，及时调整部署，组织救援力量做出相应的反应。

准确运用应急救援指挥方式是实现有效指挥的前提。因此，正确选定应急救援指挥方式，对实现有效指挥具有重要意义。救援指挥方式的选择受多种因素制约，选定指挥方式一般遵循以下几个原则。

① 应急救援指挥必须适应具体救援任务要求。不同的救援力量承担的任务性质和类型各异，指挥方式应根据救援任务的特点进行调整。救援任务的性质决定了其社会、经济等影响程度，因此重大救援任务，如国家突发事件，通常采用集中统一指挥。而一些规模较小但影响重大的任务，如局部森林火灾，也需集中指挥。同样，救援任务的类型也决定了指挥方式的选择，针对不同类别和复杂性的救援任务，指挥严密性的要求各有不同。

② 应急救援指挥必须与环境和条件相符。救援指挥的有效性受到地理、社会、物质等条件的制约，盲目选择指挥方式可能导致不良结果。首先，指挥控制手段的强弱对指挥方式的选择至关重要，自动化程度高的指挥设备支持集中统一指挥，而手段不足时则需考虑委托指挥。此外，指挥环境也影响指挥方式的选择。在地理条件复杂、时间紧迫或通信条件差的情况下，可能需要采用分散指挥，而在环境简单、情况清晰的救援现场，则集中统一指挥更为适宜。

③ 应急救援指挥必须提高指挥效能。指挥方式需确保上级指令的贯彻执行，尤其是在救援重点明确时，即便面临困难也需采取集中指挥方式以确保任务完成。同时，指挥方式应根据救援现场的实际情况灵活调整，及时适应任务发展变化。当现有指挥方式不再符合实际需求时，指挥者应迅速调整，以确保救援行动的顺利推进和指挥效能的最大化。

第四节　应急救援资金

在突发事件发生时，确保充足的资金供给和合理的资源分配对于有效的救援行动至关重要。应急资金管理的目标在于高效利用有限的资源，迅速应对灾害的紧急需求，确保公共安全、社会稳定和灾后恢复工作的顺利开展。

应急资金资源管理是指在突发事件发生前后，通过有效地组织和规划，确保应急资金的储备、调度、分配和使用，以应对各种突发公共事件，并保障救援行动、灾后恢复和重建工作的顺利实施。这一过程涉及资金的筹集、调配、使用以及后续的监督和评估等多方面的内容。

突发事件往往对社会经济秩序带来破坏，通过有效的资金管理，可以减少事件对经济的冲击，促进灾后恢复。充足的应急资金资源能够确保在突发事件发生后，救援力量、设备和物资能够迅速到位，从而降低灾害损失。应急资金资源的有效管理有助于提高政府和社会在应对突发事件时的应急管理能力，增强社会的抗风险能力。

一、应急资金的主要来源

应急资金的来源是决定应急资金供给稳定性和可持续性的关键因素，直接影响应对突发事件的效率与效果。不同国家和地区依据其经济状况、政治体制和管理模式，制定了各自的应急资金来源结构。一般而言，应急资金的主要来源包括以下几种。

1. 政府财政拨款

政府财政拨款是应急资金的最主要来源，尤其在应对大型灾害事件时，各级政府的财政支持至关重要。多数国家和地区在年度财政预算中都会设立应急专项资金，专门用于应急管理、灾害救援和灾后恢复。政府财政拨款的来源通常包括中央财政、地方财政以及应急事件后特别批准的临时预算扩充等。

中央政府承担了应急救援资金的主体责任，应急救援资金不仅用于应急物资的调配和紧急救援的启动，还用于灾后恢复和重建。例如，在中国的汶川地震和青海玉树地震等特大灾害发生后，中央政府通过财政拨款启动了大规模的救援和灾后重建资金支持计划。这些拨款通常通过专项拨付程序迅速下达到地方政府和相关救援部门，以确保救援行动的高效开展。

地方政府财政是应急资金的重要组成部分，尤其在初期应对突发事件中，地方政府是最先动用财政储备和应急资金的主体。地方应急资金的管理通常由地方财政部门具体负责，通过政府预算安排应急准备金和专项储备基金，以应对区域性灾害或突发事件。在中国，地方财政应急拨款通常依据地方突发事件预案中设定的响应级别，由地方应急管理部门和财政部门联合启动。

2. 社会捐助

社会捐助是应急资金的重要补充，尤其是在大型突发事件中，社会各界的捐款可以极大地支持救援行动的开展。捐款的来源包括企业、非营利组织、个人以及国内外社会团体。社会捐助不仅能迅速筹集大量的资金，还能提高社会各界对突发事件的关注度，增强全民的应急意识。

企业作为社会经济的重要组成部分，在应急救援中常常承担着社会责任，通过捐款、物资提供和人员支持等方式，积极参与到救援和灾后重建中。例如，在COVID-19疫情期间，许多大型企业通过捐款和提供医疗物资的方式支持抗疫工作。同时，企业的捐赠行为也能够提升其社会形象，增强品牌价值。

个人和慈善组织的捐助行为在突发事件中的作用不容忽视。许多国家设有专门的灾害应急捐款平台，如美国红十字会、中国的中华慈善总会等，这些平台能够快速发动社会力量进行筹款。在灾害发生后，社会捐助可以弥补政府财政拨款的不足，特别是在短期内快速集聚大量资金用于救援物资的采购和灾民救助。

3. 国际援助

国际援助在一些特大灾害事件中起到了关键作用，尤其是对于经济条件相对薄弱的国家和地区，国际社会的支持不仅包括资金援助，还涉及技术支持、物资援助和专业救援力量的提供。国际援助的来源通常包括各国政府、国际组织（如联合国、世界银行等）、国际非政府组织（如红十字会与红新月会）等。

在重大灾害事件中，受灾国通常会向国际社会寻求紧急援助。国际援助主要通过政府间的双边或多边合作进行，资金通过直接转移、物资捐赠或服务提供的方式进入受灾国。联合国、国际红十字会等国际组织和非政府组织在全球灾害救援中发挥了至关重要的作用。例如，联合国人道主义事务协调办公室（OCHA）在全球范围内协调救援行动，并提供资金和物资支持。国际援助的资金不仅用于灾后重建，也可以用于灾害风险管理和减灾项目。

4. 应急保险

应急保险是一种基于市场机制的风险管理工具，通过保险机制转移灾害损失风险，帮助灾区尽快恢复生产和生活。应急保险不仅包括政府和企业的灾害保险，还涉及个人投保的灾害补偿保险。应急保险的优势在于，能够在灾害发生后迅速提供资金支持，减少公共财政的直接负担。

政府通过与保险公司合作，为重大灾害事件设立应急保险基金。在灾害发生后，保险公司根据保险合同的规定进行赔偿。例如，美国联邦紧急事务管理署（FEMA）通过国家洪水保险计划（NFIP）为洪灾地区提供灾害赔偿，在洪水发生后迅速启动赔付流程，帮助灾区居民和企业进行灾后重建。

企业和个人可以购买商业保险，以减轻突发事件带来的经济损失。例如，企业可以购买火灾、地震、洪水等灾害保险，个人可以购买人身安全和财产保险。在灾害发生后，保险赔付可以为企业和个人提供经济支持，减轻政府在应急资金上的压力。

5. 专项基金

一些国家和地区可能设立专门的应急储备基金，以应对突发事件。此类基金通常通过财政预算的拨款、税收专项以及社会捐助等渠道积累，以备应急时使用。

二、应急资金的管理流程

应急资金管理流程的每个环节都至关重要，直接关系到应急资金能否在紧急情况下高效、合理地使用，保障救援行动的顺利开展。为了确保应急资金的高效运作，管理流程通常包括筹集与储备、资金调度、资金使用和监督与审计 4 个阶段。在每个阶段，均需要结合实际的灾害应对需求，采取科学的规划和合理的操作方式。

1. 筹集与储备

应急资金的筹集和储备是资金管理流程的基础环节。资金筹集主要通过政府财政拨款、专项基金设立、社会捐赠和国际援助等方式进行。各国政府一般会在年度预算中安排一定比例的资金，用于应急管理和突发事件的应对。这部分资金被称为“应急准备金”，旨在确保在发生突发事件时，政府能有充足的资金应对危机。应急资金的储备则是为未来可能发生的灾害做好准备。通过科学规划，政府和应急管理机构必须确保在不同应急情况下都能调动足够的资金储备。合理的资金储备不仅能够应对当前的突发事件，也为长期的灾后恢复奠定了资金基础。

2. 资金调度

在突发事件发生后，相关部门（如应急管理部门、财政部门）将根据灾情的严重性迅速启动资金调拨程序。对于地方性灾害，地方财政可直接调动储备资金；而对于国家级重大灾害事件，中央财政储备资金将迅速拨付至灾区。调拨机制通常依据事先的应急预案制定，确保灾害发生后的资金响应能够迅速到位。应急资金的调度需要多个部门协作，如财政、民政、交通等部门共同协调资金的划拨和使用。尤其是当灾害涉及多个领域时，需要有效地跨部门合作，确保物资供应、人员救援等行动能够得到充足的资金支持。

资金调度的效率直接影响应急响应的速度与质量。因此，现代应急管理体系中引入了信息化管理平台，通过实时数据分析和财政管理系统，确保应急资金能够以最快速度到达最需要的地方。

3. 资金使用

应急资金的使用是资金管理流程中的执行环节，直接关系到救援行动的效果。资金使用应遵循“事前计划、事中监督、事后评估”的原则，以确保每一笔资金都能有效服务于救援行动和灾后重建。

在灾害发生后，救援行动的首要任务是保障灾区的物资供应。应急资金可用于采购食品、饮用水、医疗物资、救援设备以及临时安置所需的帐篷、被褥等基础物资。物资采购的重点在于确保应急物资在第一时间运抵灾区，满足受灾群众的基本生存需求。

应急资金还用于支付与救援行动相关的服务费用，包括救援人员的工资补贴、租赁交通工具的费用、灾民安置点的建设和维护费用等。这部分资金的使用旨在确保救援行动的持续进行，并为灾民提供安全的庇护。

灾后恢复是应急资金使用的重要环节之一，特别是在大型灾害中，灾后重建工作的时间和资金需求往往较长、较大。资金主要用于重建基础设施（如道路、电力、通信设施等）、恢复社会经济秩序、重建公共服务设施（如学校、医院等）以及帮助灾民恢复正常生活。

应急资金的使用应根据突发事件的实际需求进行科学合理的分配，避免资金浪费或分配不均。同时，必须确保资金使用的透明性，以赢得公众和捐助方的信任。

4. 监督与审计

在应急资金使用过程中，政府和相关管理机构内部的财政部门会进行实时监督，确保资金按照预算计划使用。内部监督主要通过财务报告和资金使用进度的跟踪来实施。

外部审计由独立的审计机构或审计署等专门的政府审计部门负责。外部审计的重点是对资金的使用效果进行评估，确保资金用于实际救援和灾后恢复的项目上，并且没有被滥用或挪用。审计报告通常会在灾害事件结束后公布，以确保公众对资金使用的监督。

在重大灾害中，社会各界对应急资金使用的透明度和效率十分关注。通过引入公众监督机制，如公开资金使用报告、建立监督平台等，确保资金的使用公开透明。此外，社会捐助资金的使用必须通过公众审查，确保捐款用于最需要的地方。

通过事后审计和资金评估，可以总结经验教训，优化未来应急资金管理的流程和机制，进一步提升应急资金的使用效率。

三、应急资金的分配使用

应急资金的分配使用直接影响应急救援行动的效果。因此，必须科学合理地分配资金，并确保资金的高效使用。资金分配使用的原则包括以下几个方面。

1. 按事件等级分配使用

应急资金的分配使用应首先根据突发事件的等级进行科学调拨。不同规模的突发事件所需的应急资源和资金差异很大，因此根据事件等级实施差异化资金分配是确保资金高效使用的前提。例如，对于特大自然灾害或国家级突发事件，中央政府必须迅速启动应急响应，优先调拨国家储备资金，迅速协调资金与资源，确保救援行动的有序开展。地方政府在此过程中可以发挥辅助作用，负责协调本地区的资源调拨。

对于较小规模或地区性的突发事件，地方政府则可以根据本级财政储备应对突发情况，避免因事件规模较小而导致的资源浪费。在地方应急资金不足或事件升级时，地方政府可向中央政府申请专项资金援助，确保救援行动的持续性。根据《突发事件应对法》等相关法律法规，事件分级资金分配机制不仅提高了资金调拨的效率，也确保了各级政府的资金使用责任明确。

2. 按优先级分配使用

应急资金的使用应遵循“先急后缓”的原则，根据救援行动中的实际需求进行优先级分配。在突发事件中，生命救援和基本生存保障是应急资金分配的首要任务。因此，优先保障搜救人员的行动，确保被困人员能够尽快脱险，同时医疗救护、食品供应、饮用水、临时避难所等也是资金优先分配的关键环节。这些基础保障项目的资金投入将直接影响受灾人群的安全与健康，是应急资金使用的重点。

在救援行动逐步稳定后，资金分配的重点应向灾后恢复和重建工作转移。此时，基础设施的修复、重要公共服务设施（如医院、学校）的恢复，以及生产设施的修复与重建应成为资金分配的重点。资金应优先用于重建关键公共基础设施，确保灾区的生活和经济活动能够尽快恢复到正常状态。

此外，在突发事件发生后，政府应根据灾害类型制订详细的资金使用计划。例如，在地震灾害中房屋和基础设施的重建可能需要占据更大的资金比例，而在公共卫生突发事件中医疗设施、疫苗采购等方面的资金需求则更加紧迫。

3. 按区域需求分配使用

突发事件的影响往往具有区域性特征，不同地区的灾害损失、资源缺口存在显著差异，因此应急资金的分配应根据受灾区域的具体需求进行科学调整。对受灾严重的区域，政府应根据实际需求，适时向灾区调拨更多的资金支持。这种差异化的资金分配能够确保重灾区及时获得物资、设备、人力等必要的救援资源，帮助灾区更好地应对灾情，减少损失。例如，在洪水灾害中，低洼地带和基础设施薄弱地区往往损失最为严重，需要投入大量资金用于堤坝修复、道路抢修和人员安置。在这类场景中，资金分配应着重向灾情最严重的地区倾斜。同时，对于一些基础设施较为完备的地区，资金分配则可以相对减少，以提高资金的整体使用效率。

4. 使用的透明性和效率

应急资金的使用必须遵循“透明、高效”的原则，确保每一笔资金的流向明确，支出合理。首先，政府和相关应急管理机构应严格建立资金使用的透明化机制，设立专门的账目记录系统，对每项支出进行详细记录。通过现代信息技术手段，资金使用的实时公开成为可能，公众和审计部门能够随时监控资金的使用情况。此外，资金使用应严格按照预定的应急预案进行，避免随意调拨和滥用资金的现象。通过信息化管理和精细化资金运作，可以大幅提升资金的使用效率，避免重复投入和浪费。同时，建立完善的绩效评估体系，确保每一项资金支出都能产生最大效益，为后续资金分配和使用提供参考。

第六章　应急预案编制与演练技术

第一节　应急预案概述

1. 应急预案概念

突发事件应急预案，也称“预案”或“应急计划”或“突发事件应对方案”，是为了应对可能发生的突发事件，各级政府及其部门、基层组织、企事业单位和社会团体等提前制订的计划，目的是确保应急救援行动高效、有序地开展，最大程度地减少突发事件及其造成的损害。

应急预案是在对危险源进行辨识的基础上，提前制订的应对突发事件的行动计划。基于对事件的风险辨识、评估、应急资源调查和应急能力评估而制定，旨在降低因危险物质、设施、场所、气候或环境等因素引发的突发事件或灾害对人身、财产和环境造成的损失。

应急预案包括对事态发展控制、突发事件影响消除及次生或衍生灾害防治等方面的科学而有效的计划和安排，明确了突发事件在事前、事发、事中和事后的职责分工、行动步骤、资源配置及执行时间。应急预案是一种程序化的操作流程，包括风险防控、应急响应、应急保障、应急处置、抢险救灾和善后处置等阶段。预案还需要明确相关机构和人员的职责，充分配备救援力量和物资，确保快速反应和有效控制局势。在安全评价分析的前提下，为可能发生的突发事件制订科学、精细的计划与安排，涵盖参与救援的机构和人员、应急资源与设备、行动步骤与方案实施等方面。

2. 应急预案发展历程

在新中国成立后，我国经历了多种重大突发事件的考验，政府高度重视防灾减灾、安全生产、公共卫生等领域的工作，成立专门工作机构，编制相应的规章制度、工作方案与规划，这成为应急预案的萌芽形式。应急预案起初主要应用于安全生产领域，形成了《工厂安全卫生规程》《工人职员伤亡事故报告规程》等“应急预案”雏形。到了 20 世纪 80 年代后期，我国开始探索制定应急预案的可行性，有关部门开始制定出台部门性应急预案，但在当时的制度框架下，仍然没有形成较为系统的应急预案体系。

自 2003 年以来，按照党中央和国务院的部署，国家开始建立应急预案体系，并将其推广至自然灾害、公共卫生、社会安全等领域，同时将《突发事件应对法》上升为国家制度。进而，我国初步形成了涵盖自然灾害、事故灾难、公共卫生事件和社会安全事件等多领域的应急预案体系。自此之后，我国的应急管理工作进入了系统化、规范化的新阶段。在这一时期，国家不断完善应急预案体系，细化了各类突发事件的应急响应流程，并加强了应急预案的演练和实战应用。

随着应急管理部的成立，我国应急管理事业迈上了一个新的台阶，成为走向现代化、科学化和精细化管理的重要里程碑，也是应急管理工作的重要体制和机制创新。我国应急管理工作以属地为主，各级应急组织在应对突发事件的实践过程中，编制了大量的应急预案，各省的应急预案体系基本形成。新的预案体系按照自上而下的行政关系逐级编制，具有完整的层级结构和内在逻辑。国家还在不断推动应急预案的动态调整和持续改进，特别是在应对新型突发事件时，通过总结经验教训，不断优化应急预案的内容和执行方式。

随着全球化的发展和科技的进步，我国的应急预案体系正在向国际化与智能化方向发展。未来，随着大数据、人工智能、物联网等新技术的应用，应急预案的编制和实施将更加智能化、精准化，从而提高应急管理的整体水平。

一、应急预案的目标和意义

应急预案的核心目标是保障公众安全，防范和减轻突发事件带来的损失，确保社会的稳定与安宁。通过制定科学合理的应急预案，政府能够提高应对突发公共事件和保障公共安全的能力，最大限度地预防和减少突发事件造成的损害，保障公众的生命与财产安全，维护国家安全与社会稳定，促进经济社会的全面、协调、可持续发展。

应急预案的编制具有以下重要意义。

1. 预防和减少灾害损失

应急预案通过制定有效的预防措施和提前规划的应对策略，降低突发事件发生的概率，并减少其造成的损害和影响范围。这一过程有助于最大限度地保护公众免受灾害威胁，降低灾害对社会的影响。

2. 快速响应和有效处置

预案明确了应急组织的架构、人员职责和协调机制，确保灾害发生后能够迅速做出反应。通过及时采取应对措施、展开救援和救助行动，预案能够最大程度地减少灾害损失，保护公众利益。

3. 保障公众安全

应急预案以保障公众的生命和财产安全为首要任务。通过科学合理的安排和应急措施，预案为公众在面对灾害时提供了切实的保护和支持，确保他们的安全与利益得到最大程度的保障。

4. 优化救援资源调配

预案中明确了救援资源的配置和调度机制，确保在灾害发生时，救援力量、物资等资源能够快速到达现场，提供高效的救援和支持，增强灾害应对的整体能力。

5. 维护社会稳定

应急预案的有效执行能够有序地控制灾害局势，防止恐慌的扩散，维护社会秩序和稳定。通过提供及时的应对和支持，预案为社会带来安全感和信心，确保社会的正常运行。

6. 促进社会经济的可持续发展

应急预案注重预防措施的落实和长期防范机制的建设，从而为社会经济的可持续发展提供坚实的保障。通过减少灾害对经济社会的冲击，预案助力社会的稳定与持续繁荣。

二、应急预案的原则和要求

1. 以人为本，健全机制

应急工作始终将人民群众的生命安全和健康置于核心位置，力求减少人员伤亡和危害。为实现这一目标，必须持续提升应急救援设备的性能和人员的安全保障水平，同时提高指挥的科学性和有效性。此外，要广泛动员人民群众参与应急工作，建立健全动员机制，推动全社会的共同参与，使应急工作深入人心，形成人人关心、人人参与的良好局面。

2. 依靠科学，依法规范

在编制和修订应急预案时，应充分利用社会各界专家的智慧，进行科学、民主的决策。要引入先进的预测、预警、预防和应急处置技术，以提升应对突发事件的科技水平，确保应急预案的科学性和前瞻性。同时，预案的制定必须严格遵循现行法律、法规和规章，结合相关政策和行政管理改革，确保预案的规范性、可操作性以及与时俱进的特点，使其在实际操作中行之有效。

3. 统一领导，分级管理

在国务院的统一领导下，各相关部门和单位应根据自身职责制定和修订应急预案，确保管理的分层和响应的分级。通过落实分级管理和分级响应原则，明确不同层级的应急响应程序，确保各级责任人的权责清晰、任务明确，从而在突发事件中能够快速响应，有序应对。

4. 协调配合，快速反应

在编制应急预案时，应统筹各方力量，确保牵头单位与其他相关部门的密切配合，形成高效的协作机制。通过有效的协调与沟通，确保在突发事件发生时能够迅速做出反应，迅速部署应急力量，实现快速、协调、高效的应急处置。同时，充分发挥人民解放军和武警部队在突发事件中的重要作用，全面整合各类资源，提升应急处置的整体效能。

5. 平战结合，整合资源

应急预案的设计应坚持平战结合、条块结合的原则，做到资源整合与优化配置。在不增加行政成本的前提下，充分利用现有资源，避免重复建设，实现资源的最大化利用。通过集中力量办大事的优势，确保应急工作高效开展，形成战时与平时兼顾的全面应急保障体系。

6. 借鉴经验，结合实际

在编制应急预案时，应积极学习和借鉴国内外的成功经验，并结合我国的实际情况进行调整和创新。通过不断完善应急能力和机制，提升社会管理水平，使预案更具适应性和有效性。在党委和政府的领导下，充分发挥基层组织的作用，建立和完善社会治安综合治理体系，为全面提升社会应急管理能力提供坚实的基础和保障。

三、应急预案的特点

应急预案具有以下几个主要特点，使其成为应对突发事件的重要工具。

1. 全面性

应急预案涵盖了突发事件管理的全过程，包括事前的预测预警、事发时的识别与控制、事中的应急处置以及事后的恢复重建。通过全面的规划和部署，应急预案能够有效应对突发事件的各个环节，确保从初始反应到后续恢复的每个阶段都得到妥善处理，同时维护社会稳定。

2. 系统性

应急预案在内容、体系和管理上都体现出高度的系统性。其内容涵盖了从风险预测到应急结束的每一个细节，包括应急管理制度、应急准备、风险管控、信息传递、指挥决策、应急保障等各个方面。各级预案之间相互衔接，形成一个完整的预案体系，确保各项应急措施的协调一致。在管理上，预案的编制、执行和管理都是全环节、全链条、全过程的，确保了预案的科学性和实用性。此外，预案通过明确救援资源的配置和调度机制，确保在紧急情况下，救援力量和物资能够迅速集结到位，最大限度地减轻灾害损失。

3. 权威性

应急预案由各级政府及其相关部门依据法律法规制定，具有法律效力。它是应急管理工作的施政措施，也是法律法规在应急领域的具体体现。预案具有很强的现场指导意义，是检查和落实应急工作的主要依据，同时也是实施奖励和责任追究的基本标准。应急预案的权威性确保了其在实际操作中的约束力和指导作用。

4. 实用性

应急预案基于历史经验、理论分析和成功案例，结合科学方法制定，具有很强的实用性和操作性。预案中的防范措施和应对策略既可操作又能在实际中发挥效用，为突发事件的应对提供了切实可行的指导。

5. 时效性

应急预案具有时效性，其有效性在特定时间段和范围内表现突出。随着行政管理体制的变化、风险的消失或转移以及应急工程和重大活动的结束，预案需要及时修订和更新，以确保其持续适应突发事件的应对需求。为此，应建立长效的预案更新机制，确保预案始终与现实需要相符，保持应急响应的有效性。

四、应急预案的分类

根据不同的标准，应急预案可以进行多种分类，主要包括以下几种类型。

1. 按应急响应程序分类

（1）总体应急预案

总体应急预案围绕突发事件事前、事中、事后全过程，主要明确应对工作的总体要求、事件分类分级、预案体系构成、组织指挥体系与职责，以及风险防控、监测预警、处置救援、应急保障、恢复重建、预案管理等内容。涵盖多种突发事件的应急预案，适用于多种类型事件的应对，如《江苏省突发事件总体应急预案》。

（2）专项应急预案

政府为应对某一类型或某几种类型突发事件，或者针对重要目标保护、重大活动保障、应急保障等重要专项工作而预先制定的涉及多个部门职责的方案。例如，针对核事故的核应急预案、针对地震的地震应急预案。专项预案通常由相关专业部门制定，指导应急响应工作。

（3）部门应急预案

政府有关部门根据总体应急预案、专项应急预案和部门职责，为应对本部门（行业、领域）突发事件，或者针对重要目标保护、重大活动保障、应急保障等涉及部门工作而预先制定的方案。

2. 按预案层级分类

（1）国家级应急预案

由国家政府制定，用于应对全国范围内或跨省份的大型突发事件。这类预案通常涉及国家安全、公共安全和重大的自然灾害等，如《国家突发公共事件总体应急预案》。

（2）省级应急预案

由省级政府制定，用于应对在省内发生的重大突发事件，具有区域性特点。这类预案主要针对省内的自然灾害、事故灾难、公共卫生事件等，如各省的突发公共事件应急预案。

（3）市级和县级应急预案

由市级或县级政府制定，针对本地区内可能发生的突发事件，如洪水、火灾、化学事故等。

（4）部门和单位级应急预案

由各部门和单位根据职责范围制定的应急预案，主要用于应对本部门或单位内部可能发生的突发事件，如电力部门制定的电力事故应急预案、学校制定的校园安全应急预案等。

3. 按突发事件类型分类

（1）自然灾害应急预案

针对地震、台风、洪水、泥石流等自然灾害制定的预案，如地震应急预案、洪涝灾害应急预案。

（2）事故灾难应急预案

包括火灾、交通事故、危险化学品泄漏、矿难等事故灾难的应急预案，如消防应急预案、危险化学品事故应急预案。

（3）公共卫生事件应急预案

应对传染病暴发、食品安全事故、职业病危害等公共卫生事件的预案，如传染病应急预案、食品安全事故应急预案。

（4）社会安全事件应急预案

涉及社会安全的事件如恐怖袭击、群体性事件、重大刑事案件等，如社会安全事件应急预案、恐怖袭击应急预案。

4. 按应急管理阶段分类

（1）预防和准备预案

主要包括风险评估、预警系统、应急物资储备、人员培训等内容，旨在降低突发事件发生的概率和可能带来的危害。

（2）应急响应预案

涉及突发事件发生后应采取的各种应急措施，包括人员疏散、物资调配、信息发布等内容。

（3）恢复和重建预案

侧重于灾后恢复和重建的具体措施，如恢复公共服务、重建基础设施、社会心理疏导等内容，确保灾后社会经济的恢复和发展。

5. 按行业或领域分类

按照行业或领域的分类众多，举例如下。

（1）公共安全领域预案

如针对警察系统、消防系统的应急预案。

（2）交通运输领域预案

如铁路、公路、航空等领域的突发事件应急预案。

（3）能源领域预案

如电力、石油、天然气等能源领域的应急预案。

第二节　应急预案编制

一、应急预案编制的准备

在应急预案的编制过程中，充分的准备工作至关重要。这些准备工作不仅涉及编制人员的组织与分工，还包括对相关资料的收集与整理等。只有在编制人员具备充分的知识储备和对相关资料的全面了解的情况下，才能编制出科学合理、切实可行的应急预案。

1. 预案编制人员准备

（1）确定编制团队与分工

应急预案的编制是一项系统工程，需要一个专业的、多学科的编制团队来共同完成。应急预案编制部门和单位根据需要组成应急预案编制工作小组，吸收有关部门和单位人员、有关专家及有应急处置工作经验的人员参加。通常情况下，编制团队可以由以下几类人员组成。

① 有关部门和单位人员：这些人员通常来自相关政府部门或单位内部，他们熟悉组织的内部管理流程和资源配置情况，能够为预案的实际操作提供有效的建议。编制工作小组组长由应急预案编制部门或单位有关负责人担任。

② 应急管理专家：这些专家通常拥有丰富的应急管理经验，熟悉各种突发事件的应对流程和措施。他们的主要任务是为预案编制提供指导，确保预案的科学性和可操作性。

③ 经验丰富的技术专家：根据预案涉及的具体领域（如消防、地质、医疗等），邀请相关领域经验丰富的技术专家加入团队。这些专家负责提供专业技术意见，确保预案在技术上可行。

④ 法律顾问：确保预案的编制符合国家相关法律法规，避免在实施过程中出现法律纠纷。

在组建编制团队后，必须明确团队内的分工和职责。不同领域的专家和人员应各司其职，紧密协作。同时，团队内部要建立定期沟通和汇报机制，以确保编制工作的顺利推进。

（2）编制人员的知识储备

在应急预案编制准备过程中，编制人员的知识储备至关重要，涵盖理论知识、实践经验等多方面知识。编制人员需要理解应急管理的基本理论，包括风险管理、监测预警和应急救援与处置等，同时掌握相关的法律法规、政策标准和突发事件应对策略。这些知识为预案的科学性和规范性提供了理论基础，确保编制的预案能够符合实际需求并具备可操作性。

除了理论储备，编制人员还应具备一定的实践经验，通过案例研究和分析历史突发事件，获取相应的应对经验。此外，应急演练和模拟训练是不可或缺的环节，能够帮助编制团队实际体验应急响应的过程，发现并改进潜在问题。跨部门和跨领域的协作经验也非常重要，能为预案编制提供现实的指导，确保各方在应急响应中的紧密配合和有效协调。

随着科技的进步，编制人员需要不断更新知识储备，掌握先进的应急技术和工具，如地理信息系统（GIS）、灾害评估模拟工具和大数据分析等。这些技术可以大大提升应急预案的科学性和效率，确保应急响应的前瞻性和适应性。持续学习和知识更新是编制团队保持预案高水平和实效性的关键，只有这样才能在不断变化的应急环境中做出及时有效的反应。

（3）编制人员的培训

在预案编制正式启动前，编制团队成员应进行必要的知识和技能培训，以确保他们对预案编制的流程、方法和要求有充分的了解。这些培训包括以下几个方面。

① 法律法规与标准的掌握：预案编写人员需熟悉并掌握与应急预案编制相关的法律法规、规章和标准，特别要注意关键点的描述，确保所编制的预案严格符合法律法规和政策的要求。

② 预案编制理论与方法：学习应急预案的基本理论，包括预案的主要内容，了解编写

预案的指导文件和模板，并掌握科学的编写方法和工作程序，以确保预案的系统性和可操作性。

③ 安全应急形势分析与案例学习：通过分析全国及当地的安全应急形势，深入了解具有典型性的突发事件响应案例，汲取重要的经验教训，充分认识到预案编制的重要性，提升团队成员对各种突发事件的应对能力和编制预案的实际操作水平，从而编制出更加实用、有效的应急预案。

2. 预案编制资料准备

资料准备是编制应急预案的重要基础，涉及的内容广泛，主要包括以下几类资料。

（1）法律

在应急预案编制过程中，法律资料的准备是基础性的工作。编制人员需要深入研究与应急管理相关的法律文件，包括宪法、基本法和单行法等，这些法律为应急管理工作的开展提供了最高法律依据。例如，《中华人民共和国突发事件应对法》规定了突发事件应对的基本原则、工作机制和法律责任，成为编制预案的重要参考。同时，编制人员还需关注与特定领域相关的法律，如《中华人民共和国防震减灾法》《中华人民共和国消防法》等，为应急预案中涉及的专业领域提供法律支持。充分理解和运用这些法律条文，有助于确保应急预案的合法性和合规性，避免在实际操作中出现法律风险。

（2）法规

在法规的准备上，编制人员应收集与应急管理相关的行政法规，这些法规通常由国务院颁布，具有较强的指导性和操作性。例如，《突发公共卫生事件应急条例》和《自然灾害救助条例》等，详细规定了应急管理中的具体措施和执行标准。这些法规为预案的细化和具体操作提供了依据，使预案在应急管理实践中具有可操作性。通过对相关法规的系统整理和深入理解，编制团队能够更好地明确各部门在应急响应中的职责分工，确保预案的科学性和执行力。此外，法规还帮助编制人员了解国家对应急管理的政策倾向和制度设计，为预案的合理制定提供方向性指引。

（3）规章

规章是由政府各部门和地方政府制定的具体实施细则和程序性文件，如应急管理部门、卫生健康委、气象局等相关部门发布的应急管理规章。规章通常涵盖了具体操作流程、标准操作程序、应急响应的启动条件、信息报送机制等内容。这些规章细化了法律法规的要求，具有很强的操作性，是预案编制不可或缺的部分。编制人员需要深入分析这些规章内容，并将其要求融入预案中，以确保预案在实施时能够符合实际操作流程，避免疏漏和混乱。

（4）标准

标准的准备工作则集中于收集与应急管理相关的国家标准、行业标准和地方标准。这些标准为应急预案的编制提供了技术性指导和规范性要求，如《生产经营单位生产安全事故应急预案编制导则》《电动汽车灾害事故应急救援指南》等，这些标准对应急物资的储备、应急设备的配置、信息报告的格式和内容等作了具体规定。标准的作用在于确保预案内容的科学性和统一性，避免在实际操作中因标准不统一而导致的混乱或误判。编制人员需要严格对照这些标准，对预案中的各个环节进行规范化处理，以确保预案的质量和执行效果。同时，标准的制定通常基于行业最佳实践和科学研究成果，编制人员通过学习和应用这些标准，能够大大提高预案的科学性和可操作性。

（5）相关预案

编制人员收集并研究已有的应急预案，如国家级应急预案、部门预案、地方预案等，这些预案为新预案的编制提供了宝贵的参考和借鉴。例如，《国家突发公共事件总体应急预案》可以为各级预案的编制提供结构框架和内容指导，而地方政府的预案则提供了贴近实际的应急经验和教训。通过对这些预案的分析和比较，编制人员可以识别出预案编制中的共性问题和最佳实践，从而在新预案中加以优化和改进。同时，相关预案的研究也有助于编制人员理解应急管理中的协同机制和资源共享模式，为跨部门、跨区域的应急响应做好准备。

（6）其他相关资料

历史事件资料包括以往发生的类似突发事件的记录、应急响应的总结报告、应急措施的效果评估等；组织内部资料包括组织的结构图、职责分工、应急资源储备情况（如物资、设备、人力等）、通信联络方式等；外部环境资料包括区域内的地理环境、气象条件、人口分布、交通设施、公共服务设施等信息。

二、应急预案编制的内容

根据国家总体应急预案的框架，完整的应急预案通常包括以下内容。

1. 总则

① 编制目的：明确预案的编制目的，说明预案的必要性和适用范围。

② 编制依据：列出预案编制所依据的法律法规、标准规范和上级文件。

③ 分类分级：明确突发公共事件类型和级别。

④ 适用范围：明确预案适用的突发事件类型和覆盖的区域或单位。

⑤ 工作原则：明确具体，包括统一领导、预防为主、分级负责、协同应对、提高素质等。

2. 应急组织机构与职责

应急预案的核心是建立统一、高效的应急指挥体系。应急指挥机构的设置必须与突发事件的需求相适应，明确各级负责人的职责分工。预案要详细列出参与应急的各部门（单位）及其职责，涵盖从事件发生到善后处置的各个环节。通过明确的职责分配和协调机制，确保应急响应过程中的各方协同合作。

3. 运行机制

（1）预防预警机制

应急预案应设立有效的预防预警机制，以应对假设可能发生的突发事件。首先，信息监测系统必须健全，包括预警信息的监测、收集、分析和发布的程序。其次，预警行动方案应明确，包括预警方法、渠道以及信息交流程序。还需要建立预警支持系统，确保技术平台的有效使用和维护。预警级别应根据事件的严重性划分为四级，并明确发布程序。

（2）应急处置

应急处置是应急预案的核心内容，旨在通过合理调配应急力量和资源，将突发事件的影响控制在最低程度。预案应包括以下内容。

① 信息报告：根据突发事件的严重程度和影响范围，划分为 4 个响应级别，启动相应的应急行动。信息的采集、报告和处理程序必须明确，确保信息传递的准确性和及时性。涉及境外影响的事件应遵循国际通报程序。应急信息发布应遵循统一、及时、准确的原则，确保公众及时获得可靠信息。

② 前期处置：在信息报告的同时根据职责和规定的权限启动相关应急预案，及时、有效地进行处置，控制事态。

③ 应急响应：明确各级应急响应的启动条件、指挥机构的职责和应急处置过程。跨区域、跨部门的突发事件应制定专门措施，避免次生灾害的发生。现场指挥应遵循属地为主的原则，确保各方协同一致，建立决策、请示和信息分析机制。制定具体的应急处置方案，确保各级应急队伍的调派和设备物资的调用程序科学合理。

④ 应急结束：明确应急状态的解除程序，并与现场救援的结束相区分。

（3）恢复与重建

① 善后处置：善后工作包括人员安置、灾后重建、卫生防疫和保险理赔等。社会救助也应纳入预案，明确社会捐助和国际援助的管理与监督机制。突发事件结束后，还应对事件进行后果评估，总结经验教训，为未来改进预案提供依据。

② 调查与评估：制定关于特别重大突发公共事件的起因、性质、影响、责任、经验教训和恢复重建等问题的调查评估方案。

③ 恢复重建：制订灾后恢复和重建计划，恢复正常生产生活秩序。

④ 信息发布：信息发布形式主要包括授权发布、散发新闻稿、组织报道、接受记者采访、举行新闻发布会等。

4. 应急保障

应急保障涉及人力、财力、物资、基本生活保障、医疗卫生保障、交通运输保障、治安维护、人员防护、通信保障、公共设施、科技支撑等多个方面。预案应明确各类应急资源的调配机制和储备情况，确保在突发事件发生时，各种资源能够及时、有效地投入使用。此外，还应制定人员防护和技术装备保障措施，确保救援行动的顺利开展。

（1）应急资源保障

人力资源方面，预案编制需要动员应急管理人员、应急响应队伍及经过培训的志愿者，共同负责预案的制定、实施和现场应急处置。财力资源则涉及设立专项应急资金，用于物资采购、设备维护、人员培训等，并通过保险措施减少突发事件造成的经济损失。信息资源涵盖数据与情报的收集与分析，确保决策支持，通信网络的建立则保证了信息流通和协调指挥的顺畅。

（2）应急装备保障

主要包括应急通信设备、救援装备、应急物资、交通工具和临时设施等。应急通信设备如无线对讲机、卫星电话和应急广播系统，确保了各种情况下的信息传递。救援装备则涵盖消防设备、医疗救援设备及破拆工具等，为现场应急处置提供支持。储备应急食品、饮水、药品和防护装备等物资，以应对灾后救援和保障救援人员安全。交通工具如救护车、消防车和救援直升机确保了应急物资和人员的快速转运。临时设施如帐篷、发电机等则为受灾群众提供了基本的生活保障。

5. 监督管理

（1）预案演练

为确保应急预案的有效性，必须定期进行宣传、培训和演练。明确应急预案演练的范围、内容、组织及工作要求等。

（2）宣传和培训

制订应急常识宣传、常规性和专业性培训计划和要求，对应急救援和管理人员进行培训，提高其专业技能。

（3）责任与奖惩

明确监督主体和罚则，明确奖励对象、方式及责任追究等。

6. 附则

附则部分包括名词术语解释、预案管理与更新、应急预案的解释部门和生效时间等内容。此外，附件部分应包括各种表单、操作手册、应急资源清单、联络表等实用文件，以便在应急响应中直接应用。

三、应急预案编制的流程

随着应急管理体制的重大改革，我国应急预案制度得以全面推进，为应对各类突发事件提供了科学、系统的指导和依据。应急预案的编制是一项复杂而关键的任务，涉及多个环节，需要充分考虑各种因素，以确保应急响应的高效性和精确性。应急预案的编制通常遵循图 6.1 所示流程。

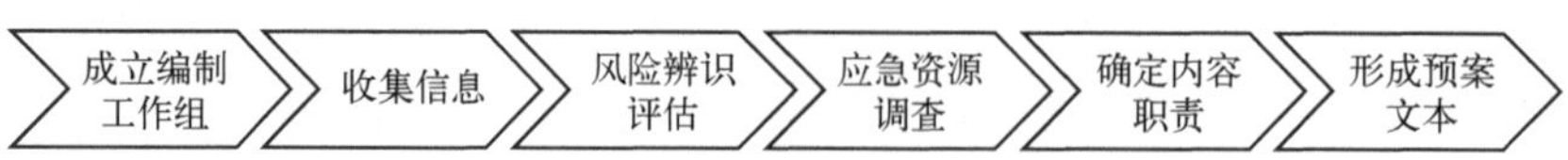

图 6.1 应急预案编制程序

1. 风险辨识评估

（1）风险辨识

在应急预案编制过程中，风险辨识是至关重要的第一步，其目的是系统地识别可能导致突发事件的各种潜在风险，并形成详细的风险清单。具体来说，风险辨识需要涵盖 4 类主要的突发事件：自然灾害（如地震、洪水）、事故灾难（如火灾、化学品泄漏）、公共卫生事件（如传染病暴发）和社会安全事件（如恐怖袭击、群体性事件）。在这一阶段，需要全面收集并分析辖区或单位内的基础数据，包括地理、气象、社会经济状况以及历史上曾发生的各类突发事件记录。这些数据有助于全面识别潜在风险源。通过与相关部门、专家协作，进一步明确每种风险的具体形式，特别是那些可能对重要基础设施、关键资源和脆弱人群产生重大影响的风险。通过系统的风险辨识，形成一份详细的突发事件风险清单，为后续的风险评估和应急预案的科学编制提供可靠依据。

（2）风险评估

在完成风险辨识后，应急预案编制进入了风险评估阶段。此阶段的主要任务是对已经识别出的风险进行深入分析，以确定这些风险的优先级，并指导应急预案的编写和优化。风险评估通常按照以下程序进行。

首先，确定评估的对象和范围。应急预案编制过程中，必须明确需要评估的突发事件类型，并根据其特征和辖区或单位的实际情况，设定评估的目的和要求。接下来，选择合适的风险评估方法，例如分析突发事件的周期模式、发生频率、地理分布范围等，以科学评估每种突发事件的发生概率、影响范围、严重程度、发展速度、可预警性和可管理性等关键因素。在进行风险评估计算时，必须考虑到初始条件和边界条件，以确保计算结果能够准确反映真实风险，并符合应急预案编制的实际需求。如果计算结果未能达到编制要求，可能需要调整评估方法或重新设定条件，直至获得合理的评估结果。对于那些发生频率高、影响范围广的突发事件，应急预案编制时需要优先详细规划应对措施。最后，基于风险评估结果，制定相应的风险管控措施，这些措施将直接影响应急预案的有效性和可操作性。

2. 应急资源调查

在应急预案编制流程中，应急资源调查是一个关键环节，旨在全面掌握本地区、本单位以及合作区域内可用于应对突发事件的各种资源状况。这一调查过程，可以为制定科学合理的应急响应措施奠定基础，确保在突发事件发生时能够迅速调动所需资源，有效控制事态，减少损失。

应急资源调查包括对应急队伍、装备、物资、场所等资源的全面摸底和评估，同时也涵盖对本地居民能够提供的应急资源情况的调查，以最大限度地整合和利用可用资源。

应急资源调查需要从内部和外部两个层面进行。在内部层面，调查的重点是本地区、本单位能够在第一时间调用的应急资源状况。这些资源包括专门的应急队伍，如消防队、医疗救援队、警察部队等，以及各种关键装备和物资，如消防设备、医疗设备、救援工具、应急通信设备、应急食品和饮用水等。同时，还需要调查应急场所的准备情况，包括是否有足够的临时庇护所、应急指挥中心以及备用电力设施等。在外部层面，应急资源调查还需要涵盖合作区域内可请求援助的资源状况。这包括与邻近地区、友好单位以及相关专业机构的资源共享和协作机制，如在需要时能够请求的外部救援队伍、医疗支持和物资运输等。通过对这些资源的全面调查和评估，可以确保在紧急情况下能够迅速调集和部署必要的资源，确保应急预案的有效执行。

应急资源调查的结果直接影响应急预案的制定，特别是在风险评估结论的基础上，制定有针对性的应急措施。通过调查，编制人员可以清楚了解哪些资源是现有的、可以立即动用的，以及哪些资源可能需要通过外部请求或临时调配获得。这种信息对于确定应急响应的优先级、资源分配方案以及具体行动步骤至关重要。例如，在自然灾害多发地区，应急预案需要优先考虑应急队伍的调配、救援装备的充足性和运输能力的保障。而在火灾等事故灾难多发的区域，预案则需要着重于专业救援设备的配置和相关人员的快速反应能力。此外，应急资源调查还应考虑到本地居民在应急中的作用，特别是在资源有限的情况下，如何有效动员社区力量参与应急响应。

3. 确定内容职责

在应急预案编制流程中，确定应急责任组织的职责是确保各相关部门在突发事件中能够有条不紊地展开应急行动的重要步骤。明确设置包括应急救援总指挥、应急救援组、风险评估组、技术处理组、善后工作组、事故调查组、后勤供应组和医疗救援组在内的关键组织。每个组织在应急体系中都有特定的职责范围和职能，确保在应急响应过程中，各自发挥专业作用并协同工作。这种框架化的职责分配不仅有助于在事件发生时迅速行动，也能在平时通过明确职责来提高预案的执行力和实效性。

在确定应急责任人职责的过程中，预案应系统性地划分各级人员的职责，包括领导应急救援职责、应急指挥人员职责、应急职能部门职责、专业应急救援队职责和现场应急救援人员职责。每一层级的责任人在应急预案中都应有明确的角色定位，确保在突发事件中，指挥链条清晰，指令传达顺畅，执行得力。这种职责分配有助于各级人员在事件发生时能够快速响应，并在各自的职责范围内展开行动。同时，明确职责有助于各部门和个人在平时的训练和演练中强化责任意识，提高应急处置能力，从而在真正的突发事件中实现预案的有效实施和各方的协调联动。

确定应急响应程序、行动和应急处置措施等内容，是编制应急预案中确保实际操作可行性的关键环节。这部分包括制定突发事件的应急响应程序，详细规定应急响应的启动条件、信息通报程序、指挥调度程序和应急行动步骤。例如，在自然灾害、事故灾难或公共卫生事件等突发事件发生时，预案需明确应急响应的启动条件，如事件的规模、性质和影响程度，以及启动响应的具体程序，确保在事件发生后，相关部门和人员能够迅速响应并按照预定的程序开展工作。同时，预案还需制定具体的应急处置措施，包括对现场的应急处置、人员疏散、物资调配、灾后恢复等，确保应急响应行动的全面性和有效性。例如，在应对火灾、地震、洪水等灾害时，预案需详细规定现场的救援行动、人员撤离路线、临时安置点的设置、物资供应的保障以及灾后重建的步骤。

4. 形成预案文本

应急预案文本要素包括：预案名称和编号、事件概述和背景、应急响应等级、组织和指挥机构职责、资源配置、任务分工和行动方案、信息通信和报告流程、应急响应措施和方法、风险评估和预警机制、预案管理、演练和培训计划等。

应急预案文本应符合以下要求：

① 科学性：预案文本应基于科学研究成果和实践经验，确保应急措施的科学性和有效性。

② 完整性：预案文本内容基本要素完整，没有内容缺失。

③ 实用性：预案文本内容要针对具体突发事件，具有实际可操作性，能够指导应急响应工作。

④ 一致性：预案要与上级、下级预案相协调一致，形成统一的应急体系。预案文本内容各章节相互衔接，采用相似的逻辑结构。

四、应急预案编制的方法

1. 正向编制法

正向编制法是一种基于现有情景、能力和功能的系统化方法，广泛应用于不同类型的应急预案的编制工作中。

（1）基于情景的预案编制

基于情景的预案编制是以一种或多种突发事件情景为预案编制的逻辑起点，这种方法特别适合用于明确和直观的突发事件情景。首先，编制人员需要实例化一种特定的突发事件情景，如地震、洪水、火灾等，并且详细描述事件的过程、规模和可能的后果。通过分析该情景的影响，编制人员可以明确应对措施的优先级和行动路径。基于情景的预案编制能够帮助相关部门提前识别潜在的风险和薄弱环节，确保在突发事件发生时，能够迅速采取行动，减少损失。例如，在面对地震情景时预案可以详细制定应对措施，如疏散路线、紧急医疗救援以及基础设施的加固方案。

（2）基于功能的预案编制

基于功能的预案编制，亦称为功能性预案编制，是一种围绕行政区划政府在突发事件处置中必须履行的一般功能而展开的预案编制方法。该方法首先明确政府在应急管理中的核心功能，如指挥协调、救援行动、信息管理、资源调配等，然后为这些功能设置相应的部门和机构，并明确其行动程序和具体措施。这种方法的优势在于它的系统性和规范性，能够确保在突发事件中，各级政府和相关部门的职责明确，行动有序。基于功能的预案编制强调标准化和流程化，适用于常规的突发事件处置工作。例如，在应对城市火灾时预案可以明确消防部门、医疗急救部门、警察和政府部门之间的协调机制，并详细规定各部门在不同阶段的行动步骤。

（3）基于能力的预案编制

基于能力的预案编制是根据一个行政区划或组织在应对突发事件时的现有能力而展开的一系列响应行动的预案编制方法。该方法的关键在于整合和优化现有资源，以最大化发挥应急功能。编制人员首先要对现有的培训、组织结构、人员、指挥与管理体系、装备、设施等进行全面评估，然后根据评估结果，合理组合这些资源，以确保在突发事件中能够高效履行必要的应急功能。从过程来看，这种依次确定“情景—任务—能力”的方法，类似基于情景方法和基于功能方法的结合。在实践中，基于能力的预案编制非常适合资源有限或需要跨部门协调的情境。例如，在一场大规模传染病暴发的预案编制中，公共卫生部门可以基于其现有的医疗资源、人员配置和防疫能力，制订相应的响应计划。这种方法的优势在于其灵活性和实用性，能够有效整合多部门资源，形成合力应对复杂的突发事件。

2. 逆向编制法

逆向编制法是一种基于现有模板、范例或历史案例，借鉴他人经验来编制应急预案的方法。

（1）模板法

模板法是应急预案编制中广泛采用的一种方法，尤其适合那些缺乏编制经验的部门。模板法依赖于政府应急管理权威部门制定和发布的预案编制模板，这些模板经过多次研究和实践验证，成为应急预案编制的指导性文件。模板法的核心在于其结构化和规范化的优势，通过提供一个框架性的工具，预案编制者可以按照模板中的指导或提示性导语逐项填写内容，从而避免遗漏重要环节或出现程序性错误。

（2）比照法

比照法是在预案编制中通过参考和模仿现有的同类预案来制定新预案的方法。这种方法适用于缺乏权威模板或当模板的适用性有限的情况。编制者可以通过选取一份与自身应急需求相近的预案作为参照，保持原有预案的框架结构，同时根据自身实际情况对内容进行部分修改或重新编写，从而形成一份新的应急预案。

（3）案例法

案例法是一种通过分析和研究历史上发生的类似突发事件的应对案例，来编制应急预案的方法。该方法依赖于从实际案例中总结的经验和教训，帮助预案编制者在面对类似情境时，能够参考过去的成功经验，制定出更具针对性和实用性的应急预案。

第三节　应急预案管理

一、应急预案发布与备案

1．应急预案的评审

应急预案的评审是确保预案符合法律、法规及标准规定的重要步骤。在应急预案编制完成后，编制工作小组或牵头单位应当将预案送审稿、征求意见情况、编制说明等材料提交至应急预案的审批单位。评审内容主要涵盖预案的合法性、与上位预案的衔接、框架结构的合理性以及应急响应的可行性等方面。通过评审，确保预案的组织指挥体系、责任分工、应急措施等均符合应急管理的要求和实际情况。此外，评审还需综合考虑各方意见，以确保预案的全面性和实用性。

根据 2024 年 2 月 7 日国务院办公厅发布的《突发事件应急预案管理办法》，应急预案审核内容主要包括以下方面。

① 预案是否符合有关法律、法规、规章和标准等规定；

② 预案是否符合上位预案要求并与有关预案有效衔接；

③ 框架结构是否清晰合理，主体内容是否完备；

④ 组织指挥体系与责任分工是否合理明确，应急响应级别设计是否合理，应对措施是否具体简明、管用可行；

⑤ 各方面意见是否一致；

⑥ 其他需要审核的内容。

《生产安全事故应急预案管理办法》规定，地方各级人民政府应急管理部门应当组织有关专家对本部门编制的部门应急预案进行审定；必要时，可以召开听证会，听取社会有关方面的意见。参加应急预案评审的人员应当包括有关安全生产及应急管理方面的专家。评审人员与所评审应急预案的生产经营单位有利害关系的应当回避。矿山、金属冶炼企业和易燃易爆物品、危险化学品的生产、经营（带储存设施的）、储存、运输企业，以及使用危险化学品达到国家规定数量的化工企业、烟花爆竹生产、批发经营企业和中型规模以上的其他生产经营单位，应当对本单位编制的应急预案进行评审，并形成书面评审纪要。

2. 应急预案的批准和发布

应急预案的批准过程，确保了预案的合法性和权威性，为后续的应急管理工作提供了依据。应急预案的发布是预案管理的重要步骤。预案的发布形式可以是以党中央、国务院名义印发，也可以国务院办公厅、地方政府办公厅（室）或有关应急指挥机构名义发布。预案的发布不仅是对预案内容的确认，更是对应急管理责任的明确。对于涉及保密内容的预案，可能会发布简本，以满足相关管理和操作的需求。

《突发事件应急预案管理办法》规定，国家总体应急预案按程序报党中央、国务院审批，以党中央、国务院名义印发。专项应急预案由预案编制牵头部门送应急管理部衔接协调后，报国务院审批，以国务院办公厅或者有关应急指挥机构名义印发。部门应急预案由部门会议审议决定、以部门名义印发，涉及其他部门职责的可与有关部门联合印发；必要时，可以由国务院办公厅转发。地方各级人民政府总体应急预案按程序报本级党委和政府审批，以本级党委和政府名义印发。专项应急预案按程序送本级应急管理部门衔接协调，报本级人民政府审批，以本级人民政府办公厅（室）或者有关应急指挥机构名义印发。部门应急预案审批印发程序按照本级人民政府和上级有关部门的应急预案管理规定执行。重大活动保障应急预案、巨灾应急预案由本级人民政府或其部门审批，跨行政区域联合应急预案审批由相关人民政府或其授权的部门协商确定，并参照专项应急预案或部门应急预案管理。单位和基层组织应急预案须经本单位或基层组织主要负责人签发，以本单位或基层组织名义印发，审批方式根据所在地人民政府及有关行业管理部门规定和实际情况确定。政府及其部门应急预案应当在正式印发后20个工作日内向社会公开。单位和基层组织应急预案应当在正式印发后20个工作日内向本单位以及可能受影响的其他单位和地区公开。

3. 应急预案的备案

应急预案的备案是确保各级政府和有关部门在应急管理中保持一致性的关键环节。不同级别和类别的预案，需依照规定报送相应的备案单位。

《突发事件应急预案管理办法》规定，应急预案审批单位应当在应急预案印发后的20个工作日内，将应急预案正式印发文本（含电子文本）及编制说明，依照下列规定向有关单位备案并抄送有关部门：

① 县级以上地方人民政府总体应急预案报上一级人民政府备案，径送上一级人民政府应急管理部门，同时抄送上一级人民政府有关部门。

② 县级以上地方人民政府专项应急预案报上一级人民政府相应牵头部门备案，同时抄送上一级人民政府应急管理部门和有关部门。

③ 部门应急预案报本级人民政府备案，径送本级应急管理部门，同时抄送本级有关部门。

④ 联合应急预案按所涉及区域，依据专项应急预案或部门应急预案有关规定备案，同时抄送本地区上一级或共同上一级人民政府应急管理部门和有关部门。

⑤ 涉及需要与所在地人民政府联合应急处置的中央单位应急预案，应当报所在地县级人民政府备案，同时抄送本级应急管理部门和突发事件应对牵头部门。

⑥ 乡镇（街道）应急预案报上一级人民政府备案，径送上一级人民政府应急管理部门，同时抄送上一级人民政府有关部门。村（社区）应急预案报乡镇（街道）备案。

⑦ 中央企业集团总体应急预案报应急管理部备案，抄送企业主管机构、行业主管部门、监管部门；有关专项应急预案向国家突发事件应对牵头部门备案，抄送应急管理部、企业主管机构、行业主管部门、监管部门等有关单位。中央企业集团所属单位、权属企业的总体应急预案按管理权限报所在地人民政府应急管理部门备案，抄送企业主管机构、行业主管部门、监管部门；专项应急预案按管理权限报所在地行业监管部门备案，抄送应急管理部门和有关企业主管机构、行业主管部门。

二、应急预案评估与修订

1. 应急预案的评估

应急预案评估的目的是确保预案在实际应急管理中保持高度的针对性、实用性和可操作性。通过定期评估，预案编制单位能够分析预案内容与当前风险环境、应急能力、资源配置等因素的适配性，并识别潜在的不足或改进空间。评估过程包括常规性评估和动态因素耦合性评估两种方式。常规性评估针对预案的现有框架进行分析，评估其基本结构、应急响应机制等方面的有效性；动态因素耦合性评估则侧重于当危险源发生变化时，重新审视预案中的各项要素，并根据新情况进行调整和优化。通过这两种评估方式的交叉运用，可以确保预案在应对突发事件时具备更强的有效性和适应性，从而为应急救援工作提供坚实的保障。

《突发事件应急预案管理办法》规定，应急预案编制单位应当建立应急预案定期评估制度，分析应急预案内容的针对性、实用性和可操作性等，实现应急预案的动态优化和科学规范管理。县级以上地方人民政府及其有关部门应急预案原则上每 3 年评估一次。应急预案的评估工作，可以委托第三方专业机构组织实施。

2. 应急预案的修订

应急预案的修订是应急管理动态调整的重要环节。修订工作应参照应急预案的编制、审批、备案、发布等程序进行，确保修订后的预案能够继续发挥有效的应急管理作用。

《突发事件应急预案管理办法》规定，有下列情形之一的，应当及时修订应急预案：有关法律、法规、规章、标准、上位预案中的有关规定发生重大变化的；应急指挥机构及其职责发生重大调整的；面临的风险发生重大变化的；重要应急资源发生重大变化的；在突发事件实际应对和应急演练中发现问题需要做出重大调整的；应急预案制定单位认为应当修订的其他情况。

《生产安全事故应急预案管理办法》规定，有下列情形之一的，应急预案应当及时修订并归档：

① 依据的法律、法规、规章、标准及上位预案中的有关规定发生重大变化的；

② 应急指挥机构及其职责发生调整的；安全生产面临的风险发生重大变化的；

③ 重要应急资源发生重大变化的；

④ 在应急演练和事故应急救援中发现需要修订预案的重大问题的；

⑤ 编制单位认为应当修订的其他情况。

三、应急预案宣传与培训

1. 应急预案的宣传

应急预案的宣传是提升社会公众和相关单位应急意识的关键措施。应急预案发布后，编制单位有责任积极组织宣传工作，旨在让预案内容广泛传播并被社会各界理解和掌握。特别是对于需要公众广泛参与的非涉密应急预案，编制单位应制订详细的年度宣传教育计划，明确宣传活动的时间、主题、形式以及目标受众。宣传工作应充分利用互联网、广播、电视、报刊等多种媒体，确保信息覆盖广泛，易于公众理解。同时，编制单位要通过通俗易懂的宣传材料，如手册、宣传片等，向社会公众免费发放，确保预案的内容能够深入人心。通过这一系列宣传活动，公众不仅能够增强应急意识，还能够掌握基本的应对突发事件的方法，从而为实际的应急响应奠定坚实的基础。为了保证宣传效果，编制单位还需要对宣传工作进行定期检查和评估，对存在的问题进行整改，确保宣传活动的预期成效得以实现。

2. 应急预案的培训

应急预案的培训是确保相关人员熟悉预案内容、提高应急处置能力的重要途径。预案发布后，编制单位应立即组织系统的培训活动，面向各级政府及其有关部门、基层政权组织、企事业单位的管理人员和专业救援人员。培训内容应包括应急预案的实施步骤、应急处置程序以及相关应急措施的具体操作。培训形式可以多样化，如发放培训材料、举办培训班、开展工作研讨等，以适应不同受众的需求。在政府层面，各级人民政府的应急管理部门应将应急预案培训纳入领导干部、公务员及应急管理人员的日常培训计划，确保相关人员在突发事件发生时能够迅速反应、有效应对。在企业层面，企事业单位则需要组织本单位的应急预案培训，使员工熟悉自救互救和避险逃生技能，并将培训情况记录在案。通过定期开展培训，逐步提高应急队伍的整体素质和应对突发事件的能力，确保在突发情况下各级人员能够按照预案要求高效、有序地进行应急响应。

第四节　应急预案实例

一、某公司综合应急预案

某公司为贯彻“安全第一、预防为主、综合治理”方针，更好地开展应急管理工作，提高企业处置事故的应急能力，并能在事故发生后迅速有效地控制和处理事故，最大限度地减少事故对人员、财产和环境造成的影响，特制定本预案。

1．应急预案体系

预案规定了某公司应急组织机构和职责、应急响应原则、应急管理程序等内容。预案应与上级政府应急预案相衔接，衔接的主要内容如下。

① 将市、区、乡镇级负有安全生产监督管理责任的部门、医疗机构作为外部救援力量列入了应急组织体系，明确了各部门的联系方式；

② 自身与政府各部门及其他救援力量的应急资源和装备调度与配置情况；

③ 应急救援队伍的建立及管理方面；

④ 宣传、培训和演习协调机制方面；

⑤ 应急工作原则及处置程序方面。

应急救援预案体系由 1 个综合预案、4 个专项应急预案及 7 个现场处置方案构成。

4 个专项应急预案：火灾、爆炸事故专项应急预案；中毒和窒息事故专项应急预案；危险化学品泄漏事故专项应急预案；重大危险源专项应急预案。

7个现场处置方案：触电事故现场处置方案；车辆伤害现场处置方案；高处坠落事故现场处置方案；淹溺事故现场处置方案；火灾事故现场处置方案；危险化学品泄漏事故现场处置方案；其他工伤事故现场处置方案。

2. 应急组织体系

公司内部应急组织体系组成如下。

总指挥：总经理。

副总指挥：副总经理、总工程师。

成员：副总工程师、总经理助理、办公室主任、安环部长、生产部长、机电仪人员、生产班长。

应急小组包括：抢险抢修组、侦检组、医疗救护组、应急消防组、治安警戒组、后勤保障组、通讯联络组。

3. 应急响应

公司作业现场一旦发生事故，现场作业班组应根据当时的情况立即采取相应的应急处置措施或进行现场抢救，同时要以最快的速度进行报警，应急指挥部接到报告后，要立即赶赴事故现场组织、指挥抢救排险，并根据规定向上级监管部门报告，尽量把事故控制在最小范围内，并最大限度地减少人员伤亡和财产损失。

确定响应分级的原则为根据事故的危害程度、影响范围、控制事态的能力以及需要调动的应急资源，将在公司内可能发生的事故按照其影响的范围分三级。

① 一级响应：发现可能发生或已发生火灾、爆炸、人员中毒窒息的险情，发生人员重伤以上事故，现场事故不能快速得到有效控制，且会对厂区以外区域构成威胁时；或相邻企业发生火灾爆炸事故等对厂区造成危险时，则由应急总指挥或副总指挥组织全部应急救援机构成员参与现场救援，并根据现场情况向当地应急管理局等部门汇报，同时向医院、消防等部门请求援助。

② 二级响应：由于各种原因造成危险化学品较大泄漏、火灾或发生人员轻微伤害，事故发生现场不能及时得到有效控制等的较大事故，则由分管领导、生产部组织部分应急救援机构人员参与现场处理，处理结束后报告事故应急总指挥和副总指挥。

③ 三级预警：如机械故障或操作失误引起的设备故障等，未造成人员伤害，事故能够及时有效控制，则由现场指挥人员（现场操作人员或车间值班领导）直接处理，事后按相关程序向生产部汇报并做好相关记录。

4. 信息公开

公司应急指挥部负责事故和应急救援的信息发布工作，及时准确向周边单位、新闻媒体通报事故信息，协助地方有关部门做好事故现场新闻发布，正确引导媒体和公众舆论。

5. 后期处置

事故应急结束后，应做好包括污染处理、事故后果影响消除、生产秩序恢复、善后赔偿、抢险过程和应急救援能力评估及应急预案的修订等后期处置工作。

6. 专项应急预案

以火灾事故专项应急预案为例。火灾事故多为突然发生，之前并无预兆，需要指挥决策者在短时间内迅速作出响应。近年来，火灾事件的发生数量仍位于各类公共安全事故前列，其安全隐患不容小觑。火灾事件应急响应能力的强弱将直接关系其应急处置效率，尤其在处理火灾事故的过程中，应急预案的选取显得尤为重要。常见火灾事故应急预案框架如图 6.2 所示。

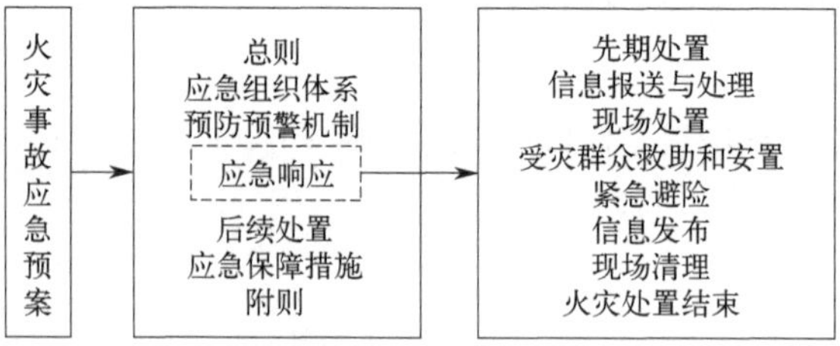

图 6.2　火灾事故应急预案框架

7. 现场处置方案

以触电事故现场处置方案为例。触电事故现场人员立即报告班组长及现场应急处置小组，班组长及现场应急处置小组根据事故的大小和发展态势在 1h 内向厂应急指挥部报告，并同时启动相应级别的应急预案。当事故超出本单位应急处置能力时，应向当地政府有关部门及上级单位请求支援。

触电事故现场应急处置措施包括：

① 使人体和带电体分离：关掉总电源，拉开闸刀开关或拔掉熔断器；如果是电器引起的触电，可拔掉插头；使用有绝缘柄的电工钳，将电线切断；用绝缘物从带电体上拉开触电者。

② 急救：当触电者脱离电源后，如果神志清醒，使其安静休息；如果严重灼伤，应送医院诊治。如果触电者神志昏迷，但还有心跳呼吸，应该将触电者仰卧，解开衣服，以利呼吸；周围的空气要流通，要严密观察，并迅速请医生前来诊治或送医院检查治疗。如果触电者呼吸停止，心脏暂时停止跳动，但尚未真正死亡，要迅速对其开展心肺复苏。

事故报告的方式、要求和内容包括：直接用移动电话或座机电话向上级安全监管部门进行事故汇报，不得谎报、瞒报及不报，报告内容应包括事故发生单位名称、地址、性质；事故发生的时间、地点；事故已经造成或者可能造成的伤亡人数（包括下落不明、涉险的人数）；已经采取的应急措施；等等。

二、某学校生产安全事故应急预案

为了全面贯彻落实“安全第一、预防为主、综合治理”的方针，规范应急管理工作，建立有效的应急救援体系，提高生产安全事故应急救援反应速度和协调水平，增强综合处置全校生产安全事故能力，预防和控制次生灾害的发生，保障校内师生员工和公众的生命安全，最大限度地减少财产损失、环境破坏和社会影响，特编制本应急预案。

学校工作场所简单，主要风险为火灾和高处坠落及触电，预案组成为综合应急预案、火灾事故现场应急处置方案、高处坠落事故现场应急处置方案及触电事故现场应急处置方案。

针对本校地域分散特点，设学校生产安全事故应急总指挥部、现场指挥部两层机构和3个应急小组。应急总指挥部的日常事务由保卫处负责。总指挥部设于校本部，总指挥由校长担任。副总指挥：分管安全工作的校领导。成员：保卫处、后勤处（后勤集团）、科技处、国资处、设备处、学生处、研工部、图书馆、机电总厂、各学院等部门及学院负责人。

应急响应分为三级：一级响应在学校救援力量无法控制事故扩大或发生重大伤亡和财产损失时，需请求外部救援力量支援；二级响应由学校应急组织启动，学校救援力量实施救援，若学校救援力量无法控制事故，应立即升级为一级响应，寻求社会救援力量的支援；三级响应由事故单位首先启动应急处置程序，若无法控制事故扩大，则需迅速请求学校救援力量支援，由学校进行救援。

事故信息应通过应急救援领导小组或事故现场指挥或上级事故调查组织核准签字后，及时准确向主管部门汇报。

现场指挥部应及时对抢险和救援过程进行总结，评估应急能力和《生产安全事故应急预案》，及时组织修订和完善。

第五节　应急预案演练

一、应急演练的意义与目的

1. 应急演练的意义

（1）增强应对突发事件风险意识

应急演练通过模拟真实事件及其应急处置过程，显著提升各级政府领导、应急管理工作人员、救援人员和公众的风险意识。尽管通过培训可以获得处理突发事件所需的技能和知识，但仅有经历真实突发事件的心理体验才能深刻理解其复杂性。例如，绵阳市桑枣中学在2008年汶川大地震前的紧急疏散演练，有效提高了师生们对地震风险的感知与响应能力，从而在实际灾难中保持冷静、迅速有效地撤离。这种经验不仅使个体能够更好地理解潜在风险，还有助于整体社会形成一种强大的应对能力，提升了公众在面对灾害时的预见性和应变能力。

（2）提升突发事件应急反应能力

应急演练不仅是评估和提高应急响应能力的重要途径，更是一种实战训练，能够有效培养各级领导者的分析研判、决策指挥和组织协调能力。在演练中，参与者不仅模拟应对各类紧急情况，还需快速作出应对决策，并与其他相关部门协调合作。这种实时、高压的环境训练不仅改善了应急组织机构内部的沟通效率，还使公众能在突发事件中保持理性与秩序，减少恐慌感，更好地配合应急响应。此外，通过定期演练和反馈机制，能够进一步提升应急响应的协作效能，确保各部门间的协调配合达到最佳状态，从而提高整体社会的安全性和稳定性。

（3）检验应急预案实施可行性

许多应急预案在制定时缺乏实践检验，或在应对新情况、新问题时未及时更新。通过应急演练，可以发现预案中的缺陷与不足，验证其在面对各类意外情况时的适应性和实施可行性。演练不仅有助于评估应急工作机制的完善程度，还能检验应急反应和救援能力的提升效果，确保各部门间的协调配合达到最佳状态。同时，演练过程中的实时模拟和评估，有助于识别和纠正预案中的漏洞，推动其持续优化和更新，以应对日益复杂和多变的灾害挑战。这种系统性的检验和反馈机制，有效提高了应急预案的实际操作性和响应能力，为实际应急情况的应对提供了有力保障。

（4）多方面评估应急预案效果

应急演练不仅限于验证应急预案的可行性，还能全面评估预案在实际应对过程中的效果。这种综合评估包括但不限于预案的执行流程、应急响应的时效性、资源配置的合理性以及应对突发事件后的总结改进等方面。通过定期演练和反馈机制，能够持续优化应急预案，提高整个社会对突发事件的应对能力。这种持续改进的过程不仅增强了公众对应急预案的信任感和依赖性，也为灾害风险管理提供了更为完善和可靠的框架。

2. 应急演练的目的

应急演练活动是检验应急管理体系适应性、完备性和有效性的最佳方式。定期进行应急演练，不仅能够强化相关人员的应急意识，提高参与者的快速反应能力和实战水平，还能暴露应急预案和管理体系中的不足，检测制订的突发事故应变计划是否实际、可行。同时，有效的应急演练还可以减少应急行动中的人为错误，降低现场宝贵应急资源和响应时间的耗费。总体而言，应急演练的目的可以归纳如下。

（1）检验应急预案

应急演练的首要目的是检验应急预案的有效性和可操作性。通过演练，能够发现预案中存在的问题和不足之处，提高预案的科学性和实用性，从而提高整体应急管理的效率和效果。

（2）锻炼应急队伍

演练为应急管理人员提供了宝贵的实战训练机会，使他们能够熟悉应急预案，并在紧急情况下提高事故处置的能力。通过实际操作和模拟演练，相关人员能够更好地掌握应急处理的步骤和方法，从而在突发事件中做出迅速而有效的反应。

（3）磨合应急机制

应急演练能够促进应急管理相关部门、单位和人员之间的协调和配合，完善工作职责和流程。通过演练，各部门可以在实际操作中磨合机制，明确各自的职责和分工，提高整体应急管理的协调性和效率。

（4）普及应急知识

应急演练不仅是应急管理人员的训练活动，同时也是普及应急知识的重要途径。通过演练，可以提高参演和观摩人员的风险防范意识和自救互救能力。

（5）完善应急准备

通过应急演练，可以不断完善应急管理和应急处置技术，补充和优化应急装备和物资，提高其适用性和可靠性。演练过程中，可以检验现有应急装备和物资的性能和适用性，发现不足并进行改进。

二、应急演练的类型

根据演练的不同标准，可以将应急演练划分为多种类型。

1. 按演练的目的划分

可划分为检验性演练和研究性演练。

① 检验性演练。不预先告知情景事件，由应急演练的组织者随机控制。参演人员根据演练设置的突发事件信息，按照应急预案组织实施预警、应急响应、指挥与协调、现场处置与救援等应急行动和应对措施，旨在检验应急预案的实际操作效果。

② 研究性演练。为验证突发事件发生的可能性、波及范围、风险水平以及检验应急预案的可操作性和实用性而进行。通过预警、应急响应、指挥与协调、现场处置与救援等应急行动和应对措施的演练活动，研究和改进应急计划。

2. 按演练的形式划分

可划分为模拟场景演练、实战演练和模拟与实战相结合的演练。

① 模拟场景演练（桌面演练）。设置情景事件要素，在室内会议桌面（图纸、沙盘、计算机系统）上，按照应急预案模拟实施预警、应急响应、指挥与协调、现场处置与救援等应急行动和应对措施。模拟场景演练通过桌面练习和讨论的形式对应急过程进行模拟和演练。

② 实战演练（现场演练）。选择（或模拟）生产建设某个工艺流程或场所，现场设置情景事件要素，并按照应急预案组织实施预警、应急响应、指挥与协调、现场处置与救援等应急行动和应对措施。此类演练包括单项或综合性的演练，涉及实际的应急、救援处置等。

③ 模拟与实战相结合的演练。综合了模拟场景演练和实战演练的特点，理论和实际操作相结合，提高应急响应的全面性和实战能力。

3. 按演练的内容与尺度划分

可划分为单项演练和综合演练。

① 单项演练（专项演练）。根据情景事件要素，按照应急预案检验某项或数项应对措施或应急行动的部分应急功能。此类演练可以类似于部队的科目操练，例如模拟某一灾害现场的某项救援设备操作或针对特定建筑物废墟的人员搜救。

② 综合演练。按照应急预案检验预警、应急响应、指挥与协调、现场处置与救援、保障与恢复等应急行动和应对措施的全部应急功能。此类演练相对复杂，需模拟救援力量的派出，多部门、多种应急力量参与，包括应急反应的全过程。

4. 按规模划分

可划分为局部性演练、区域性演练和全国性演练。

① 局部性演练主要针对特定地区，根据区域特点选择特定的突发事件，例如具有区域特性的自然灾害。演练一般不涉及多级协调，重点在于提高当地应急响应能力和处置效率。

② 区域性演练针对某一行政区域，演练设定的突发事件可能较为复杂，如某一灾害或事故形成的灾难链，涉及多级、多部门的协调。此类演练旨在提高区域内各部门的协同能力和综合应急处置水平。

③ 全国性演练一般针对较大范围的突发事件，例如影响多个区域的大规模传染病。这类演练涉及地方与中央及各职能部门的协调，旨在检验和提升全国范围内的应急响应能力和跨区域协作水平。

三、应急演练的步骤

在进行应急预案演练时，确保其有效性和实用性至关重要。应急预案演练的步骤通常包括演练设计、演练执行和演练评估 3 个关键部分。

（一）演练设计

演练设计是在应急演练开展之前，设计演练情景、流程，选定评估方法,开发各种工具，编制各种文件，形成一整套应急演练方案并报请有关领导审批的过程。应急演练设计以应急演练规划中提出的演练需求、范围、目的为依据。

1. 确定演练目标

在开始演练设计之前，首先需要明确演练的总体目标和具体目标。总体目标通常包括提高应急响应能力、验证应急预案的有效性、培训应急人员等。具体目标则可能涉及提升特定部门或岗位的应急处理能力、测试某些关键设备或系统的可靠性等。演练目标的确定应根据组织的实际情况和潜在风险，结合过去的应急事件经验教训，确保目标具体、可测量、可实现、相关性强且有时间限制。

2. 设计演练情景

演练情景的设计是演练活动的基础，它不仅为演练提供初始条件，还通过一系列情景事件引导演练进程直至完成。演练情景包括场景概述和场景清单两个部分。场景概述需要对每个演练场景的主要信息进行说明，内容涵盖事件的类别、发生的时间和地点、事件发展的速度与强度、危险性、影响范围、人员和物资的分布情况、已造成的损失以及未来可能的后续发展。此外，还需考虑气象及其他环境条件对事件的影响。场景清单则明确演练过程中各场景的时间顺序和空间分布情况，并通过事件发展规律和控制消息之间的逻辑关联，指导演练人员在收到控制消息后应采取的行动。

3. 编制演练方案

演练方案是演练设计的核心文件，详细规定了演练的时间、地点、参与人员、情景设定、任务分配以及步骤安排等内容。编制演练方案时，首先需要基于风险评估结果设计合理的演练情景，情景应贴近实际，具有代表性和挑战性，以便真实地模拟紧急情况。其次，在任务分配方面，明确各部门和岗位在演练中的职责和任务，确保每个参与者都清楚自己的角色和任务要求。此外，步骤安排是确保演练过程有条不紊的重要环节，通过制定详细的演练步骤，确保演练能够按照预定计划顺利进行。最后，合理的时间安排是关键，既要保证演练内容的全面性，又要避免因演练时间过长而导致疲劳和效率下降。编写演练方案文件时，这些要素会体现在演练人员手册、演练控制指南、演练评估指南、演练宣传方案和演练脚本等文件中，确保演练的全程顺利实施并达到预期目标。

4. 准备演练资源

演练资源的准备是演练设计的重要组成部分，直接关系到演练的顺利实施。演练资源包括人员、设备、场地、材料等。需要提前确定和准备好所有必要的资源，确保演练过程中不出现因资源不足或准备不充分而影响演练效果的情况。

（二）演练执行

1. 准备工作

在准备阶段，首先要确立清晰的演练目标和预期成果，并设计逼真且具有挑战性的演练方案。此方案应基于预设的灾害场景或紧急情况，以确保演练能真实模拟可能发生的突发事件。与此同时，需要充分准备演练所需的资源，包括场地布置、模拟器材、通信设备等，确保所有物资和设备到位。角色分配和培训也是准备工作的重要内容。各参与角色应明确其职责，并接受必要的培训，确保他们能够在演练中有效配合。此外，还需制订详细的演练时间表和操作流程，确保各项活动按计划有序进行，避免因时间过长导致效率下降或参演人员疲劳。

2. 演练指挥与行动

演练总指挥负责演练实施全过程的指挥控制，确保演练按计划进行。如果演练总指挥不兼任总策划，则总指挥可以授权总策划对演练过程进行具体控制。通过协调指挥，应急指挥机构将领导各参演队伍和人员，按照演练方案要求开展模拟事件的应急处置行动，完成各项预定演练任务。

演练控制人员需充分掌握演练方案，按照总策划的指示发布控制信息，确保各方协同完成演练任务。参演人员则需根据收到的控制信息和指令，依照演练方案规定的程序执行应急处置行动，确保各项任务顺利进行。同时，模拟人员需扮演未参与演练的单位或个人角色，提供必要的信息反馈，增强演练的真实性。

3. 演练过程控制

（1）桌面演练控制

桌面演练的过程控制由总策划负责。在讨论式桌面演练中，总策划通过口头或书面形式提出问题，参演人员根据应急预案及相关规定讨论应采取的行动。对于角色扮演或推演式桌面演练，总策划将按照演练方案发出控制消息，参演人员通过角色扮演或模拟操作，完成应急处置任务。

（2）实战演练控制

实战演练中，演练进程通过传递控制消息来掌控。总策划根据演练方案发出控制消息，控制人员将这些消息传递给参演人员和模拟人员。参演人员收到信息后，按照真实事件应急处置程序或应急行动方案，采取相应的应急行动。控制消息的传递可通过人工、对讲机、电话、手机、传真、网络或特定的声音、标志、视频等方式进行。控制人员需随时掌握演练进展情况，并及时向总策划报告出现的问题。

（3）演练解说

演练组织单位可安排专人对演练过程进行解说。解说内容通常包括演练背景介绍、进程讲解、案例介绍和环境描述等。对于大型综合性示范演练，可依据演练脚本中的解说词进行详细讲解，以帮助参与者和观众更好地理解演练内容。

（4）演练记录

在演练实施过程中，专门人员需通过文字、照片和音像记录演练过程。文字记录由评估人员负责，涵盖演练的实际开始与结束时间、过程控制情况、参演人员表现、意外情况及其处置等内容。照片和音像记录则由专业人员在不同现场和角度拍摄，以全方位展示演练实施过程，确保记录的完整性和准确性。

（5）演练宣传报道

演练宣传组应按照演练宣传方案，组织并实施演练的宣传报道工作。包括信息采集、媒体组织、现场采编和播报等，以扩大演练的影响力和教育效果。对于涉密应急演练，须严格遵守相关保密措施，确保信息安全。

（6）演练结束与终止

演练结束时，由总策划发出结束信号，演练总指挥宣布演练正式结束。随后，所有参演人员停止活动并按预定方案集合，总结讲评或组织疏散。保障部负责演练场地的清理和恢复。在特定情况下，如出现真实突发事件或无法短时间内妥善处理的特殊情况，演练领导小组可决定提前终止演练，以确保参演人员迅速回归工作岗位或保障人员安全。

（三）演练评估

1. 演练评估

演练评估是确保应急演练活动有效性和持续改进的重要环节，通过系统的分析与反馈，识别演练过程中的优点、挑战和改进点，为提升应急响应能力提供宝贵的指导和支持。评估工作的重点在于全面分析演练记录及相关资料，对参演人员的表现与预定目标进行对比，并编写详细的评估报告，如图 6.3 所示。

应急预案演练评价报告

记录编号：

主办单位		演练时间		演练地点	
演练项目					
演练内容					
实施情况综述					
演练情况点评					
预案适宜性评审	评审人：　　　　年　月　日				
不符合项整改计划					

图 6.3　应急预案演练评估报告

演练评估的首要任务是分析演练是否达到了设定的总体目标和具体目标。总体目标通常包括提高应急响应能力、验证应急预案的有效性等内容。通过分析和总结，评估演练是否切实达到了这些预期成果。同时，还应评估具体设定的目标，如特定部门或岗位的应急处理能力提升、关键设备系统的可靠性测试等。通过对比演练前后的情况变化，可以明确演练的实际效果与不足之处。

参与者的表现和团队协作能力是演练成败的关键因素。在角色执行评估中，应详细分析参与者在演练中扮演角色的表现，包括其决策能力、应对紧急情况的敏捷性、协作效率等。团队协作的评估，重点在于评估团队在应急情境中的协作能力，如在信息共享、指挥调度、资源协调等方面的表现。通过对这些因素的系统评估，可以识别团队在实际应急中的优势与不足，从而为未来的演练和实际操作提供改进建议。

评估还包括对演练方案和操作流程的有效性分析。演练方案是否能够在模拟情景下切实可行，其设计的逼真性和挑战性是否符合预期，都是需要关注的重点。此外，还应审查演练过程中使用的操作流程和程序，确认其在实际应急情况下的可行性和有效性。对这些方面的全面评估，可以帮助改进应急预案的合理性和实用性。

在演练过程中，可能会暴露出各种问题和挑战。通过系统的记录和分析，可以识别出这些问题的根源以及现有应对措施的不足之处。评估报告应当针对发现的问题提出具体的改进建议和措施，这些建议应切实可行，能够在未来的演练或实际应急行动中得到落实和应用。改进建议不仅针对演练方案本身，也包括对参与人员的进一步培训、设备的升级换代、操作流程的优化等方面的内容。

演练评估的最终成果应体现在详细的评估报告中。评估报告需要汇总演练评估的结果和分析，涵盖目标达成情况、问题分析、改进建议等内容。该报告应及时向组织管理层、应急响应团队和其他相关利益方反馈，以促进应急响应能力的持续改进和提升。通过透明的反馈机制，可以确保演练评估的结果被切实应用于实践中，从而不断提升应急管理的整体水平。

2. 演练总结

演练总结是对整个演练活动进行系统回顾与评价的过程，旨在通过对演练执行情况的全面分析，发现问题，总结经验，为未来的应急演练和实际操作提供参考依据。演练总结包括现场总结和事后总结两个阶段，各自侧重于不同的内容和形式。

（1）现场总结

在演练的各个阶段结束后，由演练总指挥、总策划、专家评估组长等在演练现场进行即时的讲评和总结。现场总结的内容主要包括本阶段的演练目标是否达成、参演队伍及人员的表现、演练中暴露出的问题及解决方案等。通过现场总结，参演人员能够立即了解自己的表现和不足，并在后续演练中加以改进。这种即时反馈的方式，有助于提高参演人员的应急意识和操作能力，提升整个团队的协作效率。

（2）事后总结

事后总结是在演练结束后进行的更为全面和系统的总结工作。文案组将根据演练记录、评估报告、应急预案、现场总结等材料，对整个演练过程进行深入分析，并形成演练总结报告。事后总结报告的内容包括演练的目的、时间和地点、参演单位和人员、演练方案概要、发现的问题与原因、经验和教训以及改进工作的建议等。这份报告不仅为组织内部的改进提供依据，也为未来的演练计划提供参考和指导。

演练的最终目的是通过发现问题、总结经验，从而在实际应急操作中加以改进和完善。对于演练中暴露出来的问题，演练单位应及时采取措施予以改进，包括修改完善应急预案、有针对性地加强应急人员的教育和培训、对应急物资装备进行计划性更新等。此外，还应建立改进任务表，并按规定时间对改进情况进行监督检查，确保各项改进措施能够真正落实到位。

四、火灾应急演练案例

本小节内容将探讨如何设计和实施有效的火灾逃生演练，以确保参与者能够迅速、有序地撤离危险区域，最大限度地减少人员伤亡和财产损失。

1. 火灾应急逃生演练设计

（1）确立演练目标和范围

设计火灾逃生演练的首要步骤是明确演练的目标和范围。目标应具体且明确，如验证逃生路线的有效性、测试疏散时间的合理性以及培训参与者熟悉逃生程序等。这些目标有助于确保演练的有效性和针对性。在范围方面，需要确定演练的参与人员、时间和地点，确保演练过程不会干扰正常的工作和生活秩序。在选择参与人员时，应该涵盖所有相关部门和岗位，以便全面测试应急响应能力。

（2）分析建筑结构和火灾风险

设计演练时，必须深入分析建筑物的结构特点和潜在的火灾风险。这包括评估建筑布局、分析疏散通道的位置和容量等，并识别可能导致火灾的因素，如电气设备和易燃物质。了解建筑布局可以帮助确定最有效的逃生路线，而疏散通道的位置和容量是确保顺利撤离的关键因素。通过评估潜在火灾风险，可以识别出最可能发生火灾的区域，从而制订更具针对性的逃生计划。

（3）制订详细的逃生计划

基于对建筑结构和火灾风险的分析，制订详细的逃生计划至关重要。逃生计划应包括以下内容：清晰的逃生路线图、疏散指示标识、紧急联系人信息以及逃生时的具体行动步骤。逃生路线图应详细标明各个疏散通道和集合点的位置，确保所有人员知道如何快速、安全地撤离。疏散指示标识应醒目且易于辨识，确保在混乱中也能清晰看到指示。紧急联系人信息应包括所有关键联系人的姓名和联系方式，以便在需要时能够迅速取得联系。具体行动步骤应明确每个阶段的操作要求，如如何使用灭火器、如何在烟雾弥漫的情况下行进等。这些步骤必须简明易懂，确保每个人都清楚在紧急情况下应采取的正确行动。此外，逃生计划还应包括应对不同紧急情况的变通措施，例如主要通道被阻塞时的备用路线，以及在电力中断时的应急照明使用方法。制订详尽的逃生计划，可以显著提高应急反应效率，最大限度地减少人员伤亡和财产损失。

（4）编制演练方案

在制订逃生计划的基础上，编制演练方案是推动演练实施的关键步骤。演练方案应考虑不同的火灾场景，如烟雾弥漫、电力中断或楼层封闭等。这些场景的设计有助于模拟真实的紧急情况，使参与者能够适应各种突发情况并做出正确反应。方案还应详细描述每个场景下的具体演练步骤和要求，例如在烟雾弥漫的情况下，参与者应如何低姿行进以避开浓烟；在电力中断时，如何使用应急照明设备。通过多场景模拟，演练不仅可以全面检验逃生计划的有效性，还能提高参与者的应急反应能力，确保他们在实际火灾中能够迅速、正确地行动，从而最大限度地减少人员伤亡和财产损失。全面的演练方案和场景设计将显著提升应急演练的实效性，确保在任何突发情况下都能进行有效的疏散和救援。

2. 火灾逃生演练实施

（1）模拟场景演练（桌面演练）

① 宣布演练开始。主持人首先通过简短的介绍宣布演练开始，明确演练的背景和重要性，并强调参与人员的责任和期望。这一环节设定了演练的整体框架，帮助参与者理解演练的目的和目标。主持人应清晰地传达演练的背景信息，包括演练的历史、目标、预期效果以及参与人员的角色和责任。这确保所有参与者在演练开始前对演练的性质和目标有清晰的认识，为后续的讨论和决策奠定基础。

② 演练信息介绍。在宣布演练开始后，主持人简要介绍本次演练的基本信息，包括目的、范围、时间和规则等。目的应明确，如提升应急反应能力、测试逃生计划的有效性等。范围应涵盖所有相关方面，包括参演部门和人员、演练场景的设置、模拟事件的规模等。时间安排应清晰，确保各个阶段能按预定时间完成。规则包括演练中的行为规范、讨论方式和评估标准，确保演练过程有序进行。

③ 情景事件描述。接下来，主持人详细描述假想事件的发生地点、类别以及严重程度，例如：在 × 月 × 日 ×× 时许，×× 大厦 ×× 层发生火灾，火势迅速蔓延，现场有大量浓烟，部分人员被困。消防系统启动，但火势较大，需要立即采取逃生措施。这一环节旨在创建一个具体的情境，使参与者能够在设定的假想事件中进行讨论和决策。事件情景应尽量真实，帮助参演人员理解应急响应的复杂性，从而提出更具针对性的解决方案。

④ 主持人提问。事件情景描述后，主持人提出一系列与事件情景处置相关的问题，要求参演人员作答和讨论。这些问题应涵盖火灾后的应急反应、疏散步骤及协调机制等方面，促使参与者全面考虑事件处理方案和应对措施。问题应具有挑战性，引导参演人员深入思考，如“如何快速确认现场的火源和受困人员？”“如何处理疏散过程中的人员分流和优先级？”等。这不仅考察参与者对预案的理解，也评估他们在应急情况下的决策能力和合作能力。

⑤ 参演人员发言和讨论。演练的实施方式通常以指定发言为主，自由讨论为辅。发言顺序通常按应急救援系统的组织架构进行，从应急组织负责人、现场指挥人员到基层操作人员，逐层发言。例如，在虚拟火灾情景介绍后，“指挥长”宣布进入应急状态，召集安监、消防、公安等部门的“负责人”进行商讨，提出整体应急方案并明确分工。各应急组织人员根据职责说明具体的实施方法和措施。为保证发言质量，主持人应留给每位参演人员一定的准备时间。发言者应条理清晰地阐述问题的解决方法，其他参与者在发言结束后可以补充建议。讨论中，主持人应控制讨论方向和气氛，避免偏离主题，确保达到预定的演练目标。

⑥ 演练结束。当所有演练内容完成后，主持人宣布演练结束。演练现场应有记录人员，详细记录参演人员的发言内容，以便演练结束后的总结和评估。

（2）实战演练（现场演练）

实战演练分为基础演练、专业与战术演练、技能演练和综合演练，每种类型都针对不同的应急救援能力进行测试和提升。

基础演练主要关注基础操作技能的培养，如队列训练、体能训练、防护装备使用及通信设备操作。目标是提高人员对基本操作的熟练度，确保在火灾发生时能够迅速、准确地使用设备和工具。演练内容包括灭火器操作、消防水带连接和火灾报警系统启动等，旨在让人员充分了解应急设备，并在紧急情况下高效应用。

专业与战术演练模拟特定火灾场景，如高层建筑火灾和电气火灾等。演练内容涉及火源封堵、火场疏散、紧急伤员救助和现场指挥战术等。通过模拟复杂环境，这类演练检验应急人员在决策和执行方面的表现，特别是在处理特殊场景时，如高层建筑火灾，评估参演人员在火源封堵、人员疏散和现场急救中的有效性，以确保在真实火灾中能够迅速、准确地反应。

技能演练涵盖紧急沟通、情绪调节、预测分析、调查研究、快速疏散和心理调适等方面。这类演练不仅关注技术操作，还注重在压力环境下的心理素质和团队协作能力。其重点是提升人员在应急情况下的综合应对能力，包括有效沟通、情绪管理和现场信息传递等。这些技能对确保应急救援工作的高效进行至关重要，因为它们直接影响救援人员在紧张环境下的表现和团队协作。

综合演练将基础、专业与战术、技能演练整合，模拟一个完整的火灾救援过程。其主要目标是全面测试应急救援系统的协调性和执行能力。综合演练通常包括从火灾报警到人员疏散、从现场急救到火源扑灭的全过程。通过全面测试，评估应急系统在实际火灾中的整体表现，并确保各个环节的协调与高效运作。这种演练不仅检验单项技能，还能发现并解决系统性问题，从而提升整体应急救援能力。

3. 演练总结与改进

在实施火灾应急演练过程中，无论演练的类型、规模、持续时间、情景和目标如何，都必须遵循一些关键要点，以确保演练的有效性和安全性。首先，各相关单位应根据现行法律法规，制定和完善突发事件应急演练制度，规划详细的演练活动，明确目标如提高响应能力、检验消防设施的有效性等，并确保演练覆盖火灾发生后的所有关键环节。其次，应扩大演练的层面和社会参与度，通过建设模拟火灾场景的训练设施，为专业救援人员、志愿者及公众提供多样化的培训机会，鼓励基层单位参与，从而普及火灾安全知识，提高整体应急响应能力。演练方案或脚本的编制应紧密围绕应急预案要求，设计出各个场景和环节，确保每个参与单位能够按照既定程序操作，实现预期效果。在演练阶段，参演人员应根据实际情况进行自由演示，测试他们在无预设限制下的应急操作能力，同时控制人员需监督演练安全，纠正偏差以确保演练达到目标。最后，演练结束后，组织单位应及时进行总结评价，分析问题并提出改进措施，特别是在火灾应急演练中，记录设备不足和人员反应等问题，并向有关部门提交改进报告，以不断完善应急预案，提升未来演练的效果和安全性。

火灾应急演练结束后，需要对演练过程进行详细回顾，逐项分析演练中暴露的问题，包括人员配合、设备使用、指挥调度以及应急响应等方面的不足。通过深入分析这些问题，能够发现应急预案中的漏洞或操作中的不当之处。基于这些发现，制定具体的改进建议和措施，以优化应急预案和操作流程。这不仅有助于发现并解决问题，还为下一次演练或实际火灾的应对提供明确的改进方向。通过持续的改进措施，可以不断提升应急管理体系的整体能力，确保在实际火灾发生时能够快速而有效地应对。此外，定期组织演练并进行经验分享和交流也是提升应急管理水平的重要环节。通过与其他单位或组织分享演练经验，可以借鉴先进的管理理念和成功案例，进一步优化自身的应急响应能力。

第七章　应急疏散技术

随着全球城市化进程的加速，特别是在大型城市中，人口密度显著增加，公共场所的安全管理变得愈加复杂。人们在各种场合中聚集，如大型活动、购物中心、交通枢纽等，这些地方常常成为火灾、恐怖袭击等突发事件的高发区域，给人员疏散带来了巨大挑战。在这些危机情境中，人员往往需要在极短的时间内做出反应，迅速疏散到安全区域。这种紧急情况下的疏散过程不仅关乎个人的生死，还与公共安全和社会稳定密切相关。如表 7.1 所列，许多历史案例表明，疏散措施的有效性直接影响事件的结果，这些事件引发了公众对安全管理和应急疏散技术的深刻反思。

表 7.1　拥挤踩踏事件案例

时间	事件地点	事件描述	伤亡人数
2014 年 12 月	中国上海	上海外滩陈毅广场发生拥挤踩踏事故	36 人死亡，49 人受伤
2015 年 9 月	沙特米纳	沙特麦加东部的米纳地区发生朝觐者踩踏事故	截至 2015 年 10 月 9 日，死亡人数为 1399 人，超过 2000 人受伤
2021 年 11 月	美国得克萨斯州	音乐节人群拥挤，导致多人受伤和死亡	10 人死亡，100 多人受伤
2022 年 10 月	印度尼西亚	印度尼西亚东爪哇省玛琅县坎朱鲁汉体育场发生踩踏事故	135 人死亡，500 多人受伤
2022 年 10 月	韩国首尔	梨泰院万圣节派对的人群发生严重踩踏事故	159 人死亡、196 人受伤
2024 年 7 月	印度北方邦	在一场人数超过 2 万人的宗教活动上发生踩踏事件	123 人死亡，超过 150 人受伤

公众对安全问题的重视程度逐渐提升，社会各界对如何有效应对突发事件、确保人员安全的讨论日益频繁。在这种背景下，应急疏散技术的研究显得尤为重要。它不仅能够帮助管理者优化应急预案，还能为公众提供必要的安全知识和技能，提高他们的自我保护能力。因此，深入研究应急疏散行为的特点、影响因素及相关技术，有助于构建一个更加安全的社会环境，确保在危机发生时，人员能够有序、高效地疏散。

应急疏散是指在发生紧急情况或灾害事件时，根据事先制订的应急计划和程序，迅速有序地将人员、车辆或其他相关物品从危险区域转移到安全地区的行动。它是一种紧急响应措施，旨在减少潜在威胁对人员和财产的伤害。应急疏散通常在自然灾害（如地震、火灾、洪水、风暴等）、环境事故（如化学泄漏、核泄漏等）、社会安全事故（人群事故、恐怖袭击、战争）等紧急情况下进行。当这些事件发生时，危险区域可能面临威胁，如结构倒塌、火灾蔓延、气体泄漏、爆炸等，因此迅速疏散人群至关重要。

应急疏散的目的是保障人员、车辆或其他财产的安全，减少伤亡和损失。它需要事先制订好应急计划，包括明确的疏散路线、安全避难点和集结区域等信息。在紧急情况下，必须及时通过警报、广播、短信等方式通知相关人员，提醒他们启动疏散行动。在疏散过程中，交通组织、安全引导以及紧急救援服务的支持都是必不可少的。

应急疏散技术的研究不仅关乎提高人员的生存概率，更在于提升整体社会的安全水平。通过分析以往突发事件中的应急疏散行为，研究人员能够识别出常见的疏散瓶颈和问题，从而为制定更有效的应急预案提供科学依据。同时，这些研究也推动了新技术和新设备的开发与应用，比如智能疏散指示系统、实时人流监测技术等。这些技术能够在疏散过程中实时调整指引，最大程度减少混乱和拥挤，确保人员安全。

第一节　疏散原则与策略

一、疏散基本原则

1. 安全第一

在任何紧急情况下，安全是最重要的原则。保护人员和财产的安全是应急疏散的首要任务。在进行疏散行动时，必须确保疏散路径和目的地的安全，避免进一步的危险和伤害。

2. 有序组织

应急疏散需要有序进行，避免混乱和踩踏等意外事件的发生。疏散计划和程序应当提前制订并告知相关人员，明确疏散的路线、避难点和集结区域等。利用警报、通知系统等方式及时通知人员启动疏散行动，并提供指引和支持，确保疏散过程的有序进行。

3. 快速响应

应急疏散需要迅速启动和响应。灾害事件或紧急情况往往发展迅速，延误时间可能导致严重后果。因此，疏散计划的执行要迅速，在接到通知后立即行动。相关人员应熟悉疏散路线和程序，以便能够快速有效地离开危险区域。

4. 信息共享

在应急疏散过程中，及时准确地获取和传递信息非常重要。相关部门和机构应及时公布灾害信息、安全指导和疏散指示，确保信息的共享和传播。同时，个人和单位也应及时将自己的情况报告给相关部门，以便获得帮助和支持。

5. 考虑弱势群体

在进行疏散计划和行动时，需要特别关注弱势群体的安全和需求。包括老年人、儿童、残障人士、孕妇等特殊人群在内的弱势群体可能需要额外的帮助和支持，因此应该提前为他们设置合适的疏散措施和条件。

6. 合作协调

应急疏散涉及多个部门和机构的协调合作。政府机构、应急救援队伍、民间组织等应当密切合作，共同制订和执行疏散计划，协调资源和救援力量，确保疏散行动的顺利进行。

这些基本原则在应急疏散中起着重要的指导作用。考虑到每个紧急情况的特殊性，应急疏散的具体策略和措施可能会有所不同，但遵循这些基本原则有助于确保疏散行动的有效性和安全性。

二、疏散常用策略

1. 分级疏散

根据紧急情况的严重程度和威胁的范围，将疏散行动划分为不同的级别。这样可以确保资源的合理分配和人员的有序疏散。通常将紧急情况划分为警戒级别、警示级别和撤离级别，每个级别对应不同的疏散措施和指示。

2. 预定疏散路线

在事前进行疏散路线的规划和标记。确定主要的疏散路径和备用路径，确保人员可以快速找到安全的离开途径。标记路线和出口，以便在紧急情况中人们能够迅速辨认。

3. 有序疏散

有序疏散是确保人员在疏散过程中按照预定的计划和程序进行有组织的转移。关键是通过提供清晰的指示和指导，确保人们知道应该采取什么行动、何时采取行动以及如何安全地疏散。在有序疏散中，通常会制定疏散路线、指定集合点和提供必要的援助和保护。

4. 避难场所选择

在某些情况下，疏散可能不是立即可行或不是必要的。在这种情况下，选择适当的避难场所是至关重要的。避难场所应该是安全的、可靠的，并提供所需的基本生活设施和保护。通常会选择具备坚固结构、远离潜在威胁的建筑物作为避难场所。这些场所可能包括政府设施、学校、社区中心等。

5. 集合点设立

确定安全的集合点，让疏散的人员聚集在一起。集合点应远离危险区域，并具备必要的基础设施和保护措施。确保人员在集合点得到组织和援助。

6. 交通管理

在疏散过程中可能需要进行交通管理，以确保疏散路线的畅通。这可以包括交通警察的指挥、路口封闭、道路改道等措施，以确保疏散车辆和行人的顺利通过。

7. 疏散行为引导

通过发布明确、简明的指示和警示信息，引导人员采取正确的疏散行为。使用广播、喇叭、标志、指示牌等手段向人员传达疏散指示和重要信息。

8. 心理疏导

紧急情况可能引发人员的恐慌和焦虑。提供心理支持和安抚，帮助人员保持冷静，并提供情绪上的支持。这可以通过为人员提供信息、指导和安全感来实现。

在实际应急疏散中，具体的策略和方法可能需要根据不同的情况和环境进行调整和应用。制订应急疏散计划时，需要综合考虑场所特点、人员数量、安全风险和资源条件等因素，以确保疏散行动的有效性和安全性。

第二节　疏散路线规划

疏散路线的规划是在紧急情况下确保人们安全撤离的关键措施。它需要考虑诸多因素，包括路线选择、标识标志和交通组织等方面。

以下将详细介绍疏散路线规划的原则和方法。

一、疏散路线规划原则

1. 安全性原则

疏散路线应确保行人的安全撤离。避免使用有限通行能力、易发生交通事故或易受灾害影响的路段。注重避难场所、离开高风险区域和疏散出口的连通性。

2. 最短路径原则

疏散路线应尽量选择最短路径，以缩短人们从危险区域到达安全地带的时间。最短路径可以减少行人暴露在潜在灾害中的时间，并提高整个疏散过程的效率。

3. 多样化原则

在规划疏散路线时，应提供多条备选路线，以应对突发情况或交通阻塞的情况。多样化的选择可以避免人群拥堵在单一的疏散通道中，降低事故风险，并确保疏散的顺畅进行。

4. 可达性原则

疏散路线应易于辨认和到达。标志和指示牌应明确，以便行人能够快速找到和沿着正确的路线疏散。路线规划中应考虑不同人群的需求，如行动不便者、老年人和儿童等。

5. 阻力平衡原则

在规划疏散路线时，应根据道路容量、交通工具和人流密度等因素，合理分配疏散流量。避免出现过于拥挤的疏散通道和瓶颈点，以确保整个疏散过程的平衡性和顺畅性。

6. 预案合规原则

疏散路线的规划应符合相关的行业规范和预案指引。在制定疏散路线方案时，应考虑当地法规、建筑规范以及相关行业标准，确保规划方案与现有的应急预案和危险源安全管理体系相协调。

二、疏散标识标志

疏散标识标志的设置是疏散路线规划的重要组成部分。通过合理设置标识标志，可以帮助人们在紧急情况下快速识别和遵循正确的疏散路线。以下是一些常见的疏散标识标志。

1. 出口指示标志

出口指示标志用于标识疏散出口的位置和方向。它们应设置在显眼的位置，如墙壁、楼梯间、走廊等处，并采用大号的文字和箭头指示方向。标志的颜色通常是绿色或蓝色，与周围环境形成鲜明对比，以提高可视性。

2. 道路指示标志

道路指示标志用于指引人们沿着正确的道路行走以到达安全地带。标志上应标注疏散路线的名称或编号，并使用箭头指示路线的前进方向。道路指示标志应设置在交叉口、转弯处以及可能引起困惑的地方，确保人们能够持续地找到正确的路线。

3. 路径确认标志

路径确认标志用于确认行人正在沿着正确的疏散路径行走。这些标志通常设置在路线转弯处、过道交叉口和重要选择点等位置。它们能够提醒行人继续沿着正确的路径前进，并增强信心。

4. 紧急出口标识

紧急出口标识用于标识紧急情况下的紧急出口通道，如应急楼梯、窗户等。这些标识通常使用文字和图标指示，如“紧急出口”“Emergency Exit”等。它们应设置在紧急出口通道的入口处，并保持清晰可见。

5. 线路分离标志

当疏散路线需要与其他路径分离时，可以使用线路分离标志进行标识。这些标志可以包括护栏、标线、挡板等，用于清晰地界定疏散路线和其他路径，防止人们误入其他区域。

6. 照明和发光标识

在低光照环境下，如黑暗或浓烟环境下，照明和发光标识可以提供额外的可见性。这些标识标志通常采用荧光材料、反光材料或发光装置，以确保在恶劣条件下仍能清晰地辨认和遵循疏散路线。

在设置疏散标识标志时，应遵循一系列重要原则，以确保其有效性和可靠性。首先，易识别性是关键，标识标志的设计应简明清晰，使人员能够迅速理解其含义和指示，从而在紧急情况下做出快速反应。其次，标识的高可见性至关重要，颜色、形状和文字的选择应确保在各种光照条件下都能清晰辨认，例如使用鲜艳的颜色和对比度高的图案。再次，标识标志的持久性同样不可忽视，制作材料和工艺需具备抗风化、耐用性和防水性，以保证在长时间内保持良好的识别效果。所有设置的疏散标识标志也必须遵循合规性原则，符合当地的法规、标准和建筑规范，以确保其合法性和权威性。这些原则相辅相成，共同构成了一个有效的疏散指引系统，有助于在紧急情况下提高人员的安全意识和疏散效率。最后，定期检查和维护疏散标识标志也非常重要，以确保其可见性和清晰度，及时更换磨损或损坏的标志，并根据需要进行更新和改进，以提高整体的疏散效率和安全性。

三、疏散交通组织

在任何疏散交通组织中，人员安全应始终是首要考虑因素。合理的交通组织可以减少混乱和拥堵，提高疏散效率，确保人员的安全撤离。因此，需要在安全、有序和高效之间进行权衡和平衡。

在紧急情况下，疏散交通组织是一项至关重要的措施，旨在通过合理的交通安排和管理，确保人员和车辆能够迅速、有序地撤离危险区域。有效的疏散交通组织不仅关乎生命安全，也对维护公共秩序、降低经济损失及保护环境有着深远的影响。为了实现这一目标，必须遵循一系列原则和方法以确保在突发事件中能够高效应对。

制订详细的疏散计划是疏散交通组织的基础。这一计划需要综合考虑多种因素，包括人员流量、道路状况、交通工具的调配等。在制订疏散计划时，必须对可能的紧急情况进行评估，并考虑不同情况下的人员需求。例如，在发生火灾或地震等情况时，人员的撤离需求与普通情况截然不同。有效的疏散计划应明确主要疏散路线、出口地点和集结点，并在平时进行必要的宣传和演练，以确保所有相关人员能够熟悉并理解这些信息。

疏散路线的规划和标识对于确保人员的快速、安全撤离至关重要。根据建筑物或场所的具体特点，规划和设置主要的疏散路线，确保这些路线的宽度足够，以容纳快速撤离的人流。值得注意的是，疏散路径应避免任何可能的障碍物或堵塞物，例如家具、设备或其他临时设施。同时，应设置明显的指示标识，使人员在紧急情况下能够迅速找到疏散出口。这些指示标识应具有高可见性，能够在不同光照条件下清晰可见，使用的材料和设计应耐用，以确保长期有效。

在紧急疏散过程中，专门的交通引导和指挥是不可或缺的。这些引导人员应充分了解疏散计划及其实施细节，能够通过标志、喇叭、手势等多种方式指导人员和车辆的行动。交通引导人员不仅需要熟悉现场情况，还应具备良好的沟通能力和应急处置能力，以应对突发状况并确保交通的有序进行。建立临时指挥中心，可以协调现场的交通和人员流动，优化资源配置。

在确保疏散路线畅通的过程中，交通控制措施同样至关重要。这些措施可能包括关闭某些道路、改变道路通行方向或设置临时交通信号灯等。在紧急情况下，某些道路可能因为火灾、洪水或其他突发事件而变得不适合通行，因此需要根据实时情况进行评估和调整。比如，可以设立单向交通通道，以减少交叉路口的拥堵，提高疏散效率。交通控制措施的实施需要有专业人员进行现场评估和决策，确保其有效性。

与应急服务机构（如警察、消防、医疗等）进行紧密协调是实现有效疏散交通组织的另一关键因素。在疏散过程中，这些机构能够提供必要的支持与协助，确保整个疏散过程的安全和顺利进行。建立一个统一的指挥系统，有助于各方在紧急情况下快速沟通和协作，协调资源配置以应对突发情况。例如，消防部门可以协助控制火灾，同时引导人群向安全区域撤离。有效的协调不仅能提升应急响应的效率，还能降低因信息不畅造成的误解和混乱。

在紧急情况下，根据具体情况使用多样化的交通工具进行疏散也是一项有效策略。步行、自行车、公共交通工具、船只以及直升机等多种交通方式可以满足不同人群的需求和疏散要求。在大型活动或高密度区域，合理配置不同交通方式能够提高整体疏散效率。例如，对于高层建筑的人员，可以利用电梯进行快速撤离，而在开放区域则可能需要鼓励步行或骑自行车以避免交通拥堵。同时，公共交通系统的协调使用，如公交车和地铁的临时加班，也可以有效缓解道路交通压力。

定期进行疏散演练和培训是提高应对紧急情况能力的重要措施。这些演练可以帮助参与人员熟悉疏散程序、交通组织以及应急服务的协作，从而提升反应速度和应变能力。通过不断地演练，不仅能够发现和解决潜在问题，还能够验证疏散计划的有效性，确保在真实情况下能够顺利实施。在演练中，参与人员应接受专业的培训，包括如何使用疏散指示标志、应对紧急情况下的心理状态等，以便在实际情况中能够自信、冷静地应对。

在疏散交通组织中，人员的安全始终是首要考虑因素。在高密度人群集中的区域，良好的交通组织可以显著降低因拥挤导致的伤亡风险。对于组织者来说，确保人员了解疏散路线和集结点、提供必要的培训和信息是实现安全撤离的基本前提。

科技的进步为疏散交通组织提供了新的机遇和挑战。利用现代技术手段，如实时数据监测、移动应用、人工智能等，可以更有效地进行人流管理和疏散路径优化。例如，实时监测行人流量和交通状况的数据可以为决策提供支持，确保在突发情况下及时调整疏散策略。同时，通过移动应用向人员推送实时信息，使其能够在紧急情况下获得最新的疏散指示，进一步提高撤离的安全性和效率。

疏散交通组织是一项复杂而系统的任务，涵盖了从计划制订到实际执行的各个环节。通过充分的准备和合理的安排，能够确保在紧急情况下快速有效地撤离人员，最大限度地保护人们的生命安全。在未来的研究和实践中，仍需不断探索和完善疏散交通组织的方法，以适应不断变化的城市环境和人群需求，为公众的安全提供更为坚实的保障。

四、疏散路线规划流程

疏散路线的规划是保障公众安全的关键环节，各种步骤相辅相成，共同构建一个有效的疏散系统。

① 数据收集与分析是疏散路线规划的基础。此步骤涉及系统性地收集和整理与区域相关的各种数据，包括地理、道路、建筑数据及人口信息。地理数据提供了区域的物理特征，而道路数据揭示了交通流量和连通性。建筑数据帮助识别可能的避难场所。人口信息则用于评估紧急情况下的撤离需求，通过对这些数据的综合分析，能够识别潜在的疏散风险，确定撤离出口和避难场所的位置。

② 地图绘制和路网分析则为实施疏散路线规划提供了可视化支持。利用地理信息系统（GIS）技术，规划人员能够创建准确的区域地图，并将关键位置如道路、建筑及避难所标注其中。通过网络分析工具，可以评估道路的连通性，分析不同疏散路径的通行能力。这种方法不仅能够明确主要疏散路线，还能揭示备选路线，确保在突发情况下人员能够灵活调整撤离方案。

③ 风险评估是确定疏散路径的核心环节。采用风险评估模型，分析不同类型灾害对区域的影响以及紧急情况下的疏散需求。通过情景模拟和数据分析，评估可能的风险和需求，进而选择最安全、最有效的疏散路径。在这个过程中，考虑安全性、最短路径和多样化原则是至关重要的，确保所选路线能够应对多种突发情况并满足不同人群的撤离需求。

④ 标识标志和导引路牌的设置是疏散路线规划的具体实施环节。在关键位置设置清晰可见的标识和导引路牌，以指示疏散方向是必要的。标识应采用易于理解的符号和文字，确保在紧急情况下能够快速被识别。在设计过程中，还需考虑不同文化背景和语言能力的人员，使信息传达更加有效。此外，定期检查和维护标识的完好性，以确保其在关键时刻能够发挥作用。

⑤ 交通组织和调度是确保疏散过程顺利进行的重要手段。在紧急情况下，对交通的合理组织和调度，可以保持疏散路线的畅通无阻。实施交通信号控制、交警指挥及路口封闭等措施，能够有效引导和分流疏散流量，减少交通拥堵和混乱。例如，在高峰期，临时调整交通信号灯的时长或设立专用疏散通道，能够显著提升疏散效率。

⑥ 定期演练和评估是检验和优化疏散方案的重要环节。通过定期开展疏散演练，参与人员能够熟悉疏散程序，验证疏散路线的有效性。在演练后，根据实际情况和用户反馈进行评估，发现潜在问题并采取必要的改进措施。这种方法不仅提升了参与人员的应急反应能力，还能持续优化疏散方案，提高整体的应急响应水平。

第三节　疏散行为与心理疏导

一、常规人群的疏散行为特征

行人疏散是一个十分复杂的动态发展过程，涉及行人与行人、行人与建筑物、行人与外界环境之间的交互作用。同时，不同的社会角色、认知能力、性别、年龄以及知识水平的行人在面对同一情况时，人群表现出的疏散行为差异较大。因此，大量实验或模拟研究发现行人在疏散时会涌现出一些典型的行为特征及群集现象。

1. 从众行为

在突发事件发生时，行人个体在群体影响下倾向于跟随其他人员选择运动目标，与大多数行人运动方向保持一致。当行人的视野受限及对疏散场所信息了解较少时，从众行为将成为影响行人疏散的主要因素。过度的从众行为极易导致疏散场所内部各出口处行人流量分布不均衡，疏散效率降低，极端情况下容易因拥堵而诱发踩踏事故。

2. 群组行为

现实中由于社会关系等方面的原因，行人通常会以群组的形式疏散。因此，人员疏散过程不仅包括个体的单独逃生，也包括其他社会关系等形成的集群运动。研究表明群组行为对疏散效率有负面影响，随着群组比例的增大，疏散时间也会相应延长。群组行为一方面会加快瓶颈的形成，同时也会影响组内成员及外部行人流，降低了整体疏散效率。

3. 竞争行为

在紧急情况下，行人在疏散过程中出现相互竞争、相互推挤的现象，以争取在最短时间内安全逃生。特别是在遇到狭窄的出口时，行人会为了加快自身疏散而推挤他人，研究表明年龄越小，越容易推挤他人，男性比女性更容易推挤他人。

4. 帮助行为

在疏散过程中，人群不仅努力使自己能够逃离危险区域，同时也会关心其他行人的安危，会主动帮助疏散困难人员。研究表明帮助行为能大大提高弱势群体的疏散成功率，有利于提高整体疏散效率。

5. 折返行为

由于有亲人、贵重物品或其他原因，行人在疏散过程中会折返回灾害现场，形成与疏散方向相反的逆流，这大大阻碍了疏散进程。研究表明年龄对折返行为的影响并不明显，女性比男性更容易出现折返行为。

6. 趋熟行为

在危险环境下，即使存在多条可用的疏散通道，行人也倾向于选择熟悉的路径逃生以保证自身的安全。在对环境不熟悉的情况下，行人倾向于跟随熟人或大众，或选择主要通道。

7. 恐慌行为

在紧急突发灾害下，人群面对突发威胁时产生的恐慌情绪会诱发盲目躲避、慌跳、推搡等非理性行为，而混乱、无序的运动行为又会导致疏散延误，人群发生拥挤，进而引发踩踏。研究表明过度的恐慌会降低人群逃生的可能性，而适度的恐慌则可以提高反应和行动能力。

8. 自组织行为

疏散过程中，在个体或群体层面上，行人会自发地呈现出一定规律的行为。

① 分层现象：在相向行人流中，行人倾向于跟随同方向行人，而躲避对向行人，因此人群会自发出现分层现象。分层能减少不同运动方向行人间的冲突，提高人群整体通行效率。

② 拱形分布：疏散过程中行人会在瓶颈处，尤其是在出口位置产生拥挤，此时人群在出口附近呈现拱形分布。

③ 拉链效应：当人群在通过通道或狭窄空间时会出现明显的分层现象。由于宽度变窄，行人不得不交替交叉前进，相互占用对方行人层的空间，从而产生拉链效应。分层排队可以最大程度地和前方人员保持节奏一致，减少碰撞，提升行人通行效率。

④ 快即是慢：在紧急情况下，当疏散人员的期望速度增加时，人群能快速从初始位置到达出口，此时疏散效率会增加。但当期望速度进一步增大时，行人会在出口位置发生严重拥挤，致使整体疏散效率降低。

⑤ 时走时停：时走时停是指行人流中行人一会走一会停的现象，时走时停波在行人流中不断向后传播，一般来说，时走时停现象易发生于较高密度的单向行人流中。

⑥ 湍流现象：湍流现象是指发生在人群中的行人运动速度和位置不断发生剧烈变化的现象，湍流现象常见于高密度的人群运动中。一旦发生，意味着人群运动已进入了较为危险的状态，此现象可以作为人群安全预警的关键标志。

二、弱势人群的疏散行为特征

当前针对人群疏散的研究，绝大部分以年轻人为研究对象。然而，在突发事件发生时，弱势群体如老年人、儿童、残疾人的运动能力受限，疏散能力不足，其疏散特性更加值得关注与研究。

1. 老年人

随着人口老龄化的不断发展，基于对老年群体疏散特性的认识，设计与改造现有的通行设施和建筑结构，对提升老年人的安全具有重要意义。考虑到老年人的身体状况、运动能力等限制因素以及实验开展的操作难度，对于老年人的运动研究大多为单人实验，较少涉及具有一定规模的人群实验。步行是老年人常见的运动方式，然而也会使老年人暴露于容易跌倒的风险中。通过采访调研 65 岁以上的老年群体，曾有过跌倒经历的老年人超过调研群体的 1/3，并且在通行中容易受到碰撞而发生伤亡事故。老年人群在日常出行和疏散运动中也存在诸多不安全因素，原因是在疏散过程中老年人具有行走速度较低、平衡性不稳定、寻路策略效率低下等特征。实验研究表明，老年人的运动速度及在出口位置的通行效率显著低于学生群体。

2. 儿童

在行人疏散中，学龄前儿童这一弱势群体的年纪小、生理和心理机能发育不完善，其在行人疏散中的安全性较难得到保证。当前关于学龄前儿童疏散研究主要是通过开展可控实验及疏散演习来分析儿童疏散运动特性。在相同密度下，5 ～ 6 岁的学龄前儿童的移动速度快于成年人的速度，并且儿童的疏散过程受幼儿园老师、楼梯和平台拥堵情况的影响。学龄前儿童在平面上的步行速度高于楼梯步行速度。在楼梯上需在成年人与楼梯扶手的辅助下疏散。在通过出口疏散时，学龄前儿童的流量和密度较成年人的流量和密度高。此外，学龄前儿童在疏散时，相比成年人、中小学儿童等更倾向于奔跑。超过 80% 的学龄前儿童能够在口头指令下完成疏散，并且儿童在疏散演习中表现出的疏散动机较高。

3. 残障人员

目前关于残障人员疏散的实验研究较少，原因是残障人员在疏散过程中的安全隐患较高以及实验难度较大，因此常见解决办法是通过正常健康人使用行走辅助设备或限制运动设备来模拟残障人员。这些设备分别为拐杖、限制膝盖弯曲的护膝、手杖、沙袋、轮椅、眼罩等。正常健康人穿戴一个限制膝盖弯曲的护膝，同时通过拐杖模拟拄拐人员行走；通过双脚携带沙袋，同时使用手杖模拟老人行走；乘坐轮椅模拟行动不便人员运动；佩戴眼罩模拟盲人行走。研究发现人群在通道内的速度与残障人员所占比例呈负相关，即使在低密度情况下，人群可能也会产生拥堵。残障人员的存在降低了人群整体疏散效率，因此在制定大规模人群管理策略时应充分考虑残障人员的运动特征。

三、疏散行为的影响因素

疏散行为是人们在面对紧急情况时采取的行动和决策过程。它是多种因素综合影响的结果。了解人群疏散行为的影响因素对于优化疏散策略、提高疏散效率和减少潜在风险至关重要。以下是一些常见的影响因素，可以按不同的维度进行分类和讨论。

1. 感知和认知因素

① 灾害认知：人们对灾害类型、程度和影响的感知和理解程度对疏散行为产生重要影响。当人们意识到灾害的紧急性和威胁性时，他们更倾向于采取迅速疏散的行动。

② 信息获取和传播：准确、及时和可靠的信息对疏散行为至关重要。人们通过各种渠道（如广播、社交媒体、应急通知等）获取相关信息，并根据信息的内容和可信度作出决策。

③ 应急预警系统：有效的应急预警系统可以提醒人们即将发生的灾害，并引导他们采取相应的行动。预警信号的准确性、时效性和可理解性对疏散行为起着关键作用。

2. 个体特征和行为因素

① 社会经济背景：人们的社会经济背景（如年龄、性别、教育水平、职业等）会影响其疏散行为。例如，老年人、儿童和残障人士可能需要更多的帮助和支持，而具有紧急应急培训和经验的人员可能更加自信和熟练。

② 知识水平和经验：个体对疏散过程和策略的了解程度会对疏散行为产生影响。具有

相关知识和经验的人员可能更加冷静和理性，能够更好地评估风险和采取适当的行动。

③ 家庭和社交因素：家庭和朋友的支持和影响也会影响个体的疏散行为。人们倾向于根据亲友的建议和行动来作出决策。此外，社会规范和文化价值观也可能影响个体的疏散行为。

3. 环境因素

① 空间和物理环境：疏散行为受到空间和物理环境的限制和约束。环境的复杂性、通道的容量、出口的位置和数量等会影响人们的路径选择和疏散速度。拥挤、狭窄或不熟悉的环境可能导致人员的不安和延误。

② 设施和设备：现代建筑和设施的安全设计和设备（如灭火器、安全出口、应急照明等）对疏散行为起着重要作用。易于识别和使用的设施和设备可以提高疏散的效率和安全性。

4. 情感和心理因素

① 恐慌和焦虑：在紧急情况下，人们可能面临恐慌、焦虑和恐惧的情绪。这种情感状态可能会导致冲突、混乱和不理性的行为，阻碍疏散进程。

② 自我保护和道德判断：个体在疏散过程中通常会考虑自我保护和他人安全之间的平衡。人们的道德判断和社会责任感会影响他们是否愿意提供帮助和支持他人。

疏散行为的影响因素涵盖了感知和认知因素、个体特征和行为因素、环境因素以及情感和心理因素。这些因素之间相互作用，共同影响着人们在紧急情况下的疏散行为。考虑这些因素可以帮助决策者和规划者制定更有效的疏散策略和应急预案，并提高人们在灾害和紧急情况中的生存和安全能力。

四、疏散行为心理疏导的重要性

疏散行为心理疏导是指在紧急情况下，通过专业人员的介入和支持，帮助个体应对焦虑、恐惧、恐慌等负面情绪，减轻心理压力，促进有效的疏散行为。在紧急情况中，人们可能经历极度的紧张和不确定感，而心理疏导有助于增强个体的心理韧性和应对能力，提高疏散的安全性和效率。

1. 缓解焦虑和恐惧

紧急情况常常伴随着焦虑、恐惧和恐慌等强烈的负面情绪。这些情绪会干扰人们的决策能力和行动反应，导致冲动和混乱的行为。通过心理疏导，专业人员可以帮助人们理解并应对这些情绪，提供积极的心理支持和干预措施，从而减轻个体的焦虑和恐惧感，使其更加冷静和理性地采取疏散行动。

2. 提供信息和引导

在心理疏导过程中，专业人员可以向受影响者提供准确、可靠的信息，包括灾害的性质、疏散路线、安全设施等。这有助于增强个体的信心和意识，帮助他们明确应对措施，并选择合适的行动方式。专业人员还可以提供指导，教授应对紧急情况的技能和策略，促进人们采取正确的行动来保护自己和他人。

3. 增强责任感和合作意识

在紧急疏散过程中，个体的行为不仅关乎个人安全，也会影响他人的安全。心理疏导可以帮助个体认识自己在疏散过程中的责任和作用，增强他们的社会责任感和合作意识。通过加强个体的道德判断和社会意识，可以减少冲突和混乱，提高整体疏散的效率和安全性。

4. 预防和处理后遗症

紧急情况下的疏散经历可能对个体的心理健康产生长期影响。一些人可能会出现创伤后应激障碍、抑郁、焦虑等后遗症。通过提供心理疏导和支持，可以降低这些后遗症的风险，并提供必要的治疗和干预，帮助受众恢复身心健康。

5. 提高疏散效率和安全性

心理疏导有助于优化疏散行为，提高整体的效率和安全性。通过减轻个体的负面情绪和心理压力，人们能够更加冷静地思考和行动，减少冲突和混乱。此外，心理疏导还可以鼓励个体积极参与应急演练和培训，提前熟悉疏散流程和掌握必要的技能，以提升疏散的效率和顺利度。

第四节　疏散模拟技术

一、疏散模拟的概念

疏散模拟是一种基于计算机模拟和仿真技术的方法，用于模拟和评估人员疏散行为和紧急情况下的安全性。它被广泛应用于建筑物、交通系统和城市环境等场景中，以帮助我们了解人员的疏散行为模式、优化疏散策略和方案，并评估疏散效果和安全性。

在紧急情况下，如火灾、地震、恐怖袭击等，人们需要迅速撤离危险区域，疏散模拟可以帮助我们预测和优化人员的疏散行为。通过建立逼真的计算模型、设置相关参数和运行仿真软件，可以模拟现实场景中的人员行为，例如行走、转向、避让和寻找出口等。疏散模拟可以揭示人员流动的规律和特性，帮助决策者制订更科学的疏散计划，提高疏散效率和安全性。

疏散模拟的基本概念包括以下几个方面。

1. 计算模型

计算模型是疏散模拟的核心，它描述了疏散场景中的环境、人员和其他相关因素。计算模型可以基于连续空间模型、网络模型或离散路径选择模型等。连续空间模型将疏散区域划分为连续的空间单元，考虑人员的位置、速度和方向等；网络模型使用图论的方法来描述场景中的道路网络和路径选择；离散路径选择模型则以人员的决策行为为基础，模拟人员在选择路径时的思考过程。

2. 仿真软件

仿真软件是实现疏散模拟的工具，它提供了可视化界面和功能，支持用户构建场景、设定参数、运行模拟和分析结果。常见的疏散仿真软件包括 Pathfinder、Legion、STEPS、SimWalk、AnyLogic 等。这些软件使用前沿的算法和方法来模拟人员行为，可以模拟大量人员在复杂环境中的疏散过程，帮助决策者制定科学合理的疏散策略。

3. 行为建模

行为建模是疏散模拟的关键，它描述了人员在疏散过程中的行为规则、目标和决策能力。人员的行为可以包括行走速度、方向调整、与其他人员的交互以及对环境的感知等。行为建模通常基于现实观测数据和行为学原理，通过模拟这些行为，可以预测人员的疏散路径、速度、拥挤度和安全性等因素。

4. 评估指标

评估指标用于衡量疏散效果和安全性。常用的评估指标包括疏散时间、拥挤度、疏散成功率等。通过疏散模拟，可以对不同疏散方案进行比较分析，评估各种因素对疏散效果的影响，从而选择最佳的疏散策略。

疏散模拟技术的应用非常广泛。在建筑物中，它可以用于优化疏散计划、确定出口位置、预测疏散时间等，提高人员疏散的效率和安全性。在交通系统中，疏散模拟可以帮助规划者设计合理的交通网络，提高交通系统的应急响应能力。在城市规划中，疏散模拟可以用于评估城市人口饱和度、制定紧急疏散预案等，保障公众的生命安全。

二、行人疏散仿真模型

行人仿真的困难主要体现在行人运动随意性大、步行行为复杂、影响因素多等方面。按照仿真的尺度不同，人员疏散模型可分为以下 3 类。

1. 宏观模型

宏观模型将行人流近似为气体或流体，将流体力学的理论和方法应用于行人流的建模仿真中。宏观模型植根于流体力学模型，采用的评价指标多为流量、密度和速度，难以描述实际观测到的行人复杂行为，也难以直观和定量揭示局部和细节的信息，行人系统的非线性也限制了该方法的适用范围。

2. 中观模型

中观模型融合了宏观模型和微观模型，将平面划分为正方形、三角形或六边形等。行人位于交点处，其运动方向取决于周围邻域的情况。模型可以从个体或群体的角度建模，不过多考虑行人间的相互作用，比微观模型显得粗略。

3. 微观模型

从 20 世纪 90 年代开始，计算机技术的迅速发展为从微观层面上描述行人运动提供了强有力的支撑。在微观仿真中，每位行人被当作独立个体进行描述和计算，这样不仅能够从宏观和整体上把握行人流，而且能够从局部和细节上刻画行人的复杂行为。微观模型主要包括格子气模型、元胞自动机（CA）模型、社会力模型、离心力模型等。

（1）格子气模型

模型中将模拟空间划分为方格网，行人占据交点处，且每个交点只能有 1 个人。模型中有一个随机偏好强度 D，它是决定行人下一步向周围格点移动概率的主要参数。最早的格子气模型都是有偏随机无后退的，以通道相向流模型中向右运动的行人为例。在每个时间步行人都要根据移动概率向周围邻居格点运动。而根据行人周围格点的不同状态（是否被占据），共有以下 8 种不同的情况需要考虑，如图 7.1 所示。根据不同的情况，行人向周围格点的移动概率分别表示为：

① 行人周围无人：$P_{t,x}=D+(1-D)/3$；$P_{t,y}=(1-D)/3$；$P_{t,-y}=(1-D)/3$。

② 行人右侧有人：$P_{t,x}=D+(1-D)/2$；$P_{t,y}=(1-D)/2$；$P_{t,-y}=0$。

③ 行人左侧有人：$P_{t,x}=D+(1-D)/2$；$P_{t,-y}=0$；$P_{t,-y}=(1-D)/2$。

④ 行人前方有人：$P_{t,x}=0$；$P_{t,y}=1/2$；$P_{t,-y}=1/2$。

⑤ 行人前方无人：$P_{t,x}=1$；$P_{t,y}=0$；$P_{t,-y}=0$。

⑥ 行人左侧无人：$P_{t,x}=0$；$P_{t,y}=1$；$P_{t,-y}=0$。

⑦ 行人右侧无人：$P_{t,x}=0$；$P_{t,y}=0$；$P_{t,-y}=1$。

⑧ 行人周围全被占据：$P_{t,x}=P_{t,y}=P_{t,-y}=0$。

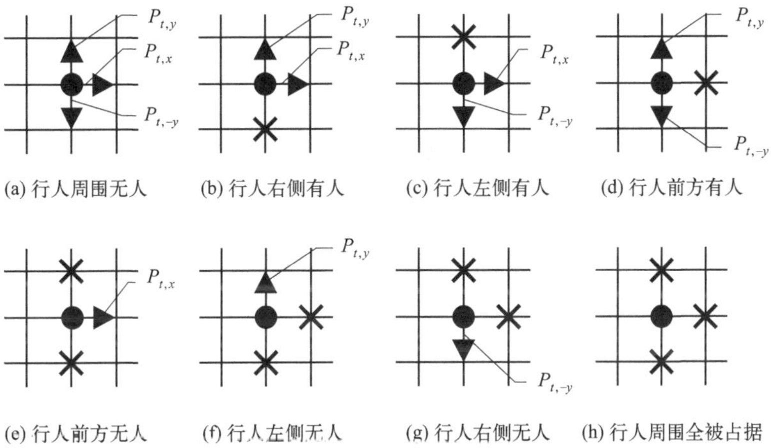

图 7.1　行人周围格点的不同状态

上式中的 D 为行人在运动过程中的偏好强度，它代表着行人向期望目标方向运动的偏向大小。D 的取值越大，行人向接近期望方向的格点的移动概率就越大，向偏离期望方向的其他格点的移动概率就越小。格子气模型从个人的角度建模，相比宏观模型有很大进步，但由于没有考虑行人彼此间的相互作用，模拟精度不足。

（2）元胞自动机模型

与格子气模型类似，在元胞自动机模型中，空间一般被离散为正方形元胞，每个元胞在每个时间步的状态有被占据和空置两种。这里主要以应用比较广泛的场域模型为例进行介绍。场域模型（floor field model）主要借鉴蚂蚁等昆虫的觅食过程，通过释放信息素向同伴传递信息，后续同伴会循着这种信息素而找到食物。将该思想运用到人员疏散模型中，假设当人走过某个元胞后也会留下某种“信息素”，信息素会向周围元胞扩散，影响周围行人的运动。这就是场域模型中的动态场（dynamic floor field），因为这种信息在每个元胞上都是动态变化的，随着时间的推移，信息素会逐渐衰减并向四周扩散。但当有其他行人经过该元胞时，信息素浓度又会增加。当然只有动态场还无法实现行人往出口运动，所以场域模型中还有另外一个很重要的场——静态场（static floor field），其代表的是建筑结构的位置信息对人员的吸引力，如出口位置。这种位置信息是静态的、固定不变的。场域模型中设置行人可以向周围 4 个邻居的方向（四邻域）或者 8 个邻居的方向（八邻域，四邻域加上 4 个对角线元胞，如图 7.2 所示）运动。具体每个时间步内行人向周围元胞运动的概率转移公式如式（7.1）所示：

$$P_{ij}=N\exp(K_S S_{ij})\exp(K_D D_{ij})(1-n_{ij})\xi_{ij} \tag{7.1}$$

式中，N 为归一化系数；S_{ij} 为静态场场值，在模拟初始化时，每个元胞的静态场值就已计算完毕且在整个模拟过程中保持不变，其大小与其离出口的距离成反比；D_{ij} 为动态场值，每个时间步由于元胞内“信息素”的扩散和挥发都需要更新计算；K_S，K_D 为衡量静态场和动态场的敏感参数；n_{ij} 为元胞（i，j）的状态（是否被行人占据），如果元胞已被占据则取值为 1，否则值为 0；ξ_{ij} 为元胞是否是障碍物，如果是则值为 0，反之则为 1。

CA 模型容易实现，计算速度快，效率高，能够反映正常和拥堵的行人流，能够模拟复杂的行人流现象，如自组织和混沌现象。不足之处是行为规则过于简单，行人的速度受到元胞尺寸的限制，要求为元胞长度的整数倍，行人步行方向也受到限制，难以精确反映人员运动状况。

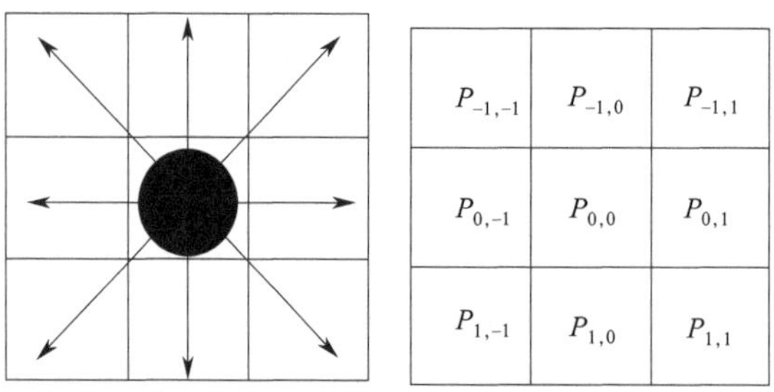

图 7.2　行人可运动的方向及移动概率

（3）社会力模型

社会力模型主要借鉴牛顿力学和集群动力学等领域的理论，其实质上是一个基于物理作用力和心理作用力的行人运动模型，模型中行人被当作是无思考能力的固体颗粒。行人的运动依赖于模型的参数条件设置以及与邻近行人间的局部相互作用，最终由牛顿第二定律计算得到。模型中行人的受力分为 3 个部分，如式（7.2）所示。等式右边的第 1 项为行人内在的自驱动力，该项代表行人内心往期望方向或目的地运动的渴望强烈程度。第 2 项代表行人之间的相互作用力，当行人接近一个陌生的行人时，通常距离越近感觉会越不舒适，压迫感也会增强。为体现行人的这种心理作用，模型中设置行人之间会有相互排斥力，并且该力的大小与行人之间的距离有关。第 3 项代表行人与障碍物之间的相互作用力，行人在运动过程中要避免与障碍物发生接触碰撞，设定障碍物对行人有斥力作用使得行人尽量远离。最后以上这 3 部分的合力由牛顿第二定律计算可得到等式左边行人的加速度，最终求得行人的位移。

$$m_i\frac{\mathrm{d}v_i}{\mathrm{d}t}=m_i\frac{v_i^0\boldsymbol{e}_i^0(t)-v_i(t)}{\tau_i}+\sum_{j(\neq i)}f_{ij}+\sum_{W}f_{iw} \tag{7.2}$$

式中　m_i——行人质量；

v_i^0——行人 i 期望速度大小；

$\boldsymbol{e}_i^0(t)$——t 时刻行人 i 期望方向；

$v_i(t)$——t 时刻行人 i 的速度；

τ_i——行人 i 的反应时间；

f_{ij}——行人 i、j 之间的排斥力；

f_{iw}——行人 i 和墙 w 之间的排斥力。

社会力模型从最初提出到现如今 20 多年的时间里，已经逐渐成为人员疏散领域应用最广泛的模型之一。图 7.3 为社会力模型示意，该模型可以很好地模拟行人在出口位置的拱形分布、快即是慢、行人自组织等典型现象，但其计算量很大，对于避免碰撞的描述还不太成熟。

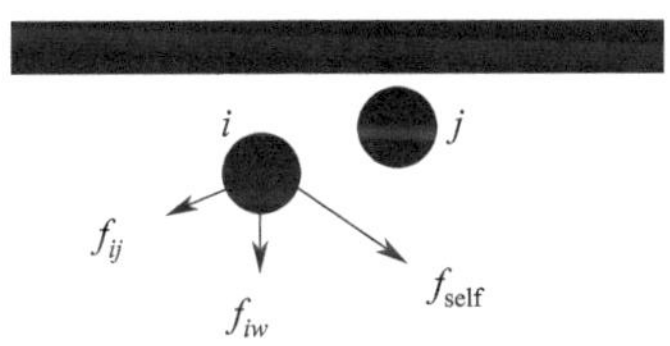

图 7.3　社会力模型示意

（4）离心力模型

离心力模型与社会力模型有很多相似之处，都是基于力的模型，将行人看成是一个物理粒子在各种外界力的作用下运动。离心力模型中也包括 3 种作用力：行人的自驱动力、行人之间的作用力、行人与墙壁之间的作用力（如图 7.4 所示）。但是与社会力模型中物理力的表达方式不一样，社会力模型中排斥力通过指数函数来定义，而离心力模型中采用物理上离心力计算公式来表达，如式（7.3）、式（7.4）所示。此外，与社会力模型（SFM）相比，离心力模型（CFM）在排斥力的计算中考虑了行人之间或行人与墙壁之间的相对运动速度，这使得模拟中出现行人之间特别是对向行人产生碰撞等不合理现象的概率降低，模拟结果更加符合实际。模型的缺点是计算量较大，针对大规模人群实时模拟的计算效率相对较低，通过并行计算方法可以提高模型计算效率。

$$f_i^{drv}=m_i\frac{v_i^0-v_i}{\tau} \tag{7.3}$$

$$f_{ij}^{rep}=-m_i k_{ij}\frac{v_{ij}^2}{R_{ij}}\boldsymbol{e}_{ij} \tag{7.4}$$

式中 f_i^{drv}，f_{ij}^{rep}——行人 i 的自驱力和行人 i、j 之间的排斥力；

m_i——行人 i 质量；

v_i^0——行人 i 期望速度；

v_i——行人 i 当前速度；

v_{ij}——行人 i 和行人 j 的相对速度；

R_{ij}——行人 i、j 之间的距离；

k_{ij}——缩放系数；

$\boldsymbol{e}_{ij}$——行人 i 指向行人 j 的单位向量。

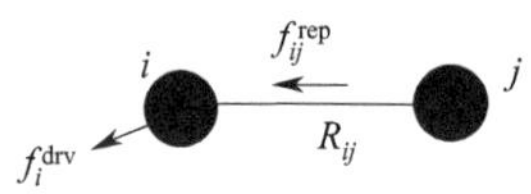

图 7.4　离心力模型示意

三、行人疏散仿真软件

商业化的行人疏散仿真软件是快速建模的有效工具，接下来介绍如何利用这些软件实现行人疏散微观仿真。

1. Pathfinder

Pathfinder 软件是一款基于智能体模型的专业模拟工具，专用于建筑物疏散和火灾场景下人群行为和运动的模拟。它主要由编辑器（editor）、模拟器（simulator）和分析器（analyzer）3 个模块组成，能够详细地模拟人员在紧急情况下的行为动态，并考虑人与人之间的相互作用以及与周围环境中障碍物之间的影响。Pathfinder 软件使用了多种人员行为模型，结合社会力模型和路径选择算法，使得个体能够根据周围环境和其他个体的状态不断调整自己的行为，从而实现真实疏散过程的模拟。具体来说，Pathfinder 中的个体会根据预设的规则和目标进行动态决策和运动。同时还考虑了人员之间的相互作用，如避免碰撞、跟随前方人员等行为，使得模拟结果更加真实可靠。Pathfinder 的主要特点包括：a. 支持多种不同的行人行为模型，包括社会力模型、最短路径模型等，能够模拟复杂的人员行为；b. 采用先进的路径规划算法，使得模拟中的个体能够智能地选择最优路径，避开拥堵和危险区域，提高疏散效率；c. 通过优化的计算方法，能够高效地处理大量个体的行为和运动，适用于大规模人群疏散模拟；d. 提供多种可视化工具和分析功能，能够生成详细的疏散时间、人流密度、步行速度等数据，并支持输出直观的图形和报表；e. 支持将模拟数据导出为多种格式，包括 CSV、XML 等，方便与其他仿真软件（如车辆微观仿真软件）进行数据交互，实现更复杂的混合仿真。

2. Legion 软件

Legion 软件采用了元胞自动机模型，由 Model Builder、Simulator 和 Analyse 3 个模块组成。模型中每位行人被模拟成 1 个二维实体，基于最小化的目标费用函数选择下一步的运动方向。该费用由 3 部分加权平均得到，即不便性、挫折性和不舒适性。行人能自行学习并调整 3 个部分的权重，以适应周围的环境。模型中人员能够区分不同方向行人，并能与相邻的人员通信。人员的参数需要依据实际情况进行设置和标定，包括物理半径、自由速度、横向摆动位移、行人空间要素、服务水平标准等。Legion 可以输出人流密度、步行时间、疏散时间、步行速度、排队长度等数据，还可输出行人活动区域内的密度分布和最大密度的持续时间分布、空间利用率等可视化图形，支持图形、数据、图表的输出。如将仿真中的行人位置数据保存为 XML 文件，可被车辆微观仿真软件 Aimsun 读取，从而实现行人和车辆的联合仿真。

3. STEPS 软件

STEPS 是由英国的 Mott MacDonald 公司开发，采用元胞自动机模型。每个行人都有以下基本属性：自由步行速度、对环境的熟悉度、耐性、预运动时间。模拟中人群或个人按照假定统计分布被赋予上述属性。模型中行人会选择花费最短的时间到达目的地，且不与其他行人和障碍物发生碰撞。

STEPS 提供正常模式和疏散模式 2 种运行模式。在正常模式下，人员为了到达目标会沿不同路线行进。在疏散模式下，行人会选择向最近的出口运动。STEPS 能够与 ANSYS CFX 流体动力学分析软件衔接，导入烟气仿真数据，研究疏散模式下烟气等有毒物质对行人疏散速度的影响。STEPS 支持在 AutoCAD（DXF 格式）底图上创建空间模型，提供 CSV 格式的输出数据文件，包含行人流量、人群密度、所使用的出口、空间利用率等。此外，还提供交互式三维可视化图形输出，可以直观地浏览三维模型并从不同的视角观察行人运动，还可导入 3D Studio Max 模型以增强效果。

4. SimWalk 软件

SimWalk 由瑞士 Savannah Simulations AG 公司研发，主要包括绘图模块 Simdraw 和仿真与分析模块 SimWalk。它采用基于智能体的模型，核心算法是基于社会力模型的势场算法。在势场中，行人将会朝着具有最低势的区域运动，行走方向和速度取决于行人向目的地运动的驱动力、行人间的相互作用力以及行人与障碍物之间的相互作用力 3 种力。在仿真过程中，所有智能体将进行循环迭代计算，根据上述的 3 种力计算出下一时间步的速度和方向，并进行 4 种检验：

① 边界检验，检验人员位置处于势场边界内；

② 可见性检验，检验有无障碍物和墙壁阻挡行进；

③ 物体压力检验，检验有无墙壁和障碍物在检测半径内；

④ 行人压力检验，检验有无其他行人位于检测半径内。

SimWalk 支持在 AutoCAD（DXF 格式）的底图上创建步行空间，提供 4 种显示模式，即行人显示、轨迹与速度显示、密度显示、负荷度显示。同时提供多种文本和图形统计输出，包括截图和动画、事件统计、个体统计（起点、终点、持续时间、距离、速度等）、人群统计、出口统计等。

5. AnyLogic 软件

AnyLogic 是俄罗斯 XJ Technologies 公司研发的复杂系统仿真软件，由基础仿真平台和企业库等组成，行人仿真主要依靠其行人库实现，核心算法是社会力模型。软件提供模板式的结构，用户从模板库中将所需对象拖拉到工作空间中，再定义这些对象的属性和相互间的关系，使建模过程变得直观快捷。行人库的对象分为全局参数设置对象、环境对象、行人对象和人群对象。AnyLogic 中的行人仿真建模包括环境建立、创建行为流程图、运行仿真和结果分析几个步骤。环境包括墙壁、不同的区域、服务、队列等。要创建环境对象，需使用动画编辑器绘制布局图或导入图片作为布局图，再加入对应的库对象并设置属性。

人员行为使用流程图的方式定义，从行人库中拖动对象到工作空间中并设置属性，然后将多个对象连接在一起。AnyLogic 可输出动画和行人数量、平均密度、停留时间等统计数据。运用 AnyLogic 行人库中的各种对象，结合企业库对象，可解决复杂的行人仿真建模。相比专用的行人仿真软件，AnyLogic 具有开放式的体系结构，支持基于智能体的建模和二次开发，能与其他软件及用 Java 语言或其他语言编写的自定义模块协同工作，为行人仿真建模提供了更高的灵活性。

四、疏散案例分析

选取最常用的 Pathfinder 软件，以双门套间公寓为例，开展人群疏散建模仿真及结果分析。

1. 疏散场景构建

疏散场景为高 4 层的双门套间公寓，每层 2 个房间，每个房间长 15m、宽 10m。

第 1 步，创建套间。首先，创建一个 15m×10m 的房间。在上方属性栏中输入房间起始坐标，如图 7.5 所示，选中“Create”即可完成房间的创建。注意：输入坐标点时，不要将指针移动到绘图网格操作面上，避免影响坐标点输入。其次，使用左侧工具栏中的套间工具在房间右上角创建套间，如图 7.6 所示（书后另见彩图）。另一绘制方法为：选中套间起始点坐标，拖至终止点坐标处，亦可完成套间绘制。

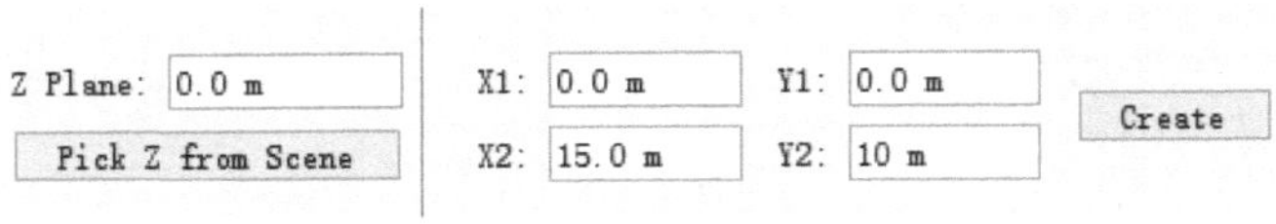

图 7.5　房间属性面板

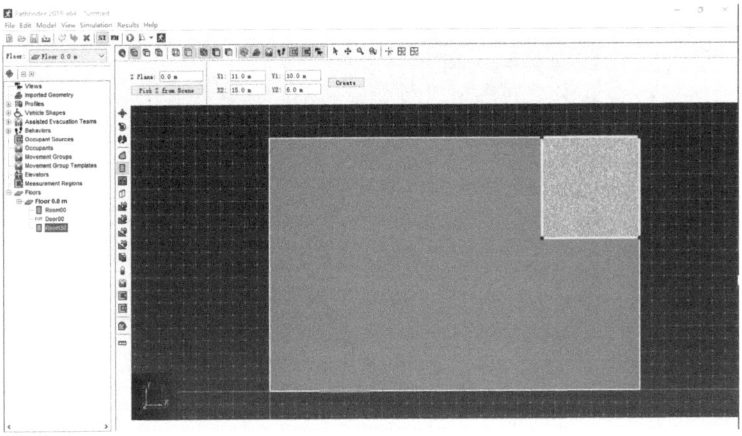

图 7.6　套间模型示意

第 2 步，创建出口。使用左侧工具栏中的门工具绘制房间、套间出口，在上方属性栏中设置出口的宽度、名称、颜色、通行方向、开关状态，出口创建完成。

第 3 步，添加家具。由于人员无法直接穿越家具，Pathfinder 将家具默认为障碍物。选择左侧工具栏中的矩形工具，使用坐标法绘制茶几、沙发、电视柜和餐桌椅，构建起居室模型。

第 4 步，使用复制功能生成镜像房间并将其添加至其他楼层。框选第一层的公寓房间模型（模型显示为黄色），在界面上方属性栏中，选择复制，并设定模式为沿 *X* 轴方向镜像，*X* 值设为 15m（公寓房间模型长度为 15m），属性值设置如图 7.7 所示（书后另见彩图）。

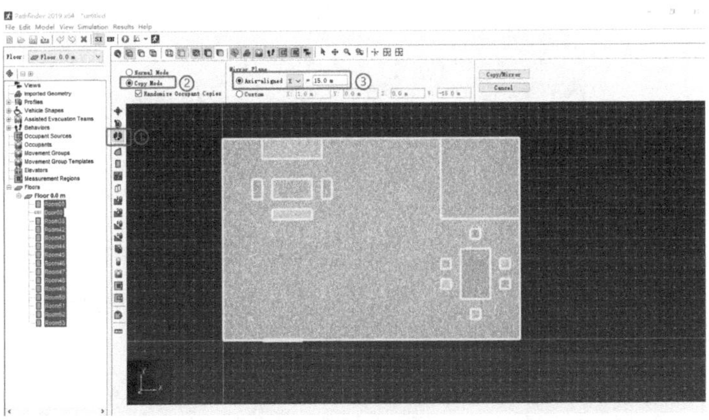

图 7.7　设置属性

第 5 步，添加楼梯。首先绘制连接平面，使用坐标法绘制第一层的连接平面。其次选中该平面，在复制属性面板栏中输入 4，设置沿 Z 轴正向移动 2.5m（公寓模型楼层高度 2.5m），即可将该连接平面复制到其他 4 层楼，如图 7.8 所示（书后另见彩图）。再次，绘制楼梯的转角缓台平面，方法与前述步骤相同。注意：本例中楼层间距高为 2.5m，需将 0m 层的楼梯转角缓台平面上移至 1.25m 处。

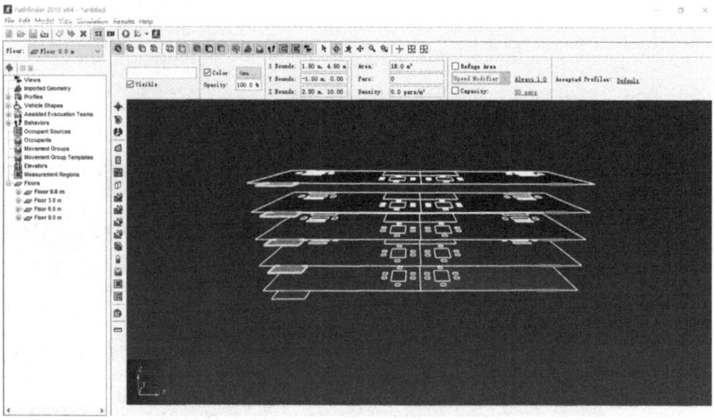

图 7.8　连接平面示意

最后，添加人员。选择“Add Occupant...”，添加所需人数。Pathfinder 默认人员显示为圆柱体（如图 7.9 所示，书后另见彩图），可修改设置为其他形状。使用 Behaviors 选项，可以添加人员行为如选择最近出口或任意出口（如图 7.10 所示）。

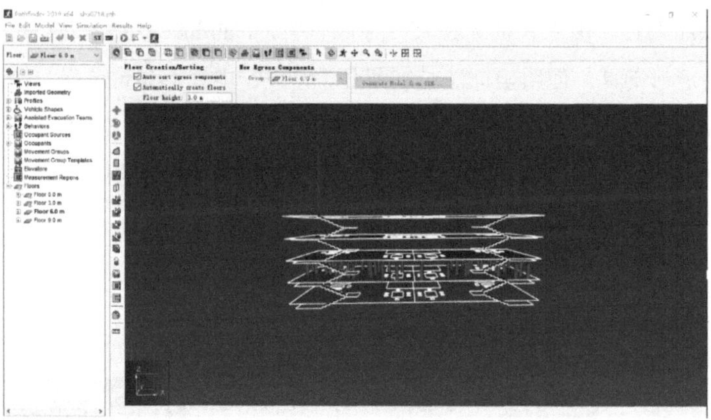

图 7.9　人员示意

Pathfinder 中的人员运动模式包括两种基本模式，即 SFPE（美国消防工程师协会）模式和 Steering 模式。由于不同的运动模式下人员的运动规则不同，使得最终的疏散路线和疏散结果不同。SFPE 模式是以出口流量为基础的人员运动模式。这种模式是基于美国消防工程师协会《SFPE 消防手册保护工程》和《SFPE 工程指南：火灾中的人类行为》中提出的流量模型，其人员疏散速度取决于房间内人员密度、出口处人员流量、流率以及出口宽度。由于未考虑行人之间的冲突且模拟中人员只选择最短路径，导致模拟结果不准确。Steering模式使用路径规划、指导机制、碰撞处理相结合的方法控制人员运动，最终的模拟过程更为真实，但未考虑出口流量的限制，使得计算结果与SFPE手册计算的结果有一定差别。为兼顾模拟结果的真实性和计算的精确性，本案例采用Steering运动模式对人员疏散进行模拟研究（如图7.11所示）。

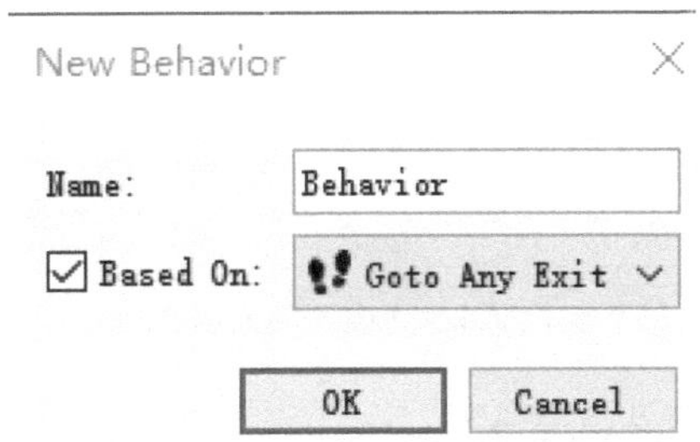

图7.10　行为选择示意

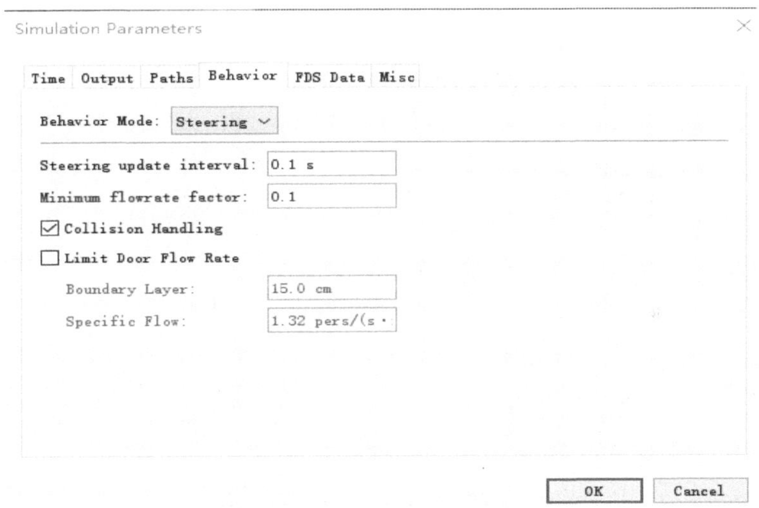

图7.11　行为模式选择示意

2. 模拟结果分析

在模型（model）菜单中，点击“Running Simulation”，将开始仿真并弹出模拟对话框，如图7.12所示。对话框分别显示模拟所用时间（Sim Time）、运行时间（Run Time）、剩余人员数量（Occs Rem）、模型内的总计人员数量及其他参数（Occs Total），对话框中部为模拟计算状态。

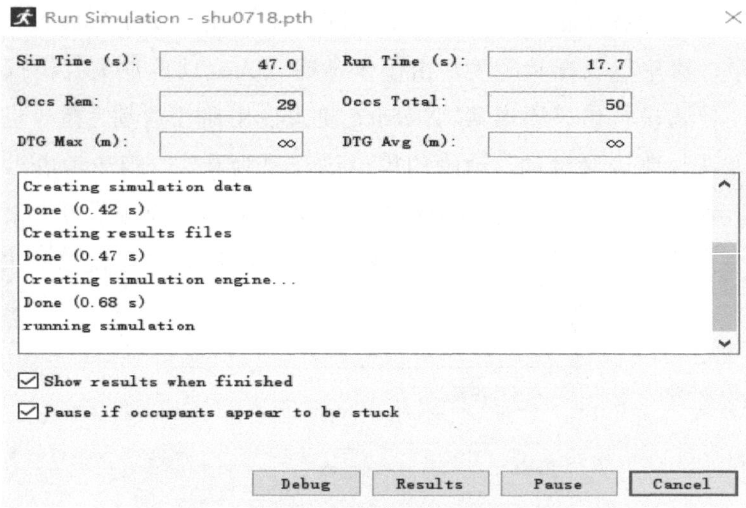

图 7.12 模拟对话框示意

模拟结束后，单击导航栏“View Room Usage”，可观察到不同房间 / 楼梯的疏散人数随时间的变化过程，如图 7.13 所示（书后另见彩图）。

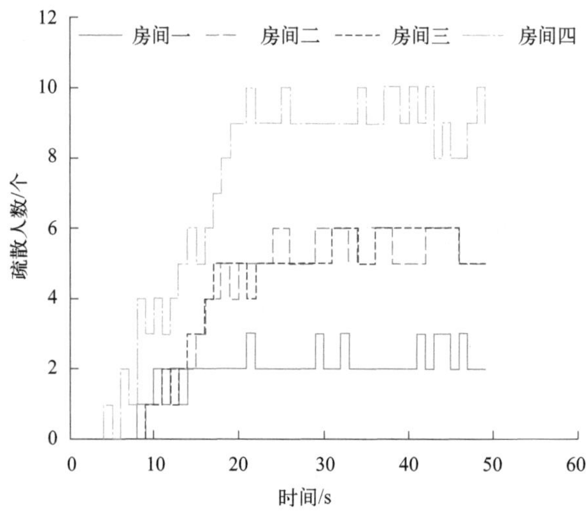

图 7.13 疏散人员数量随时间的变化

初始人员密度与疏散时间的关系如图 7.14 所示，可以发现疏散时间随着初始密度的增加呈线性增长。当人员初始密度每增加 0.2p/m^2 时，疏散时间分别增加了 50.20%、30.22%、28.43%、14.00%、23.61%、9.65%、12.26%、10.91%。在低密度场景下，如图 7.15（a）（书后另见彩图）所示，人员能够自由运动，此时疏散时间较短；而在高密度场景中，如图 7.15（b）（书后另见彩图）所示，人员之间交互频繁，特别是在出口位置出现拥挤排队现象，导致疏散时间显著增加。

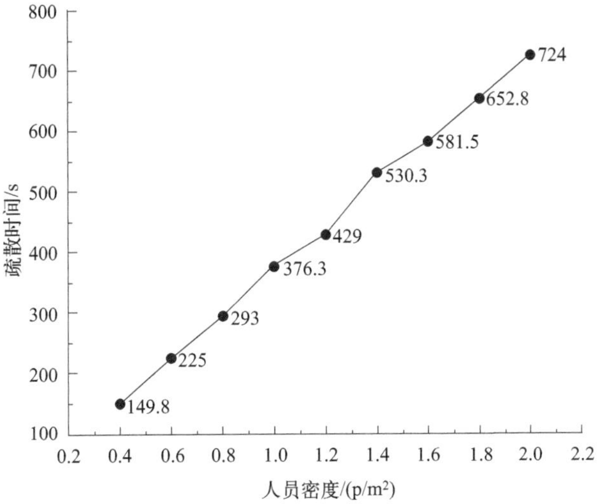

图 7.14　不同密度下的人员疏散时间

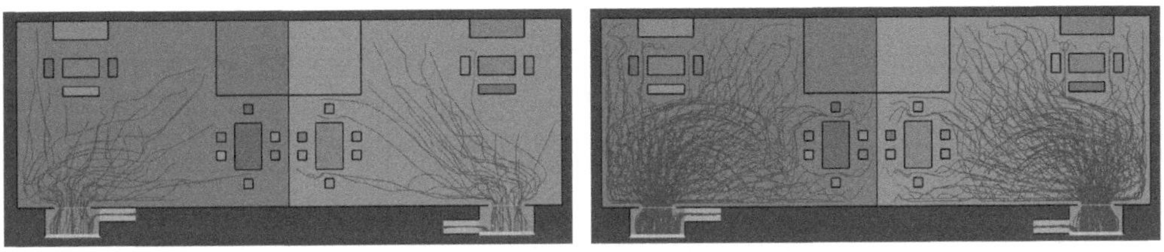

(a) 低密度条件下人员轨迹　　(b) 高密度条件下人员轨迹

图 7.15　疏散人员运动轨迹

人员最初随机分布到各层不同位置，当疏散开始后，人们向楼梯、安全出口聚集，由于人员在楼梯上的运动速度较低，如图 7.16（a）（书后另见彩图）所示，因此 2 层至 4 层楼梯处出现排队现象，拥堵较为严重的区域人流密度超过 3p/m^2，如图 7.16（b）（书后另见彩图）所示。这是由于当人流向比较窄的楼梯疏散时，纵向人流与两侧人流会同时涌入，造成滞留现象。这种滞留现象导致楼梯、安全出口处的人群密度逐渐增大，人群密度达到阈值时，楼梯、安全出口处形成对外封闭的拱形人流结构，此时人无法通过出口，出现拱形现象。

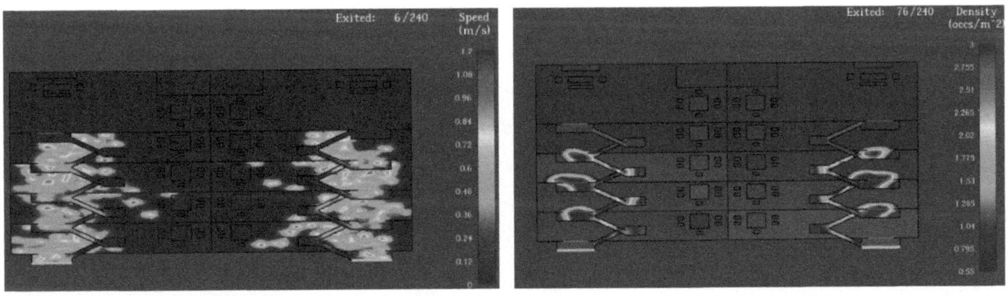

(a) 人员速度热力图　　(b) 人员密度热力图

图 7.16　人员速度与密度分布

疏散过程中，西侧 4 层楼梯位置在 15s 时出现人员拥挤现象。在 20 ～ 30s 时，该位置形成对外封闭的拱形人流结构，如图 7.17 所示（书后另见彩图），此时人员流量为 5p/s。在 31 ～ 33s 时，由于人员之间的相互作用，该拱形结构被打破，随后人流迅速涌入楼梯口区域，此时人员流量瞬间提高至 6p/s。

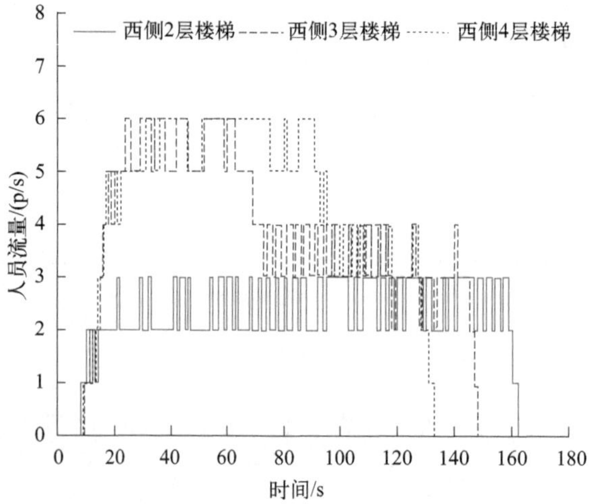

图 7.17　西侧楼梯口人流量变化情况

上述案例表明，通过建模仿真的方法，可以分析建筑内不同位置的行人密度、速度及流量的变化规律，进而识别疏散过程中容易发生人员拥堵的瓶颈位置，为下一步建筑及人员设施的优化设计、人群疏散策略的制定等提供参考依据，最终保障突发事件中人群的生命安全。

第八章　应急医学技术

我国自然灾害种类多、分布广而且频发，各类事故灾难、突发公共卫生事件和社会安全事件也时有发生，突发事件紧急医学救援面临严峻挑战，任务艰巨。“十三五”时期，我国突发事件紧急医学救援工作取得显著成效，建设了包含紧急医学救援队伍在内的59支国家卫生应急队伍，开展了四川凉山、大兴安岭森林火灾和四川、华南等地洪涝灾害等多起重特大突发事件的紧急医学救援，新冠病毒感染医疗救治也取得显著成效，切实保障了人民群众身心健康和生命安全。

应急医学技术是一门专门应对突发事件和灾害情况下医疗救援的科学与实践技术，目的是在各种突发情况下提供迅速、有效的医疗服务，以最大限度地减少伤亡和疾病的影响。应急医学技术涵盖了广泛的领域，包括外伤急救、心肺复苏、意外伤害处置、急性病治疗、心理援助等。在突发事件应急救援与处置现场，熟练地运用一定的医学技术具有重要的意义。

（1）保护生命和健康

在突发事件发生时，时间是至关重要的。应急医学技术能够使救援人员在黄金救援时间内快速响应，对受伤人员进行初步救治，减少死亡和伤残的发生。心肺复苏、止血技术、气道管理等基本急救技术，能有效应对心搏骤停、大出血、窒息等紧急情况，挽救生命。

（2）提高应急救援效率

在突发事件中迅速做出反应，实施有效的急救措施，这不仅提高了救援的成功率，也节省了宝贵的时间和资源。

（3）增强社区和社会的应急能力

掌握应急医学技术不仅仅是对专业医疗人员的要求，普通民众的参与同样重要。通过普及急救知识和技能培训，提升公众的自救和互救能力，可在突发事件发生初期发挥重要作用。社区应急演练和教育活动，能够增强社会整体的应急和反应能力，使得人们在突发事件中能够更有组织和协调地进行救援。

第一节　心肺复苏

一、心搏骤停

心搏骤停是指心脏在非预期情况下突然停止搏动，导致心泵功能和有效循环中断，引起全身组织细胞严重缺血、缺氧和代谢障碍，如果不及时抢救，患者将立即失去生命。与慢性病终末期的心脏停搏不同，心搏骤停时若能及时对患者进行正确的复苏，患者就有可能恢复健康。心搏骤停发生后，如果不能在 4 ～ 6min 内及时抢救复苏，会导致脑和其他重要器官的不可逆损害。大脑缺血缺氧 4 ～ 6min 即会受损，超过 10min 损伤将不可恢复。因此，心搏骤停后的心肺复苏必须立即进行，为进一步救治赢得宝贵时间。

心肺复苏是一种针对心搏和呼吸骤停的急救技术，其目的是恢复患者的自主呼吸和循环。对心跳突然停止的患者，应在 4min 内开始心肺复苏，越早开始，挽救生命的希望越大。在现场进行心肺复苏，不仅能维持患者的心跳和呼吸，还能保护大脑功能，减少“植物人”等后遗症的发生。

由美国心脏协会（American Heart Association，AHA）等制定的每 5 年更新一次的《国际心肺复苏指南》，对全球心肺复苏的指导和规范具有重要意义。2020 年，AHA 发布了最新的心肺复苏和心血管急救指南，如图 8.1 所示（书后另见彩图），成人经历院内心搏骤停（in-hospital cardiac arrest，IHCA）时的生存链包括：第 1 环，及早识别与预防；第 2 环，启动应急反应系统；第 3 环，高质量心肺复苏（CPR）；第 4 环，除颤；第 5 环，心搏骤停恢复自主循环后治疗；第 6 环，康复。成人经历非创伤性院外心搏骤停（OHCA）时的生存链包括：第 1 环，启动应急反应系统；第 2 环，高质量心肺复苏；第 3 环，除颤；第 4 环，高级心肺复苏；第 5 环，心搏骤停恢复自主循环后治疗；第 6 环，康复。

图 8.1　AHA 成人心肺复苏生存链（2020）

二、心肺复苏流程

心肺复苏的标准流程可以分为评估现场安全、检查患者反应、呼救、进行胸外按压、人工呼吸和使用自动体外除颤器（automated external defibrillator，AED）几个关键步骤。以下是详细的步骤。

1. 确保现场安全

在进行心肺复苏前，确保现场的整体安全是至关重要的。首先，评估周围环境，确保没有潜在的危险源，如交通事故中的车辆、火灾、烟雾、倒塌的建筑物或电线等。如果现场存在危险，应采取措施确保自身和患者的安全，例如将患者移到一个安全的位置，或等待专业救援人员的到来。在移动患者时，务必小心避免造成进一步的伤害。另外，确保个人防护同样重要，急救人员应佩戴适当的防护装备，如手套和口罩，以避免接触患者的体液和潜在的传染源。

在评估现场安全的同时，也要关注周围群众的安全。尽可能维持现场的秩序，避免因围观或混乱而增加危险。引导不必要的人员远离现场，确保有足够的空间进行急救操作。可以请求现场的旁观者协助维持秩序，同时指派特定人员去呼救或寻找 AED 设备。通过这些措施，可以在保障自身和他人安全的前提下有效地开展急救操作，为患者争取宝贵的救治时间。

2. 检查患者反应

在急救过程中，快速而准确地评估患者的生命体征是至关重要的一步。通过识别血液循环、神经系统和呼吸系统的状况，可以判断患者的生命状态，采取相应的急救措施。以下是关于检查患者反应的详细内容。

（1）检查气道是否通畅

气道是气体出入身体的通道，是呼吸系统中至关重要的部分。如果气道被阻塞或受压迫，患者将面临缺氧，甚至窒息。常见的气道阻塞情况包括意外噎食、溺水、口鼻被捂堵等。此外，在某些创伤事件或刑事案件中，咽喉和气管受到外力压迫，也会导致气道堵塞。评估气道的通畅性是急救的第一步，确保没有异物或外部因素妨碍气流进入肺部。如果怀疑气道堵塞，施救者应立即采取措施清除阻塞，恢复气道的畅通。

（2）识别呼吸系统状态（呼吸检查）

呼吸是生命存在的最直接征象之一。正常成人每分钟呼吸 12 ～ 20 次，节奏均匀。如果呼吸频率超过每分钟 30 次或低于 10 次，则表明患者的呼吸系统出现了问题。检查呼吸时，施救者应观察患者胸腹部的起伏，以确定呼吸是否正常。如果在 5 ～ 10s 内观察不到任何呼吸动作，同时患者失去意识，可能意味着心搏骤停，此时应立即进行心肺复苏。在判断呼吸时，注意观察是否存在仅嘴唇微弱抽动的“濒死呼吸”，这种呼吸无法有效维持生命，需要立即采取急救行动。

（3）检查血液循环

血液循环系统通过血液中的血红蛋白携带氧气，将其输送至全身各个部位。血液约占人体重的 8%，平均血量为 4000 ～ 5000mL。正常的血液循环能够保障氧气和营养的输送。如果出现失血情况，身体的血容量减少 20% 以上时会导致休克。轻度失血会导致面色苍白、出冷汗、脉搏加快，严重时会导致呼吸急促、血压下降，危及生命。评估患者血液循环的关键是观察脉搏和血压变化，及时发现可能的失血或休克症状。

（4）识别神经系统状态（意识判断）

患者的意识状态是评估生命体征的重要指征。意识清醒的患者能够表达自己的症状和需求，而意识不清或昏迷的患者往往情况危急。判断意识的最直接方法是拍打患者肩部或给予疼痛刺激，同时大声呼唤患者。通过这些手段，施救者可以观察患者是否有反应。如果患者没有反应，需进一步评估呼吸和脉搏，及时采取急救措施。意识不清往往意味着需要立即介入急救，可能预示着心跳或呼吸停止。

3. 对外呼救

当确认患者没有反应、没有呼吸或呼吸不正常时，施救者应立即大声呼救，寻求他人帮助。如果有其他人在现场，施救者应尽快向旁人呼救，要求他们拨打急救电话 120 并留在现场帮助施救。如果施救者独自一人，应先拨打急救电话，再立即开始心肺复苏。拨打急救电话时，应清晰地向调度员描述患者的情况，包括性别、年龄、大致症状及事故发生的时间和地点，确保救护车能够准确找到现场。如果可以，施救者应在调度员的指导下继续施救，直至急救人员到达。

除了呼叫周围的人拨打急救电话外，施救者还应立即请求取来 AED（自动体外除颤器）。AED 是一种能够自动分析患者心律并提供电击复律的设备，对于挽救心搏骤停的患者至关重要。如果现场有其他人在场，施救者应清楚地指示他们去寻找附近的 AED 设备，通常 AED 会放置在公共场所的显眼位置，如机场、购物中心、体育场馆等。施救者应告诉前往取 AED 的人快速返回，并在返回后立即开始按照设备指示进行操作。如果可能，施救者在等待 AED 时应继续进行心肺复苏，以维持患者的血液循环，直到 AED 到达现场并开始使用。AED 的及时使用可以显著提高心搏骤停患者的生存率，因此要确保这一环节不被遗漏或延迟。

4. 现场施救

在进行心肺复苏时，施救者的操作必须迅速、准确，确保为患者争取宝贵的生存时间。整个施救过程包括正确摆放患者体位、实施胸外按压、开放气道、进行人工呼吸以及使用 AED 等步骤。以下是每一项操作的详细步骤和补充说明。

（1）摆正体位

心肺复苏的首要步骤是确保患者处于正确的体位，如图 8.2 所示。一般情况下，心搏骤停的患者需要仰卧在坚硬、平坦的表面上，以便施救者能够进行有效的按压和复苏操作。患者的头部、颈部和躯干应保持在一条直线上，避免任何扭曲。双手自然放置在身体两侧。如果患者是俯卧位或侧卧位，施救者应迅速跪在患者一侧，确保头部、颈部和身体在同一轴线上，将患者平稳地翻转成仰卧位。在翻转时，需要特别注意患者的脊椎，尤其是在怀疑患者存在脊柱损伤的情况下，应避免对脊柱施加过大压力，以防止脊髓受伤。

图 8.2　摆正体位

（2）胸外按压

胸外按压是心肺复苏中最关键的一步，施救者需要准确定位，并以正确的方式按压胸部，如图 8.3 所示。施救者应跪在患者一侧，将一只手的掌根放在胸骨下半部，即两乳头连线的中点上，另一只手叠放在第一只手的手背上，双手交叉，手指抬起，不接触患者胸壁。按压时，施救者的双臂应伸直，肩膀垂直于患者胸部，利用上半身的力量进行按压，确保按压力度足够。按压频率应保持在每分钟 100 ～ 120 次，每次按压的深度为 5 ～ 6cm，确保按压后患者胸部完全回弹。中断按压的时间应尽量缩短，每次中断不超过 10s。尽量减少胸外按压的中断时间，每次按压后让胸部完全回弹。确保每次按压的手掌位置准确，以保证良好的按压效果。如果有多人在场，可以每 2min 轮换一次按压人员，以保证按压的质量。

（3）开放气道

在进行胸外按压后，施救者应确保患者的气道通畅，如图8.4所示。首先检查患者口腔，确认有无异物，如呕吐物、血块或脱落的牙齿等，如果有异物，应立即清除。为了确保气道畅通，施救者可以采用仰头抬颌法：一只手放在患者额头，轻轻将头部后仰，另一只手的食指和中指置于下颌角附近，抬起下颌。这种方法可以防止舌头后坠，阻塞气道。在操作时，要避免过度用力按压下颌的软组织，以免进一步阻塞气道。

（4）人工呼吸

在气道开放后，施救者可以进行人工呼吸，如图 8.5 所示。首先，捏住患者的鼻孔，防止空气从鼻腔泄漏。然后，施救者深吸一口气，将自己的口完全覆盖患者的口，进行吹气。每次吹气应持续约 1s，并观察患者的胸部是否有起伏。如果胸部没有明显隆起，可能表明气道未完全开放，需要重新调整患者的头部位置再进行尝试。每 30 次胸外按压后，进行 2 次人工呼吸。人工呼吸时，施救者可以使用呼吸面膜或便携式面罩进行防护，避免直接接触患者口腔，防止感染或交叉污染。如果施救者无法或不愿意进行人工呼吸，应持续进行胸外按压，因为按压对于维持血液循环至关重要。

图 8.3　胸外按压

图 8.4　开放气道

（5）使用 AED

AED 的组成如图 8.6 所示（书后另见彩图），是用于心搏骤停患者的重要设备，特别是在患者发生心室颤动（室颤）时，它能够通过电击帮助患者恢复心脏的正常节律。室颤是一种常见的致命性心律失常，可导致心脏失去泵血功能，无法维持正常的循环。当患者出现心搏骤停时，施救者应立即使用 AED 进行除颤。AED 的操作相对简单，施救者只需按照设备的语音提示进行操作。首先，打开 AED 设备，撕下电极片的贴膜，将一张电极片贴在患者的右上胸部，另一张电极片贴在左侧胸壁上。在贴上电极片后，AED 会自动分析患者的心律。如果设备提示需要电击，施救者应确保没有人接触患者，并按下电击按钮。电击后，继续进行心肺复苏，直到 AED 再次提示或急救人员到达。如果 AED 未建议电击或电击后患者未恢复正常呼吸和脉搏，继续进行胸外按压和人工呼吸，按照 30 次按压接 2 次人工呼吸的比例循环。在使用 AED 时，如果现场有水，施救者应将患者移至干燥区域，并擦干患者的胸部，避免电击时出现危险。如果 AED 不可用，施救者应持续进行胸外按压，直到专业医疗人员接管。

图 8.5　人工呼吸

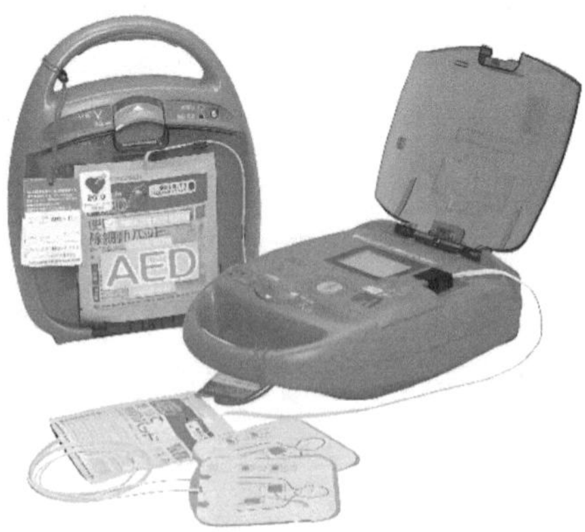

图 8.6　AED 设备

第二节　气道异物梗阻处置

一、窒息

窒息是指由呼吸道受阻或肺部无法有效进行气体交换导致的体内缺氧的状态。这种情况如果得不到及时处理，患者可能会有生命危险。窒息发生时，人体器官，尤其是大脑，将因缺氧而迅速受到损伤。窒息最常见的原因是气道异物阻塞、溺水、哮喘发作或其他导致呼吸道受阻的病理状况。

窒息时，身体无法有效地获得足够的氧气，氧气水平下降，二氧化碳水平升高，导致一系列急性症状。窒息的最初表现通常包括无法正常呼吸、说话困难、焦虑、咳嗽或声音嘶哑，患者可能会不自觉地用手抓住喉咙。随着缺氧加重，患者的面色会逐渐变为蓝色（称为发绀），意识开始丧失。如果不采取干预措施，窒息将导致心脏停止跳动。

窒息可以分为部分窒息和完全窒息两类。部分窒息是指气道并未被完全阻塞，空气仍能部分进入肺部，患者可能会发出类似喘息的声音，并努力咳嗽。咳嗽是一种人体自然反应，有助于清除阻塞物。完全窒息则意味着气道完全被堵塞，患者无法咳嗽、呼吸或发声，随之迅速丧失意识并陷入生命危机。完全窒息通常需要立即实施急救措施，例如海姆立克急救法，以恢复气道的通畅并保障正常呼吸。

在面对窒息等紧急情况时，观察和判断患者的反应至关重要。如果患者能够咳嗽或发出声音，应鼓励其继续咳嗽，因为这是清除气道异物的有效方式。如果患者无法咳嗽或发声，施救者应立即进行急救操作，帮助患者恢复呼吸。

二、气道异物梗阻

气道异物梗阻是指异物进入并阻塞呼吸道，导致呼吸困难，严重时可引发窒息或死亡。这种情况在婴幼儿、儿童和老年人中尤为常见，但任何年龄段的人都有可能受到影响。气道异物梗阻根据异物的类型、梗阻的程度以及患者的反应方式可以分为不同的类型和表现形式。

1. 原因

气道异物梗阻的常见原因包括：

① 食物异物。进食时不慎将食物吸入气道是最常见的原因之一，特别是坚硬、光滑、圆形的食物，如坚果、葡萄、果冻等，更容易引发气道梗阻。咀嚼不充分、进食过快、进食时说话或笑也会增加气道异物阻塞的风险。

② 小物件异物。婴幼儿常常将小物件如玩具零件、硬币、纽扣电池等放入口中，导致气道梗阻。由于他们的气道较小，异物更容易导致完全阻塞。

③ 呕吐物或分泌物。在昏迷或酒精中毒的患者中，呕吐物或过多的口腔分泌物可能会

进入气道，导致气道阻塞。这类阻塞常见于饮酒过量、药物过量或疾病发作的情况。

④ 呼吸道疾病。如哮喘、喉头水肿或过敏反应等病理因素也可能引发气道狭窄或阻塞，尤其是在急性发作时。

⑤ 其他创伤。颈部、面部或胸部的外伤可能引发气道梗阻，特别是当软组织肿胀、气管受压时。

2. 类型

气道异物梗阻根据阻塞程度分为部分梗阻和完全梗阻：

① 部分梗阻。气道未完全阻塞，空气仍能部分通过。这种情况下，患者可能出现咳嗽、喘息、声音嘶哑或呼吸困难等症状。部分梗阻时，患者通常还能保有意识，并能通过咳嗽来尝试清除异物。

② 完全梗阻。气道被完全阻塞，患者无法呼吸、咳嗽或发声。这种情况非常危险，若不及时处理，患者会迅速失去意识并可能因缺氧而死亡。完全梗阻往往需要外部干预来清除异物，常见的急救措施包括海姆立克急救法和背部拍击。

3. 表现形式

气道异物梗阻的表现形式因梗阻的严重程度和患者的年龄、体型等因素而异。常见的表现形式包括：

① 咳嗽。咳嗽是气道梗阻时的自然反应，目的是通过空气的快速流动将异物排出。如果患者能够咳嗽，说明气道仍有部分保持通畅，应鼓励患者继续咳嗽。

② 呼吸困难。部分梗阻时，患者会表现出呼吸急促、费力或喘息的症状，呼吸时可能会发出异常的高音调“哨音”。

③ 无法发声。完全梗阻时，患者由于气流无法通过声带，无法发声，表现为无法说话或哭泣。

④ 抓喉咙。很多气道完全梗阻的患者会本能地用手抓住喉咙，这是窒息的典型表现。

⑤ 面色变化。随着缺氧加剧，患者的面色会逐渐由红润转为青紫，称为发绀。这是由于血液中缺氧，皮肤呈现出青紫色。

⑥ 意识丧失。如果气道梗阻持续，患者可能会逐渐失去意识，陷入昏迷。

气道异物梗阻的迅速识别和处理对于患者的生存至关重要。掌握不同类型梗阻的症状和表现，有助于施救者采取正确的急救措施，防止病情恶化。

三、气道异物梗阻的处置方法

面对气道异物梗阻，正确的急救措施可以挽救患者的生命。气道梗阻的处理方法因梗阻的类型、患者的年龄和状况而异。

患者发生部分梗阻时，仍然能够咳嗽或呼吸，此时应鼓励患者持续咳嗽，因为咳嗽是清除异物最有效的方式。施救者应密切观察患者的状况，确保呼吸保持正常。如果患者能够清除异物，气道会迅速恢复通畅。如果咳嗽无效或梗阻加重，施救者应准备采取进一步的急救措施。

对于完全梗阻的患者，必须立即采取外部干预措施以恢复气道通畅。以下是几种常见的急救方法。

1. 清醒、尚可站立的状态下

在成人或儿童仍清醒且能够站立的情况下，最常用的急救方法是“腹部冲击法”，又称“海姆立克急救法”，如图 8.7 所示。该方法通过在腹部施加快速而有力的冲击，迫使肺部空气向外挤出，借助气流推动气道内的异物。这种冲击类似于咳嗽，有助于清除阻塞物，恢复气道通畅。具体操作步骤如下。

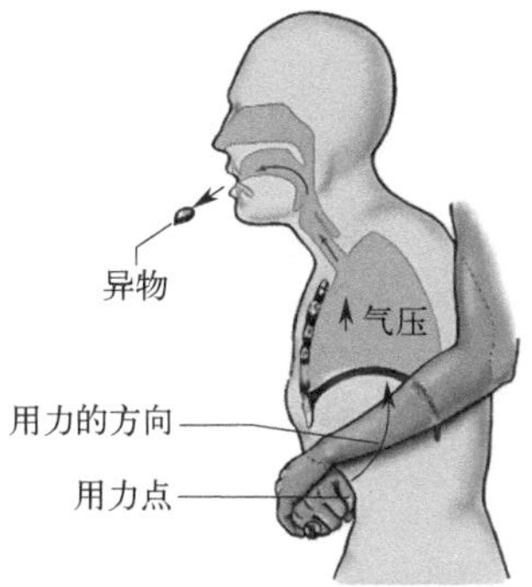

图 8.7　海姆立克急救法

第 1 步：安抚患者并准备急救。施救者首先要表明身份，向患者简要说明即将采取的急救措施，并请求患者配合，以减轻患者的焦虑情绪。接着，施救者应迅速站在患者背后，采取弓箭步姿势，以保证施救时的稳定性。施救者右腿插入患者两脚之间，双臂环抱患者的上腹部，做好施救准备。

第 2 步：确定腹部冲击位置。找到正确的冲击位置至关重要。施救者应将一只手的手指放在患者肚脐上方约两横指处，避开胸骨尖，然后，用另一只手握拳，拳眼向上，拳心向内，置于确定的腹部位置，再用另一只手紧扣握拳的手，准备施力。

第 3 步：施加冲击。施救者双手紧扣，向内及向上有力挤压患者的上腹部。冲击应短促有力，类似向上“抛出”的动作。重复 4 ～ 6 次，持续多次，直到异物被排出。通常，异物会被排到口咽部，施救者应迅速清除异物，此时患者会恢复呼吸并能讲话或咳嗽。

这种方法对于大多数气道异物梗阻的成人和儿童患者都有效，但若操作不慎，可能会导致内脏受损，因此需要确保手法正确、力量适当。

2. 特殊情况下，倒地、无反应

如果患者已经失去意识或倒地无法站立，须立即进行心肺复苏。每 30 次按压后，应打开气道并尝试进行人工呼吸。在每次人工呼吸前，检查患者的口腔是否存在可见的异物，若有，应小心将其清除。如果呼吸仍然无法恢复，继续进行胸外按压。

3. 特殊情况下，肥胖人士、孕妇

对于孕妇或体型较大的人群，施救者难以施行腹部冲击法，此时应采用胸部冲击法。这是因为腹部冲击可能对孕妇或肥胖者的内部器官造成伤害，尤其是对孕妇腹部的压力会威胁到胎儿安全。如果施救者无法用双臂环绕患者的腰部，则应改用胸部冲击法。施救者站在患者背后，双臂环抱患者的胸部，将双手置于胸骨下半部，避开肋骨和剑突。用双手快速向内施力，向内推压患者胸部。冲击的动作与腹部冲击类似，但压力应更集中于胸骨区域。重复施力，直到异物被排出或患者呼吸恢复。这一方法适用于孕妇以及体型较大、难以实施传统腹部冲击法的成人或儿童。胸部冲击同样需要准确定位，避免对肋骨或内脏造成损伤。

4. 无人帮助情况下的自救

当患者在无人帮助的情况下发生气道异物梗阻时，自救是唯一的选择。患者可以借助固定的物体，如椅背、桌边等，实施腹部冲击法。患者应找到坚硬的物体，如椅背或桌子边缘，将自己的上腹部靠近物体，肚脐上方的位置紧贴硬物，迅速用腹部向内压迫物体，利用类似于海姆立克急救法的原理，施力冲击。通过这种方式，将肺部的空气快速挤出，从而尝试将气道中的异物排出。自救过程中，患者可能需要多次尝试才能成功将异物排出。这种方法尤其适用于独处且无他人帮助的紧急情况。

5. 背部拍击法（婴幼儿）

对于婴幼儿，背部拍击是较为常用的方法。施救者应将婴儿面朝下、头部略低于身体，固定在自己的前臂上。用另一只手的掌根在婴儿肩胛骨之间进行 5 次有力的拍击，试图通过震动将异物排出。如果背部拍击无效，可以尝试胸部按压法，在婴儿的胸部中线位置进行 5 次按压。

6. 胸部按压法（婴幼儿）

当背部拍击法无效时，施救者应将婴儿翻转过来，面朝上固定在前臂上，并保持头部略低于身体。用两根手指按压婴儿胸骨的下半部，进行 5 次按压。按压应快速而有力，类似于心肺复苏中的按压动作，目的是通过压力帮助排出异物。

第三节 外伤急救

一、创伤

创伤是指外界物理、化学或生物因素对人体组织造成的损伤，通常包括皮肤、肌肉、骨骼、神经及内脏器官的受损。创伤的原因多种多样，常见的有交通事故、运动损伤、机械性损伤、坠落、烧伤、刀伤、枪伤等。创伤的严重程度从轻微的皮肤擦伤到致命的大出血和多器官损伤不等。

根据创伤的性质，创伤可以分为开放性和闭合性两类。开放性创伤是指皮肤或黏膜的完整性被破坏，内部组织与外界相连，可能引发感染或大出血；而闭合性创伤是指皮肤保持完整，但内部组织受到损伤，如挫伤、肌肉撕裂、骨折等。对于开放性创伤，创口感染的风险较高，因此清洁和止血是急救的重点；而闭合性创伤则可能伴随内出血或器官损伤，需要迅速诊断和处理。

创伤急救的目标是在专业医护人员到达之前，迅速采取措施控制病情，减少伤害，维护生命体征。常见的急救措施包括止血、包扎、固定、清创等，针对严重的创伤，还可能需要进行心肺复苏或保持气道通畅。

二、止血技术

血液是维持生命的重要成分，成年人的血容量大约占体重的8%，即为4000～5000mL。当一个人的出血量达到总血量的20%（约800～1000mL）时，身体会开始出现一系列不适症状。这些症状通常包括头晕、脉搏加快、血压下降、出冷汗、肤色苍白、少尿等。当出血量达到总血量的40%（1600～2000mL）时，情况变得更加危急，这一程度的出血会直接威胁生命，若不及时处理，几分钟内就可能导致失血性休克甚至死亡。因此，迅速有效地止血成为急救中最重要的任务。

止血不仅可以减少失血量，保持患者体内足够的有效血容量，还能够预防因大量失血引发的休克。现场及时有效的止血措施是挽救患者生命、降低死亡率、为后续治疗争取时间的重要技术，尤其是在外伤急救过程中，止血是首要的急救任务，直接关系到伤员的存活率。然而，现场救护的环境往往较为恶劣，急救资源有限。在这种情况下，施救者不仅需要具备一定的急救知识，还要能够因地制宜，使用可用的材料和资源进行应急处理。现场条件下有效止血不仅要求施救者操作迅速，而且要求其能够根据具体情况灵活应对。例如，使用布条或其他临时材料进行包扎和加压，或利用自然环境中的工具来辅助止血。在急救中，灵活运用这些资源，确保止血操作能够因地制宜，是提升急救成功率的重要一环。

1. 出血类型

根据出血部位的不同，出血可以分为皮下出血、内出血和外出血3种类型。每种出血的性质、症状以及应对方式各有不同，其中内出血通常需要专业的医疗干预，而外出血则是现场急救的重点。

（1）皮下出血

皮下出血是由跌倒、撞击、挤压或挫伤引起的，主要发生在皮下软组织内，血液泄漏到皮肤下方，形成血肿或瘀斑。由于皮下血管较小，出血通常较为缓慢，外观表现为局部皮肤青紫或肿胀。虽然皮下出血看起来较为严重，但一般情况下，这类出血可以在短时间内自愈，无须特别医疗干预。为了加速康复，通常建议使用冷敷来减轻肿胀，或者通过热敷促进血液循环，帮助淤血吸收。然而，在一些情况下，较大的皮下血肿可能需要医生的评估和处理，特别是当肿胀明显且伴有持续性疼痛时。如果怀疑患者骨折或有深部组织损伤，则应尽快就医进行检查。

（2）内出血

内出血是指血液流入体内的深层组织或器官腔隙，通常由内脏或深部组织的损伤引起。由于内出血看不见，也无法通过外部创口直接观察，诊断依赖于患者的全身症状和临床表现。常见的内出血症状包括面色苍白、出冷汗、脉搏加快且虚弱、血压下降、腹部疼痛、呕血或便血等。这些症状表明患者可能有严重的胃肠道或其他重要脏器出血，急需医疗救护。

内出血对患者的生命构成重大威胁，特别是在发生于腹腔、胸腔或颅腔等重要部位时，容易引发失血性休克甚至死亡。由于内出血的隐匿性强，通常不易被发现，因此在急救现场，施救者应密切监测患者的生命体征，尤其是当患者突然出现虚弱、意识模糊等症状时，应尽快送医并进行进一步的检查和处理。

（3）外出血

外出血是指由外伤导致血管破裂，血液从体表伤口流出。外出血是急救中的重点，因为这种情况容易引起明显的失血，尤其是当较大的血管受损时。根据出血的血管类型，外出血通常分为以下 3 类：

① 动脉出血。动脉出血是最危险的一种，血液呈鲜红色，且由于动脉内的压力较大，血液常常以喷射状流出。动脉出血的失血速度极快，在短时间内可能会导致失血性休克或死亡。因此，面对动脉出血，迅速止血是关键。

② 静脉出血。静脉出血较动脉出血慢，血液呈暗红色，出血呈持续性流动或涌出状，量中等。虽然失血速度相对较缓，但如果不及时处理，静脉出血仍然可能导致大量失血和休克。

③ 毛细血管出血。毛细血管出血是最常见的外出血类型，通常发生在轻微擦伤或小创口处。血液呈渗出状，流量较少，且能够自行凝血。

2. 失血症状

根据失血量的多少，人体会表现出不同的症状。

① 轻度失血（＜ 20% 血容量）：患者可能表现出头晕、乏力、口渴、面色苍白、脉搏加快等症状。通常情况下患者仍会有意识，血压变化不明显。这些症状表明身体已经开始进入失血状态，急需采取措施进行止血和稳定患者生命体征。

② 中度失血（20% ～ 40% 血容量）：患者脉搏加速，呼吸急促，血压开始下降，皮肤湿冷，意识模糊。此时患者的身体已经开始进入休克状态，必须迅速进行止血处理。

③ 重度失血（＞ 40% 血容量）：患者可能陷入昏迷或无反应，脉搏微弱甚至无法触及，呼吸急促而浅表，血压显著下降，随时可能出现失血性休克或死亡。此时的紧急止血和输血至关重要。

注意：现场止血法仅适用于外出血。

3. 止血材料

在急救现场，止血材料是控制出血、保护伤口和预防感染的重要工具。常用的止血材料包括敷料和止血带等。在资源有限的情况下，施救者可以因地制宜，使用清洁的三角巾、毛巾、衣物等自制简易止血工具，确保急救操作的有效性。然而，必须避免使用电线、铁丝或绳子等坚硬的材料代替止血带，因为这些物品可能会造成更严重的损伤或组织压迫坏死。

（1）敷料

敷料是用于覆盖伤口的基本止血材料，其主要作用是控制出血、吸收渗出液体、保护伤口和预防感染。理想的敷料应为无菌敷料，但在紧急情况下，干净的毛巾、衣物或餐巾纸也可以作为替代材料。敷料不仅有助于止血，还能够通过对伤口的保护作用，防止外界细菌进入，减少感染的风险。

常见的敷料种类包括：

① 纱布垫。无菌纱布垫是最常用的敷料之一，具有良好的吸收能力。纱布垫的大小各异，有些纱布垫涂有药物层，能够吸收渗出液或帮助处理烧伤创面。纱布垫的透气性较好，能够帮助伤口保持干燥，促进愈合。

② 创可贴。创可贴是由无菌敷料和绷带组合而成的小型止血材料，适用于小面积的轻微伤口。创可贴方便携带和使用，是常见的日常急救物品。

③ 创伤敷料。这是一种较大且厚实的无菌敷料，适用于处理大面积伤口或严重出血。创伤敷料具有较强的吸水性，能够吸附大量血液和渗出物，且柔软性较好，有助于对伤口施加均匀的压迫。通常，敷料应覆盖伤口并超出伤口边缘约 3cm，以确保伤口周围的区域也得到有效保护。

敷料的应用应根据伤口的大小、位置和严重程度进行调整，并尽量选择无菌材料覆盖伤口，以减少感染的风险。对于伤口较大的情况，施救者可通过叠加纱布或其他止血材料，加压包扎以达到良好的止血效果。

（2）止血带

止血带是一种只适用于四肢动脉大出血的情况的急救工具。常见止血带如图 8.8 所示。止血带通过阻断血流，帮助快速控制大出血。在使用止血带时，应确保将止血带绑在出血部位上方（靠近心脏的一侧），并且绑得足够紧，以达到完全阻断血流的效果。止血带的使用时间不宜过长，一般不应超过 5h，原则上每小时放松 1 次，避免造成肢体长时间缺血，引发组织坏死。必须标记下止血带的使用时间，并告知后续的医疗人员，以便及时解除止血带。尽量选择医用止血带，如果没有，可以使用宽布料或三角巾等临时替代物，但禁止使用细而坚硬的材料，如电线或铁丝等。

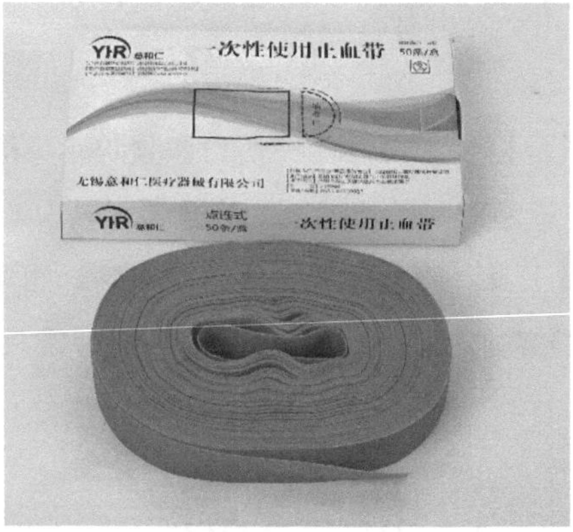

图 8.8　止血带

（3）三角巾

三角巾是急救中特别常用的一种多功能工具，通常是由边长约 1m 的正方形布料对角剪开形成的两块三角形布。三角巾具有多种用途，既可以用于包扎和固定伤口，也可以作为简易的止血带来使用。其设计灵活，可以适应不同部位的包扎需求，特别是对于头部、肩部或四肢的创伤，三角巾是非常实用的急救工具。

三角巾的不同折叠方式可以用于不同的急救操作：

① 带状三角巾。三角巾可以折叠成带状，用于包扎头部、肢体等部位，提供良好的支撑和固定效果。带状三角巾特别适合用于悬挂上肢，帮助减少肢体活动，减轻疼痛，降低进一步损伤的可能性。

② 燕尾式三角巾。将三角巾的顶角部分折叠，与底边中点折叠成燕尾状，可以为复杂伤口提供更好的固定效果。这种形式特别适合包扎肩部、肘部或其他不规则的部位，能够使敷料更加稳固。

4. 止血方法

（1）包扎止血法

包扎止血法适用于表浅伤口、出血损伤较小的情况，尤其是毛细血管出血较少的情况。具体操作包括：首先使用创可贴止血，方法是将自粘贴的一边先粘贴在伤口一侧，然后向对侧拉紧，粘贴另一侧；其次，可以选择敷料包扎，将敷料或纱布覆盖在伤口上，确保敷料或纱布的厚度足够，并且覆盖面积至少超过伤口 3cm，优先使用不粘伤口且吸收性强的敷料。此外，在现场条件有限时，还可以就地取材，使用三角巾、毛巾、手绢或清洁衣物等进行包扎止血。

（2）加压包扎止血法

加压包扎止血是最基本且常用的止血方法，适用于大多数开放性创伤。施救者可以用干净的纱布或布料直接覆盖伤口，施加适度的压力以压迫出血部位，减少血液流动，达到止血的目的。施救者可以在伤口处放置厚纱布或止血材料，然后用弹性绷带进行紧密包扎，以维持压力并固定伤口。包扎时应确保绷带的松紧适中，既能压迫止血，又不影响正常的血液循环。压迫止血应持续几分钟至出血明显减轻。对于四肢的伤口，可以抬高患肢以减少血流压力。这种方法适用于毛细血管出血、静脉出血及部分动脉出血。压迫时注意避免因压力过大而引发进一步损伤。加压包扎后应定期检查包扎效果，如果出血未得到有效控制，施救者可以增加包扎层数或加大压迫力度。

（3）指压止血法

指压止血法，又称指压动脉止血法，适用于外力造成的头部和四肢动脉出血，如车祸中肢体被夹压的情况。此法通过用手指压迫伤口近心端的动脉，阻断血流，具有简便有效的特点，但因止血时间有限，常需与其他方法结合使用。针对不同出血部位，有特定的动脉压迫点。

对于头面部出血，常用的指压方式包括：拇指压迫颞浅动脉，另一手固定头部；指压面动脉，使用拇指和食指压迫下颌角前的凹陷处，双侧均需压迫；指压耳后动脉，压迫耳后乳突下凹陷，另一手固定头部；指压枕动脉，压迫耳后与枕骨之间的凹陷。

四肢出血的指压方法有：指压肱动脉，压迫上臂内侧；指压桡动脉和尺动脉，压迫手腕两侧；指压指（趾）动脉，分别压迫手指或脚趾的动脉；指压股动脉，压迫腹股沟中点稍下方；指压胫前和胫后动脉，压迫脚背和足跟附近。

在实施指压止血时，需抬高伤处肢体，压迫力度适中，时间以 10 ～ 15min 为宜，并确保压迫点准确，将血管压向骨面以有效止血。

（4）屈肢加垫止血法

屈肢加垫止血法适用于外伤出血量较大的患者，且肢体未发生骨折。在实施此方法时，需注意肢体远端的血液循环，每隔 50min 缓慢松开 3 ～ 5min，以防止肢体坏死。对于上肢的屈肢加垫止血，前臂出血时，应在肘窝处放置纱布垫、毛巾或衣物，并将肘关节屈曲，然后用绷带或三角巾固定于屈肘位。对于上臂出血，可在腋窝加垫，使前臂屈曲于胸前，并用绷带或三角巾将上臂固定在胸前。下肢屈肢加垫止血的方法同样有效。小腿出血时，应在腘窝加垫，膝关节屈曲，用绷带或三角巾固定于屈膝位。而大腿出血则需在大腿根部加垫，屈曲髋关节和膝关节，并用三角巾或绷带将腿与躯干固定。

（5）加压填塞法

加压填塞法适用于深部伤口或贯通性创伤，尤其是当伤口较深且难以通过表面压迫止血时。施救者可以将纱布或其他止血材料填入伤口深处，然后进行加压包扎，持续压迫出血部位。此方法在战场急救或严重创伤中特别常见，能够帮助快速止血。加压填塞时需要谨慎操作，确保材料填充均匀且没有损伤到内部组织。如果有可能，专业医护人员应及时接手处理。

（6）止血带止血法

止血带止血法适用于四肢大出血，仅在其他方法无效时使用。止血带有橡皮管止血带、气囊止血带（如血压计袖带）和布制止血带 3 种类型。橡皮管止血带的操作需左手固定，右手将带子绕伤肢一圈半后形成活结。气囊止血带使用简便，绕在伤口处并打气至出血停止。布制止血带需将布带绕在伤口处并打结，再用小棒拉紧。使用止血带时需注意部位、衬垫、松紧度、使用时间和标记。止血带应扎在适当位置，且要有衬垫以防损伤，松紧度应达到使出血停止且远端脉搏消失的程度。使用止血带时间一般不超过 5h，每小时放松一次，标记使用时间和部位以供医护人员参考。

三、包扎技术

包扎技术是外伤急救的重要组成部分，能够固定伤口、保护创面、防止感染并帮助止血。良好的包扎可以为患者提供有效的伤口保护，并减少进一步的创伤或并发症。

1. 包扎材料

纱布用于覆盖伤口，吸收血液和渗出液，防止感染。

绷带用于固定纱布和持续提供压力，常见的有弹性绷带、三角绷带等。

夹板在骨折或严重创伤时用于固定肢体，防止伤口二次损伤。

胶带用于加固绷带和纱布，确保伤口处的包扎稳固。

2. 包扎方法

不同的创伤类型和身体部位需要采用不同的包扎方法。

（1）环形包扎法

环形包扎适用于小面积伤口或固定纱布。施救者将纱布覆盖于伤口处，然后用绷带从伤口一侧开始环绕，逐层缠绕至完全覆盖创口。此方法简单易行，适用于手指、脚趾或手腕等部位的小伤口。环形包扎如图 8.9 所示。

（2）螺旋包扎法

螺旋包扎用于长条形伤口或大面积创伤，特别适合四肢的包扎。施救者从远端开始，将绷带螺旋缠绕向近端推进，确保每圈绷带略微重叠，直至伤口被完全覆盖。螺旋包扎可以提供均匀的压迫，帮助减少肿胀和出血。环形包扎如图 8.10 所示（按从 1 到 6 的方向包扎）。

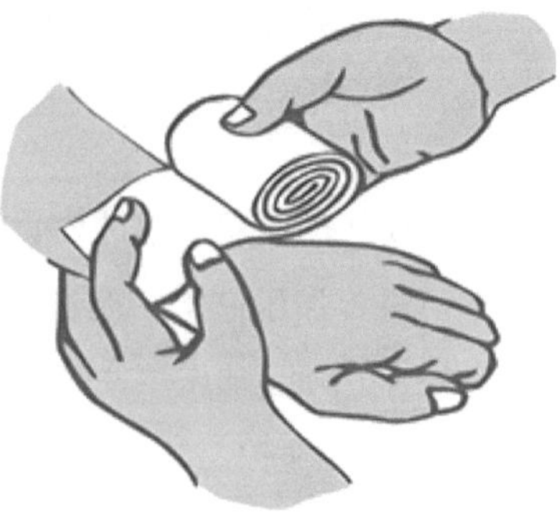

图8.9 环形包扎法

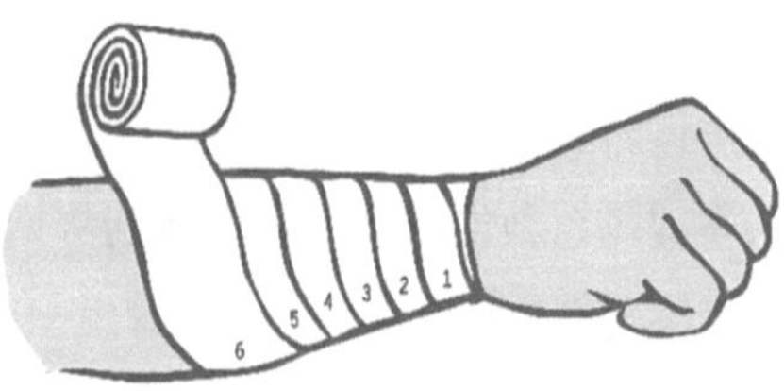

图8.10 螺旋包扎法

（3）交叉包扎法

交叉包扎主要用于关节部位，如肘部、膝盖等。由于关节部位形状复杂，环形或螺旋包扎难以固定，施救者需要将绷带交叉缠绕，确保关节灵活且不受压迫。

（4）三角巾包扎法

三角巾包扎法是一种广泛应用于急救和创伤处理的技术，其主要用途是对伤口进行有效的覆盖和固定。三角巾适用于头部、肩部或手臂的包扎，常用于骨折的固定和大面积伤口的覆盖。使用时，一般将三角巾的顶角放置于伤口部位，底边则包绕受伤肢体或局部，通过交叉固定的方式实现稳固包扎。

3. 包扎注意事项

在伤员急救过程中，应确保其处于舒适的卧位，必要时可使用支撑物对肢体进行适当托扶，以维持其生理功能。另外，在处理伤口时，应首先进行简单清创，随后覆盖无菌纱布并进行包扎。在选择包扎材料时，应依据伤口部位选择宽度合适的细带，切忌使用湿绷带或被污染的材料。此外，对于骨隆突及皮肤皱褶处（如腋下、腹股沟）的伤口，应使用纱布或棉垫进行额外保护，以防止摩擦和压迫。

包扎时，应自远心端向近心端包绕，每周应压住前一周的1/3 ～ 1/2，确保包扎的重叠程度。同时，在包扎的开始和结束时，需进行环绕固定两圈，确保包扎稳固。为了观察肢体的血液循环和神经功能，指（趾）端应尽可能保持外露。此外，应保持用力均匀，松紧适度，确保包扎牢固、美观且舒适。在处理出血伤口时，应适当施加压力，以达到压迫止血的效果。反折部分不可压在伤口或骨隆突处，以免加重疼痛或引发压疮。另外，包扎应迅速且稳固，松紧度需适宜，切忌在伤口、骨隆突或易受压部位打结，以保证伤员的安全与舒适。

第四节　检伤分类

检伤分类的概念源于战场急救和应对大规模灾害的需求，旨在迅速评估伤员的病情，以合理分配有限的医疗资源。随着医学知识的发展和急救技术的进步，检伤分类逐渐演变为现代急救和灾难医学的重要组成部分。

检伤分类的早期形式可以追溯到19世纪，特别是在军事冲突中。拿破仑战争期间，医疗服务人员面临着大量伤员的救治压力，急需一种有效的方法来快速识别和处理伤员。此时，医生们开始采用简单的标记系统，根据伤员的生命体征和伤情严重程度来决定救治的优先顺序。

随着第一次世界大战的爆发，伤员数量急剧增加，检伤分类的重要性愈发凸显。医疗团队开始发展更为系统的分类方法，以确保重伤员能够优先获得救治。此阶段的检伤分类主要依赖于外科医生的经验，评估伤员的外部伤情和意识状态。随着医学科学的快速进步，特别是在急救和重症医学领域的进步，检伤分类的理论基础和实践方法不断得到完善。在第二次世界大战期间，战地医疗人员采用了更加精细化的分类方法，以适应复杂多变的战场环境。这个时期，许多国家开始制定自己的检伤分类标准，形成了一系列不同的评估体系。

20 世纪 60 年代，随着紧急医疗服务的发展，检伤分类开始进入城市医疗系统。美国国立卫生研究院等机构开展了大量研究，推动了检伤分类方法的标准化和科学化。在这一过程中，START（简明检伤分类法）等新型评估工具应运而生，强调通过简便的方式对伤员进行快速评估。

一、检伤分类的目的和意义

检伤分类是紧急医学、灾难救援和战地急救不可或缺的组成部分，其主要目的是在突发事件中迅速、有效地评估和处理伤员。随着医学技术和急救理念的不断发展，检伤分类不仅是现场救护的重要环节，更是优化医疗资源配置、提高救治效果的重要手段。

1. 快速评估伤情

检伤分类的首要目的在于对伤员的生命体征和伤情进行快速评估。在面对大量伤员的情况下，医疗人员必须迅速判断哪些伤员的情况最为危急，以便优先处理。通过对伤员的意识、呼吸、循环等生命体征进行系统评估，能够有效识别出重伤员和危重症患者，从而避免因延误救治而导致的不必要死亡。

2. 合理分配医疗资源

在突发公共卫生事件、自然灾害或战场等情境中，医疗资源往往有限，检伤分类有助于合理分配这些宝贵资源。通过优先救治重伤员，可以显著提高生存率和救治效果。这种资源优化配置不仅能够挽救更多生命，还能为整个救援过程带来更高的效率。

3. 提高救援效率

检伤分类通过标准化的评估程序和流程，显著提高了救援的效率。在紧急情况下，医疗人员往往面临时间压力，检伤分类能够提供一套行之有效的评估方法，确保救援行动迅速而有序。这种高效的救援模式不仅能缩短伤员等待救治的时间，还能在一定程度上减轻医护人员的心理压力，提高他们的工作满意度。

4. 保障伤员的权益

通过实施检伤分类，可以确保所有伤员都能得到应有的关注和救治。在灾难发生后，社会往往对伤员的救治情况高度关注，检伤分类保障了救治过程的透明度和公正性。标准化的分类系统使得每位伤员都能被公平对待，不论其社会地位、性别或年龄，保障了受伤者的基本权益。

5. 促进医疗教育与培训

检伤分类的普及和应用，为应急医疗教育与培训提供了重要内容。通过模拟演练和实际操作，应急救援人员可以熟悉检伤分类的方法与流程，从而在实际救援中更加从容应对。

6. 加强公众应急意识

进行检伤分类的宣传和教育，可以提升公众的应急意识。人们在了解检伤分类的基本概念和重要性后，在面对突发事件时，能够更好地配合专业救援人员的工作。这种公众参与不仅能提高伤员的生存率，还能在危急情况下创造更为有利的救援环境。

二、检伤分类的伦理

检伤分类在应急医学救援中扮演着至关重要的角色，其不仅涉及技术和方法，更蕴含深刻的伦理考量。

1. 公平原则

公平原则是指在急救和医疗过程中，应确保所有伤员在接受评估和救治时享有平等的机会。检伤分类通过标准化的评估程序，旨在消除因性别、年龄、社会地位、种族等因素造成的歧视。无论伤员的背景如何，检伤分类应以客观的标准对待每一个个体。这种公平不仅体现在评估过程中，也应在后续的救治和资源分配中得以延续。

在实际操作中，公平原则要求急救人员在面对大量伤员时，遵循统一的检伤分类标准，确保所有伤员都能得到及时的评估和适当的治疗。通过使用颜色编码等方法，急救人员能够迅速识别出伤情的严重程度，从而为最危急的伤员提供优先救治。这样一来，公平原则不仅提升了救治的效率，也确保了每一位伤员都能在危急时刻获得应有的关注和救助。

2. 公正原则

公正原则强调在医疗资源的分配中，必须遵循合理和透明的标准。检伤分类不仅仅是评估伤员的工具，更是资源分配的基础。它要求医疗团队在救治过程中，依据伤情的紧急程度和救治效果的潜力，科学地确定救治优先级。为了实现公正，检伤分类系统必须透明并易于理解。急救人员应能够清晰地解释为什么某些伤员会获得优先救治，而其他伤员则需等待。

3. 功利原则

功利原则是指在急救和医疗决策中，强调救死扶伤的核心理念，同时最大化整体社会福利、集体利益。在检伤分类中，这一原则要求医疗人员在救治伤员时，优先考虑能够产生最大集体利益的选择。

4. 科学决策原则

恪守科学认定准则是确保检伤分类过程有效性的基础。急救人员需依赖经过验证的医学知识和数据，进行准确的伤情评估。运用标准化的评估工具和方法，结合临床经验与现代医学技术，能够使伤员的分类更为精准，确保救治的针对性和有效性。

在检伤分类及救治过程中，急救人员应始终铭记每一位伤员的独特性与尊严，无论其伤情的严重程度如何，都应给予应有的重视和尊重。在实施分类和救治措施时，与伤员及其家属沟通，尊重其意愿。

三、检伤分类的标志

检伤分类的标志主要用于在紧急医疗救援中迅速识别伤员的伤情严重程度，从而优化资源配置和救治优先级。这些标志通常包括颜色标志，以便于救援人员快速识别和决策。按照国际公认的标准，灾害现场的检伤分类分为四个等级，即轻伤、中度伤、重伤与死亡，统一使用不同的颜色加以标识，标志物一般是黑、红、黄、绿色的卡片，分别代表死亡、重伤、中度伤、轻伤的伤员。检伤分类标志如表 8.1 所列（书后见彩色版）。

表 8.1　检伤分类标志

颜色	含义	伤情描述	标志
红色	需立即急救并迅速送往医院救治	伤情包括窒息、昏迷、休克、大出血、严重器官损伤、大面积烧伤、溺水、触电、中毒等	第一优先 TOP PRIORITY
黄色	伤情暂不危及生命，可在现场处理后于专人观察下送往医院	包括头部、胸部、颈部、腹部损伤，两处以上骨折，大面积烧伤等	第二优先 2nd PRIORITY
绿色	伤情较轻，能行走，或仅有一处骨折或软组织挫伤，可经门诊或手术处理后回家休养	包括皮肤割裂伤、擦挫伤等	第三优先 3nd PRIORITY
黑色	死亡	无呼吸，心跳停止，所有反射消失，瞳孔散大固定	死亡 DEAD

在完成初步的检伤分类后，检伤分类人员应及时为已评估的伤病患者配置不同颜色的标志（伤票），以清晰标示其伤情的严重程度。这些标志不仅反映了患者的病情，也指示了其在救护和转运过程中的优先级。这些标志必须置于患者身体的显著部位，例如衣物或手腕，以确保现场应急救援人员能够迅速识别，避免在紧急情况下因人员众多、救护资源不足而遗漏对危重患者的“第一优先”救治。

标志的合理配置有助于优化有限的医疗资源的使用，确保真正需要优先救助的患者能够获得及时的护理。此外，对于神志清醒的患者，应急救援人员应提供必要的注意事项，确保患者在需要时能够有效地向应急救援人员和后续医疗机构传达关键信息。这样不仅提高了救治效率，也增强了患者在救治过程中的参与感。

四、检伤分类的流程

检伤分类的流程如图 8.11 所示（书后另见彩图），具体包括以下步骤。

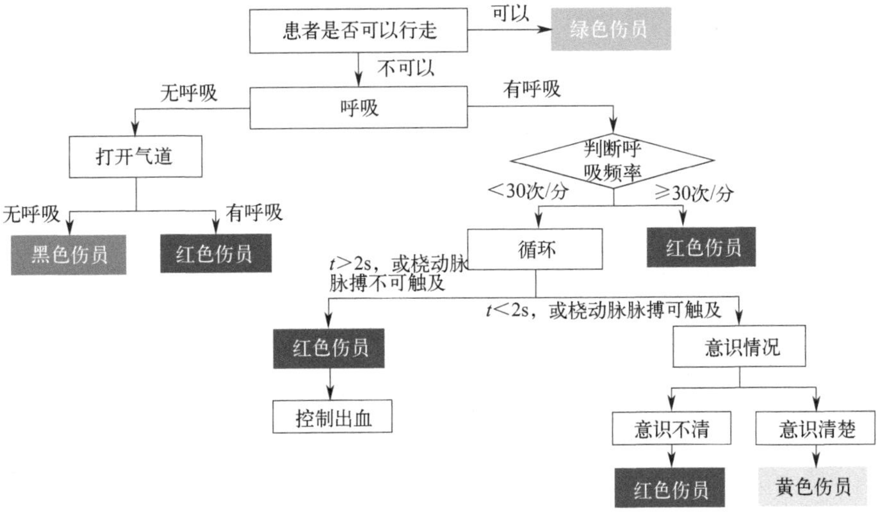

图 8.11　检伤分类的流程

1. 判断伤员是否可以行走

可以行走：立即将其归入绿色伤员组，表示伤情较轻，能够自行移动，不需要立即处理。

不能行走：继续进行下一步的呼吸检查。

2. 呼吸检查

无呼吸：首先打开气道，检查是否恢复呼吸；若仍无呼吸，将伤员归为黑色伤员组，表示已死亡或无救治可能；若恢复呼吸，则归为红色伤员组，需立即进行急救处理。

有呼吸：继续进行呼吸频率的检查；若呼吸频率≥ 30 次 /min，归为红色伤员组，表示伤情危急，呼吸过快需立即处理；若呼吸频率＜ 30 次 /min，则继续评估循环状态。

3. 循环状态评估

检查伤员的毛细血管充盈时间 t（即按压皮肤或指甲后皮肤或甲床恢复正常颜色的时间），充盈时间＞ 2s 或桡动脉脉搏不可触及，则归为红色伤员组，表示血液循环不佳，可能出现休克，需立即处理。充盈时间＜ 2s 或桡动脉脉搏可触及，则继续评估意识状态。

4. 意识状态评估

意识不清：归为红色伤员组，表示伤员的神经系统受到严重损害，需紧急处理。

意识清楚但无法行走：归为黄色伤员组，表示伤情较为严重，但不需要立即救治，可稍后处理。

注意事项：

① 用于每个伤员的检伤分类时间不超过 30s。

② 如果伤员存在严重出血情况，应急救援人员需在所有流程中对出血点进行控制。控制出血是重伤员处理中的关键步骤，尤其是对于那些被归为红色伤员组的患者。

③ 现场不做心肺复苏。

第五节　伤员转运

一、伤员转运的目的和意义

伤员转运是指在急救过程中，将受伤或病重的患者从事故现场或临时救护点安全、迅速地转移到医疗机构或更合适的护理场所。这一过程在救援和医疗领域中至关重要，目的是在确保伤员生命体征稳定的情况下，尽可能减少因转运不当引发的二次损伤。伤员转运不仅是急救链条中的一个关键环节，还涉及医疗救护、救援组织协调、伤员心理疏导等多方面的工作。

伤员的生存机会在很大程度上取决于能否及时获得专业的医疗救治。在突发交通事故、自然灾害等情况下，快速、准确的转运能够为伤员赢得宝贵的抢救时间。合理的转运过程能有效防止伤员的病情恶化。对于脊柱、颅脑、胸腹部等关键部位受伤的患者，转运过程需要特殊的处理，避免进一步损伤。这类伤员一旦在转运过程中发生移动或有不适当的操作，就有可能导致永久性残疾甚至死亡。在多伤员或大规模伤亡事件中，合理的转运安排能够优化救援资源的使用。科学合理的检伤分类和转运安排，可以确保伤情最严重的伤员得到优先处理，缓解现场救护资源紧张的情况。

伤员转运的复杂性在于转运的环境多样化、伤员的伤情各异，以及转运工具和技术的选择多样。在实际操作中，必须遵循科学的救护原则，协调好转运的速度和伤员的安全保障。应急救援人员不仅需要掌握转运的基本知识和技能，还要具备临场判断能力，以应对突发情况和复杂环境。

二、担架转运

担架是转运伤员的常用工具，能够为受伤患者提供支撑和保护，避免在搬运过程中加重伤情。不同类型的担架适用于不同的伤情和救援环境。以下是几类常见的担架及其特点。

1. 铲式担架

铲式担架是一种被专门设计用于转移骨折或脊柱受伤患者的担架，其特点是能够在不需过多移动伤员身体的情况下将伤员安全地固定并抬起。铲式担架由两个可分离的部分组成，使用时可从伤员的左右两侧分别插入，然后将两部分连接固定，以便将伤员平稳抬起。该担架可减少搬运过程中对伤员的搬动，特别适用于怀疑脊柱损伤或多处骨折的患者。铲式担架的设计能够有效减少对受伤部位的压迫和扭曲，降低二次损伤的风险。铲式担架通常配备调节装置，能够根据伤员的身高调整担架长度，确保伤员处于舒适且稳定的状态。该担架使用便捷、轻便易操作，是急救人员处理骨折或脊柱受损伤员的首选工具之一。铲式担架如图 8.12 所示。

2. 折叠担架

折叠担架是一种便携性强的急救工具，其设计便于快速展开和收纳，适合在空间有限的环境中使用，如楼梯、狭窄通道或救援车上。它通常由轻便的金属框架和结实的布质床面组成，既轻巧又坚固，能够承载中、轻度伤员。折叠担架可以折叠成紧凑的尺寸，便于存储和携带，尤其适用于救援团队在紧急情况下快速反应。该担架适合用在地形较为复杂或无法使用常规担架的环境中，是救援现场常见的伤员转运工具之一。折叠担架如图 8.13 所示。

图 8.12　铲式担架

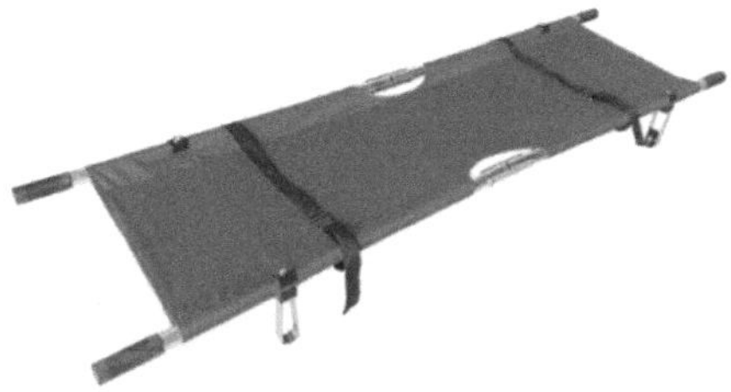

图 8.13　折叠担架

3. 篮式担架

篮式担架是一种专门用于在复杂或危险环境中转运伤员的担架，常用于山地救援、水域救援、空中吊运等场景。其设计类似于篮筐，周围有坚固的框架，能够为伤员提供全方位的保护，防止在搬运过程中滑落或受伤。篮式担架通常由轻质耐用的材料制成，既坚固又便于携带，适合在崎岖地形或狭窄空间中使用。由于其封闭性和稳固性，篮式担架特别适合需要长距离搬运的伤员或需要通过绳索吊运的场景。此外，担架配有多个固定带和安全锁扣，能够确保伤员在运输过程中保持稳定，减少搬运过程中的震动和二次伤害，是野外救援和高空救援的理想工具。篮式担架如图 8.14 所示。

4. 脊柱固定担架

脊柱固定担架是一种专门用于处理脊柱损伤患者的担架，其设计旨在防止伤员脊柱在搬运过程中受到进一步的损伤。它通常配有头部、颈部和身体的固定装置，能够将患者牢牢固定在担架上，确保脊柱保持在中立位置，减少移动带来的风险。脊柱固定担架常用于交通事故、坠落伤或任何可能导致脊柱受伤的情况，尤其适合需要避免扭曲和弯曲的患者。该担架通过减少搬运时患者的运动，保护脊髓，防止二次损伤，是急救和转运中不可或缺的专业设备。脊柱固定担架如图 8.15 所示。

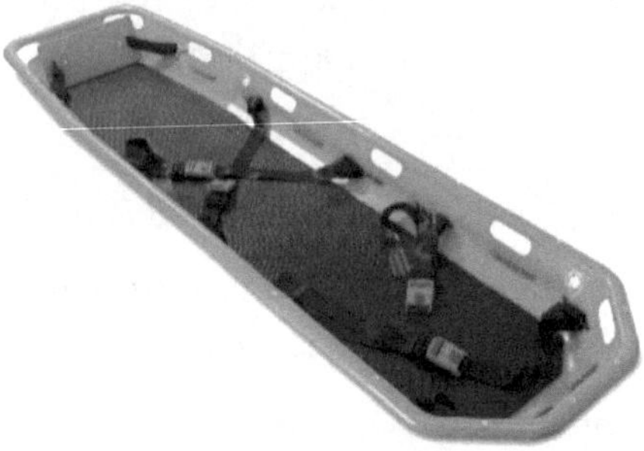

图 8.14 篮式担架

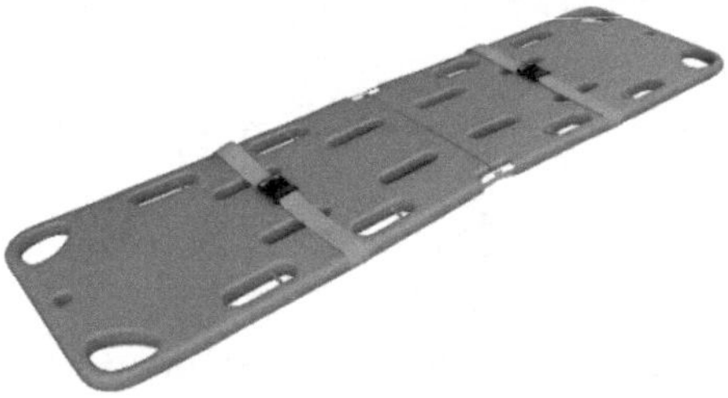

图 8.15 脊柱固定担架

5. 卷式担架

卷式担架是一种便于携带和储存的轻便急救工具，通常由柔韧但坚固的材料制成，能够在不使用时卷起来，节省空间。它构造简单，质量轻，但能够提供足够的支撑力，适用于狭窄空间或地形复杂的救援环境。卷式担架可以快速展开，用于固定和转运伤员，尤其适合轻伤或需要短距离搬运的患者。由于其易于携带的特性，卷式担架在野外救援、城市救援等场景中被广泛使用，是应急救援中的常见装备。卷式担架如图 8.16 所示。

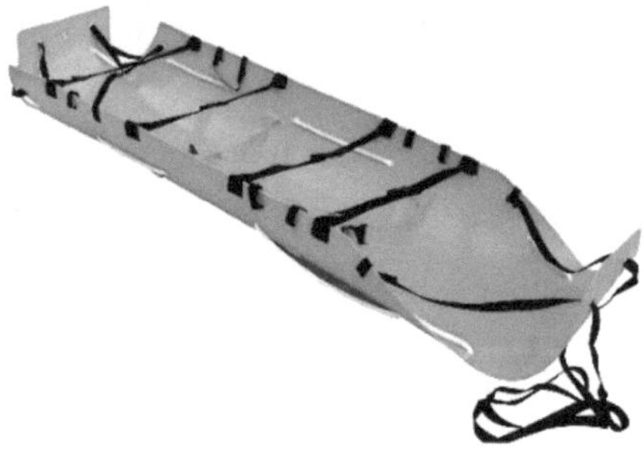

图 8.16 卷式担架

6. 真空担架

真空担架是一种用于固定伤员体位的急救工具，特别适合骨折或复杂创伤患者。真空担架能根据患者的身体轮廓塑造成型，从而达到快速、有效、方便的制动，减少患者身体承受的压力及搬运时间。使用时，通过抽取担架内的空气，使其变硬并定型，从而根据伤员的体形提供个性化的支撑。真空担架能有效减少搬运过程中的震动和疼痛，确保伤员在转运时保持稳定，是处理骨折和脊柱损伤患者的理想选择。真空担架如图 8.17 所示。

7. 气垫担架

气垫担架是一种充气设备，能够形成柔软的支撑，用于减少搬运过程中的震动和冲击。气垫担架适合严重骨折、多发伤或全身损伤的患者，能够有效减轻搬运过程中患者的疼痛和不适。气垫担架如图 8.18 所示。

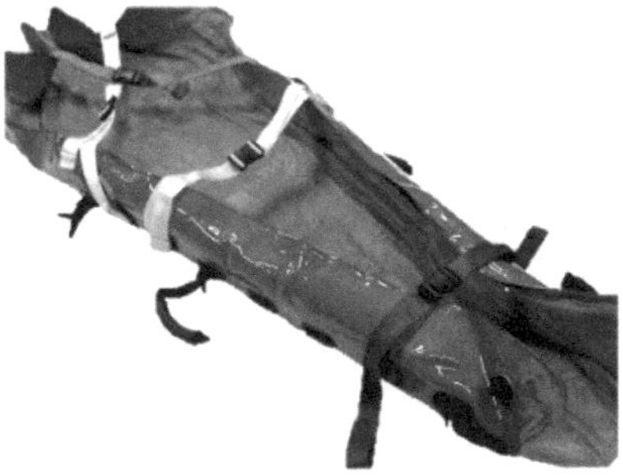

图 8.17　真空担架

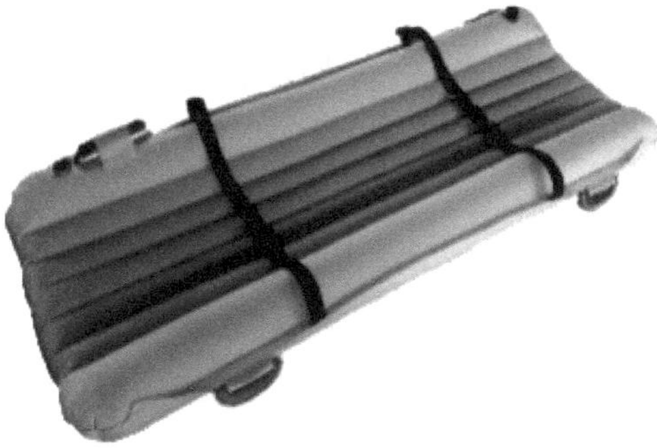

图 8.18　气垫担架

担架搬运要求应急救援人员具备一定的专业技能和团队协作能力，以确保搬运过程中伤员的安全。在搬运前，应急救援人员应检查担架的稳定性，确保所有部件完好。应急救援人员还需根据伤员的具体伤情选择合适的担架类型，并与队友做好协调和分工。搬运伤员时，应急救援人员应保持正确的搬运姿势，避免自身受伤。搬运时应屈膝，背部挺直，用腿部力量抬起伤员，避免使用背部力量，以减少腰背损伤的风险。担架搬运通常需要四人或多人协作完成。团队成员之间应保持良好的沟通，确保每个动作的协调一致。在搬运过程中，尤其是在楼梯或不平整地面上，团队应密切配合，确保伤员始终保持平稳。搬运过程中应避免突然加速或减速，以防止担架晃动和伤员的位置改变。对于脊柱受伤的患者，搬运时应特别小心，确保脊柱始终保持中立位。

三、临时担架或简易担架

在紧急情况下，现场可能无法获得专业的担架。这时，应急救援人员需要就地取材，制作临时或简易担架。这些担架虽不如专业担架稳定，但在资源有限的情况下，能够有效应对紧急需求。

1. 椅子

椅子制作简易担架是利用普通椅子将伤员固定并转运的一种紧急方法，如图 8.19 所示，适用于资源有限或无法使用标准担架的情况。将伤员小心安置在椅子上，并使用绳索、布带或衣物将其固定好，确保伤员在搬运过程中不会滑动或受伤。该方法特别适合在狭窄空间或楼梯等复杂环境中短距离转移伤员，是临时救援中的有效手段。

图 8.19　椅子转运

2. 门板

门板制作简易担架是一种利用现有材料在紧急情况下转运伤员的方法。将坚固的门板作为担架底座，确保其平稳可靠，再将伤员小心安置其上。可用衣物、绳索或布料将伤员固定，以防止滑动或移动。门板因其坚固性和承重能力，特别适用于脊柱或多处受伤的患者，是在资源有限时的理想临时担架。

3. 毛毯或衣物

简易担架通常可以由坚固的木棍、竹竿、长条衣物等材料制作，结合毯子、衣物等作为床面，增加伤员的舒适度和安全性，如图 8.20 所示。将两根木棍平行放置，使用毯子或衣物将两根木棍牢固地绑在一起，形成一个可以承载伤员体重的结构。制作时应确保材料足够坚固，并绑扎牢固，防止搬运过程中担架散开。

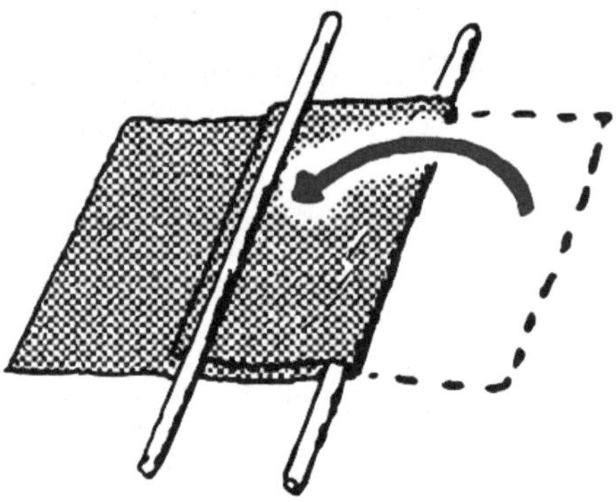

图 8.20　毛毯简易担架

4. 绳索

绳索和竹竿（金属杆）制作简易担架是一种常见的应急救援方法，适用于在物资有限的紧急情况下转运伤员。其制作方法简单快捷，通常使用两根坚固的竹竿或金属杆作为担架的骨架，将绳索以交叉方式缠绕在两根杆之间，形成一个支撑面，如图 8.21 所示。为增加舒适度和稳定性，可在绳索上铺设衣物或毯子。该简易担架轻便灵活，能够快速组装并用于短距离搬运伤员，尤其适合野外、山区等救援条件有限的场景，提供必要的伤员支撑和保护。

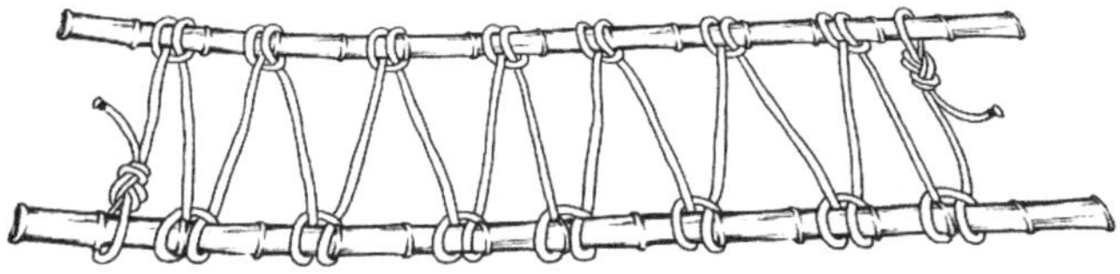

图 8.21 绳索竹竿简易担架

四、徒手转运

在救援现场，尤其是紧急情况下或资源有限的环境中，可能无法及时获取担架或其他专业设备，这时徒手转运伤员成为救援的重要方式。徒手转运伤员要求应急救援人员具备一定的体力、技能和团队协作能力，以确保在搬运过程中不对伤员造成二次损伤。徒手转运不仅需要掌握不同搬运方式的要领，还必须根据伤员的伤情做出适当判断，选择最安全有效的方式进行转运。

徒手转运适用于以下几种情况：紧急情况下没有担架；空间狭窄，担架难以使用；对于意识清醒、伤情较轻的患者，徒手搬运能够更迅速地将其转移至安全地带，特别是当患者具备一定的自我行动能力时；徒手搬运一般适用于短距离的移动。需要注意的是，徒手转运仅适用于伤情较为轻微或者无其他工具的紧急情况。如果伤员存在脊柱损伤、严重骨折或内部损伤等情况，徒手转运可能会加重伤情，应尽量避免。

无论是应急救援人员还是伤员，确保安全是徒手转运的首要原则。应急救援人员必须时刻留意自己和伤员的安全状况，避免因动作不当或环境不利导致的二次伤害。在开始转运之前，应急救援人员需要对伤员的伤情进行评估。如果怀疑伤员有脊柱损伤、颈部损伤或胸腹部严重损伤，应尽量避免徒手搬运，以防止因搬运不当造成进一步损伤。根据伤员的伤情、体重、意识状态以及应急救援人员的体能状况，合理选择合适的搬运方式。搬运方式的选择应以减少伤员的不适感和避免进一步损伤为前提。在搬运过程中，应急救援人员应尽量保持伤员身体的平稳，特别是头部和脊柱，防止震动和扭曲。搬运时要确保伤员的身体得到充分支撑，避免搬运过程中伤员的任何部分下垂或脱离应急救援人员的控制。

1. 徒手转运的具体方法

（1）背负式搬运

背负式搬运适用于伤员无脊柱、颈部和胸腹部严重损伤的情况。此法常用于在短距离内搬运较轻的伤员，尤其适合在逃离危险环境时使用。应急救援人员站在伤员后方，弯腰让伤员双臂环抱住应急救援人员的肩部。应急救援人员用双手抓住伤员的大腿根部，将其背起，保持背部挺直并用腿部的力量抬起伤员。

（2）抱持式搬运

抱持式搬运适用于体重较轻或伤情较轻的伤员，尤其是小孩或轻伤员。此方法适合短距离搬运，能够迅速将伤员带离事故现场。应急救援人员弯腰将双臂伸到伤员的膝盖下方和背部，将其抱起。应急救援人员应保持双腿弯曲、背部挺直，用腿部力量将伤员抬起。需要注意的是，抱持式搬运对应急救援人员体力要求较高，不适合长时间搬运。

（3）肩膀拖拉法

肩膀拖拉法适用于意识不清的伤员，且伤员无法配合时。此方法适用于短距离内的快速撤离，特别是在环境危险或救护资源紧缺的情况下。应急救援人员站在伤员身后，将伤员的上半身托起，使伤员的头部靠在应急救援人员的肩膀上。应急救援人员抓住伤员的手腕或上臂，用背部和肩膀的力量将伤员拖离现场。

（4）双人椅子搬运法

双人椅子搬运法适用于两名应急救援人员协作搬运伤情较轻的伤员，尤其是在狭窄的空间中操作时。此方法能够更好地稳定伤员，同时减少单人搬运的体力消耗。两名应急救援人员站在伤员两侧，将伤员的手臂环绕在应急救援人员的肩膀上，形成一个类似“椅子”形状的支撑。应急救援人员在相互配合下，慢慢将伤员抬起，并保持稳定步伐，避免急速移动。

（5）双人四手交叉搬运法

双人四手交叉搬运法仅适用于意识清醒、能够自主配合的伤员。操作时，两名救援人员应站在伤员背后，面对面并呈蹲姿。救援人员各自用右手紧握自己的左手腕，随后用左手握住对方的右手腕，这样形成一个稳固的座椅形状。伤员则将双手分别放在两名救援人员的颈后，坐在由手臂构成的座椅上。通过这种方式，伤员能够得到较为稳定的支撑，适合短距离转运，特别是在楼梯或狭窄空间内等救援环境中使用。

（6）单人背拖法

此法适用于应急救援人员需要单独移动伤员的情况，特别是在狭窄的空间中，适用于伤员无意识且体重较轻的情况。应急救援人员站在伤员头部，拉住伤员的双臂或肩膀，用后背力量拖动伤员。应急救援人员应保持背部挺直，用双腿力量将伤员缓慢拖拉至安全位置。

（7）多人搬运法

多人搬运法适用于脊椎受伤患者的安全转移，通常需要 4 ～ 6 名救援人员协同配合。2 名救援人员负责头部的牵引和固定，确保头部与躯干始终保持在同一条直线上，避免颈部移动。2 名救援人员负责托住伤者的上半身和臀部，另外 2 名负责托住下肢。搬运时，所有人员必须同步、平稳地将伤者保持平直的姿势抬起，并轻轻放置在担架上。为了进一步固定伤者，应在其颈部和腋窝处放置小枕头，头部两侧使用软垫或沙袋进行支撑和固定，确保搬运过程中伤者头颈部位的稳定性，防止二次损伤。

（8）单人搬运法

单人搬运法适用于伤情较轻、能够部分配合的伤员。应急救援人员可根据具体情况选择背负、抱持或扶持的方式进行转运。

2. 徒手转运的注意事项

如果怀疑伤员有脊柱损伤，切勿随意移动伤员。徒手搬运可能加重伤情，导致脊髓损伤甚至瘫痪，因此，在未能确定伤情时，应避免大幅度的移动，等待专业的固定工具或担架到场。

应急救援人员在徒手搬运时，必须保持正确的姿势。弯曲双膝、背部挺直、用腿部力量搬运是防止自身受伤的关键。应急救援人员应避免使用背部力量进行抬举，减少腰背部受伤的风险。

搬运过程中，速度应保持适中，避免突然加速或减速。伤员的身体应尽量保持平稳，避免在转弯、上下楼梯或经过不平整地面时发生晃动。

徒手搬运过程中应特别注意伤员的头部、脊柱和四肢，避免因搬运姿势不当造成的额外伤害。伤员的头部应始终处于中立位，防止摇晃或向后仰起。

参考文献

［1］杨月巧 . 应急管理概论［M］. 北京：清华大学出版社，2016.

［2］闪淳昌，薛澜 . 应急管理概论［M］. 北京：高等教育出版社，2020.

［3］曹杰，朱莉 . 现代应急管理［M］.2 版 . 北京：科学出版社，2024.

［4］王耀，张晓昊，张玉娟 . 首部省级突发事件应急指挥与处置工作规范——《北京市突发事件应急指挥与处置管理办法》解读［J］. 城市与减灾，2020（01）:22-26.

［5］闪淳昌，薛澜 . 应急管理概论：理论与实践［M］. 北京：高等教育出版社，2012.

［6］许超，施炜，王义保 . 应急管理十二讲［M］. 徐州：中国矿业大学出版社，2021.

［7］徐淑华，陈建新 . 应急管理体制机制比较研究［M］. 北京：应急管理出版社，2023.

［8］唐彦东，于汐，郎爱云 . 应急管理学原理［M］. 北京：应急管理出版社，2021.

［9］叶春明 . 长三角雾霾突发事件风险评估、应急决策及联动防治机制研究［M］. 北京：科学出版社，2019.

［10］万明国，王成昌 . 突发公共卫生事件应急管理［M］. 北京：中国经济出版社，2009.

［11］谭兆营 . 基于指标体系的传染病突发事件公共卫生风险评估模式探讨［J］. 江苏卫生保健，2012，14(06):24-26.

［12］胡二邦 . 环境风险评价实用技术、方法和案例［M］. 北京：中国环境科学出版社，2009.

［13］张曾莲 . 风险评估方法［M］. 北京：机械工业出版社，2017.

［14］邵辉 . 系统安全工程［M］.2 版 . 北京：石油工业出版社，2016.

［15］罗云 . 风险分析与安全评价［M］. 北京：化学工业出版社，2010.

［16］黄国忠，高学鸿 . 安全评价原理及应用［M］. 北京：机械工业出版社，2023.

［17］齐佳音，张一文 . 突发性公共危机事件与网络舆情作用机制研究［M］. 北京：科学出版社，2016.

［18］陈长坤，孙凤琳 . 基于熵权 – 灰色关联度分析的暴雨洪涝灾情评估方法［J］. 清华大学学报（自然科学版），2022，62（06）:1067-1073.

［19］佟瑞鹏 . 风险管理理论与实践［M］. 北京：中国劳动社会保障出版社，2015.

［20］许振宇 . 突发事件风险评估方法与实践［M］. 西安：西北大学出版社，2020.

［21］王永明 . 重大突发事件情景构建理论与实践［M］. 北京：国家行政学院出版社，2019.

［22］张辉，刘奕，刘艺 . 突发事件应急决策支持的理论与方法［M］. 北京：科学出版社，2017.

［23］黄宏纯 . 突发事件全面应急管理［M］. 北京：北京理工大学出版社，2018.

［24］李忠，李海君，赵楠，等 . 智能应急技术［M］. 北京：清华大学出版社，2020.

［25］李文峰，韩晓冰，汪仁，等 . 现代应急通信技术［M］. 西安：西安电子科技大学出版社，2007.

［26］李泽荃，杨曌 . 应急管理信息技术与系统［M］. 北京：应急管理出版社，2020.

［27］王建新 . 应急通信技术［M］. 西安：西安电子科学技术大学出版社，2024.

［28］孙玉 . 应急通信技术总体框架讨论［M］. 北京：人民邮电出版社，2017.

[29] 张超，马尚权 . 应急救援理论与技术［M］. 徐州：中国矿业大学出版社，2016.

[30] 赵文华，祁越 . 应急救援学［M］. 北京：国防大学出版社，2015.

[31] 李雨成 . 应急救援装备［M］. 北京：应急管理出版社，2021.

[32] 方文林 . 应急物资装备与应急人员培训［M］. 北京：中国石化出版社，2017.

[33] 李文峰，李博，李强，等 . 专业性应急救援［M］. 西安：西安电子科技大学出版社，2023.

[34] 徐阳，何淼，甘黎嘉 . 应急预案编制与演练［M］. 重庆：重庆大学出版社，2021.

[35] 广东省安全生产科学技术研究院，章云龙 . 应急预案编制与实战演练［M］. 广州：暨南大学出版社，2021.

[36] 申霞 . 应急预案编制与演练［M］. 北京：应急管理出版社，2023.

[37] 曹飞凤，张丛林 . 应急预案与演练［M］. 北京：应急管理出版社，2023.

[38] 王春雪，吕淑然 . 人员应急疏散仿真工程软件［M］. 北京：化学工业出版社，2016.

[39] 江锦成 . 面向重大突发灾害事故的应急疏散研究综述［J］. 武汉大学学报（信息科学版），2021，46（10）:1498-1518.

[40] 张培红 . 人员应急疏散行为及智能诱导［M］. 北京：科学出版社，2023.

[41] 杨立中 . 建筑内人员运动规律与疏散动力学［M］. 北京：科学出版社，2012.

[42] 褚冠全，汪金辉 . 建筑火灾人员疏散风险评估［M］. 北京：科学出版社，2017.

[43] 徐志胜，谢宝超，张焱，等 . 公路隧道通风排烟及人员疏散［M］. 北京：机械工业出版社，2021.

[44] 许岩，永贵 . 建筑物内行人疏散模型和行为特征［M］. 北京：中国经济出版社，2017.

[45] 高国平 . 建筑内人员疏散的行为特征与疏散环境研究［M］. 武汉：武汉理工大学出版社，2021.

[46] 李丽华，马亚萍 . 高层建筑应急疏散行为与风险防控［M］. 北京：知识产权出版社，2023.

[47] 赵永翔，卢团团 . 突发事件下行人疏散行为机制及仿真研究［M］. 北京：科学出版社，2020.

[48] 朱诺 . 行人交通安全　基于视频监测和元胞自动机的人群疏散机理研究［M］. 哈尔滨：东北林业大学出版社，2017.

[49] 李胜利，李孝斌 . FDS 火灾数值模拟［M］. 北京：化学工业出版社，2019.

[50] 汤煜，马福生，周静海 . 城市既有建筑防灾安全岛设计［M］. 北京：中国建筑工业出版社，2023.

[51] 应急管理部紧急救援促进中心 . 应急救援员［M］. 北京：应急管理出版社，2020.

[52] 钟森，夏前命 . 突发公共事件应急医学［M］. 成都：四川科学技术出版社，2012.

[53] 肖振忠 . 突发灾害应急医学救援［M］. 上海：上海科学技术出版社，2007.

[54] 梁万年，王声湧，田车章 . 应急医学［M］. 北京：人民卫生出版社，2012.

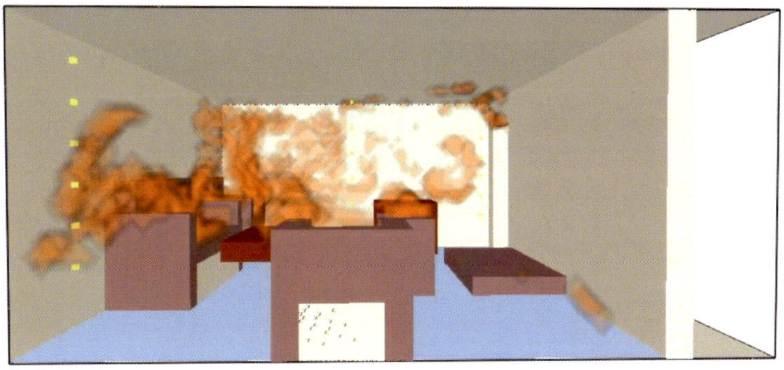

图 3.6　房间着火仿真情景

图 3.7　洪水水位变化

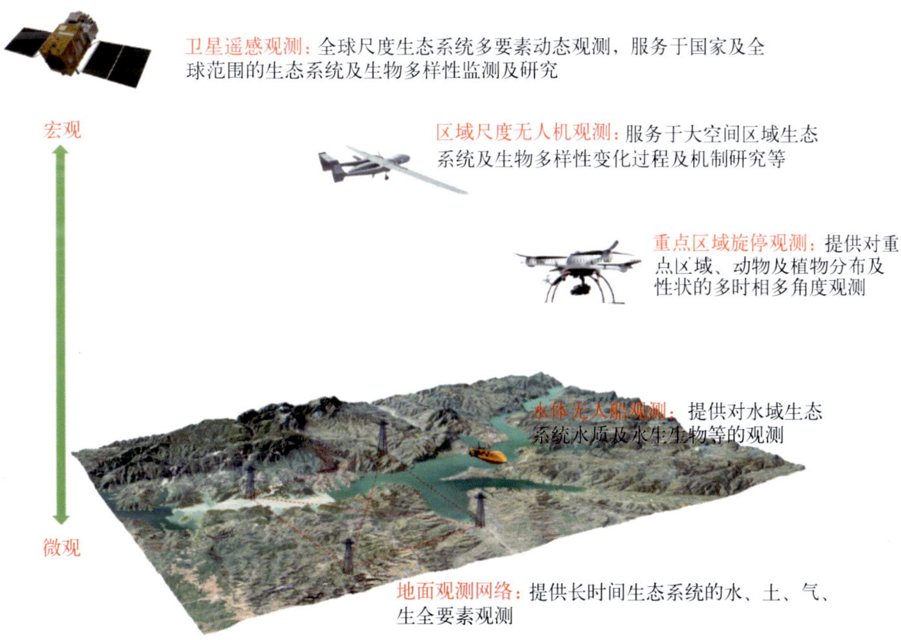

图 4.8　“天 - 地 - 生”一体化信息采集系统

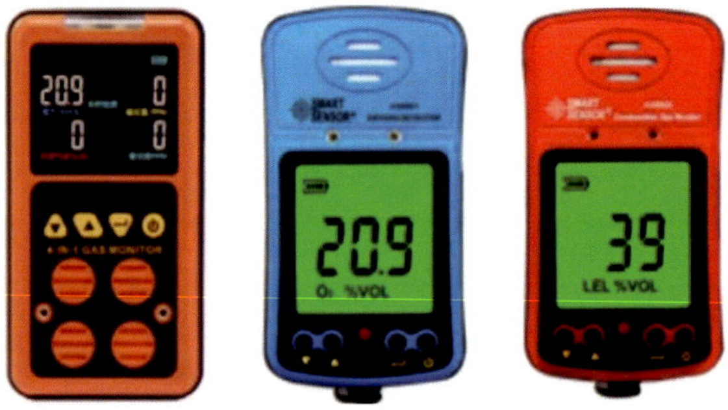

(a) 四合一检测仪　　(b) 氧气检测仪　　(c) 可燃气体检测仪

图 5.1　常见气体检测仪

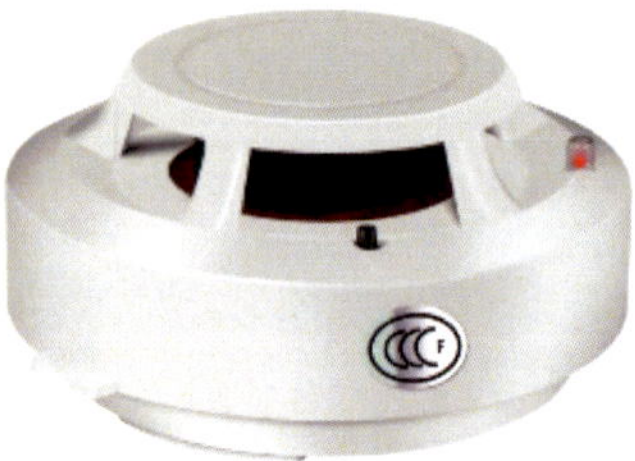

图 5.2　常见的红外烟雾探测器

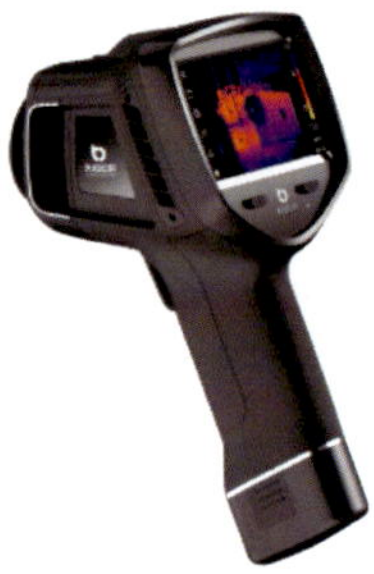

图 5.3　手持式红外热成像仪

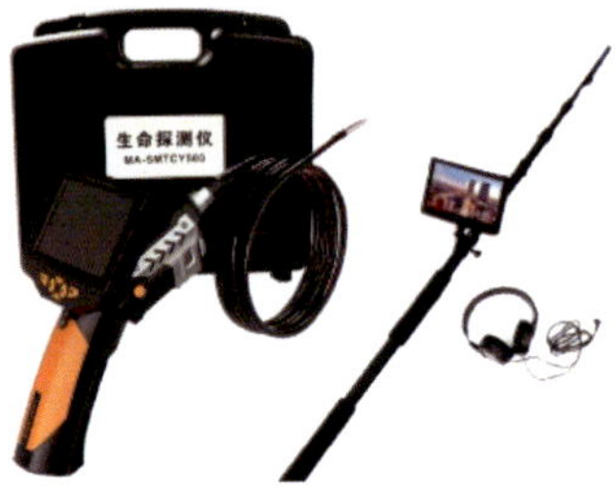

图 5.4　视频生命探测仪

图 5.5　智能侦检机器人

图 5.6　大疆无人机

图 5.7　手摇式报警器

图 5.8　信号枪

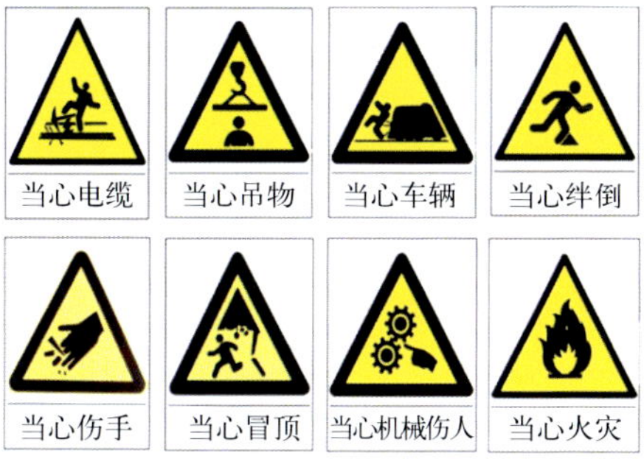

图 5.9　安全标志

图 5.10　安全帽

图 5.11　常见护目镜

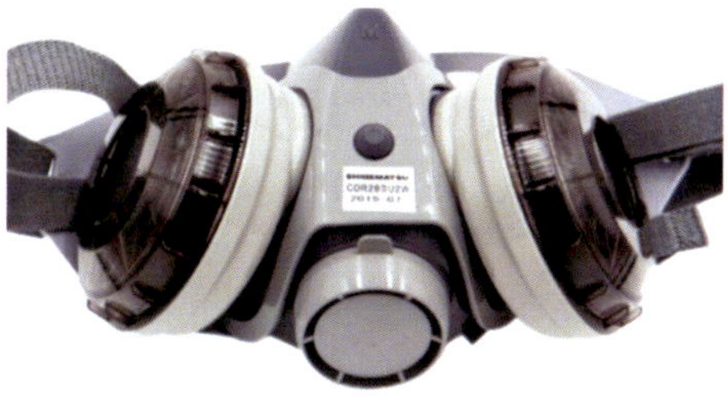

图 5.12　过滤式防毒面具

图 5.13　耳塞

图 5.14　耳罩

图 5.15　防噪声头盔

(a) 防火服　(b) 防化服　(c) 一次性防护服

图 5.16　常见的躯干防护装备

(a) 防爆对讲机　　(b) 数码摄像机

图 5.17　通信信息装备

图 5.18　灭火炮

图 5.19　消防泵

图 5.20　机动链锯

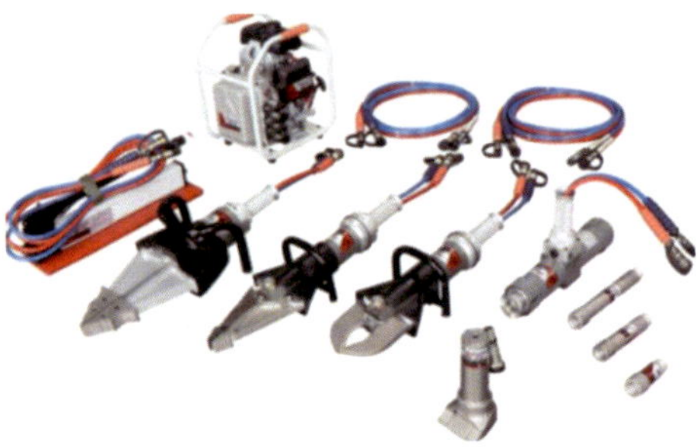

图 5.21　液压破拆工具组

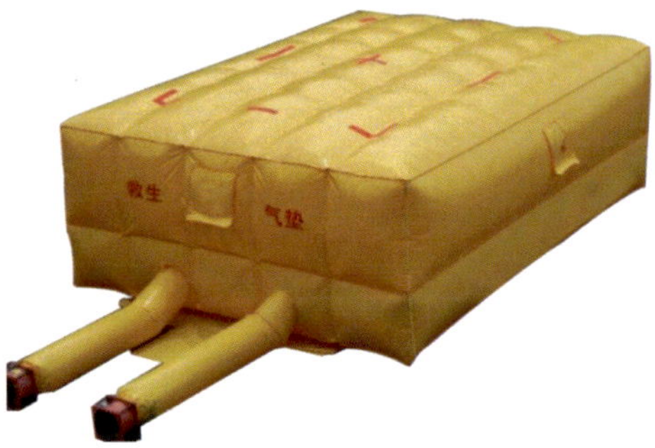

图 5.22　充气型逃生气垫

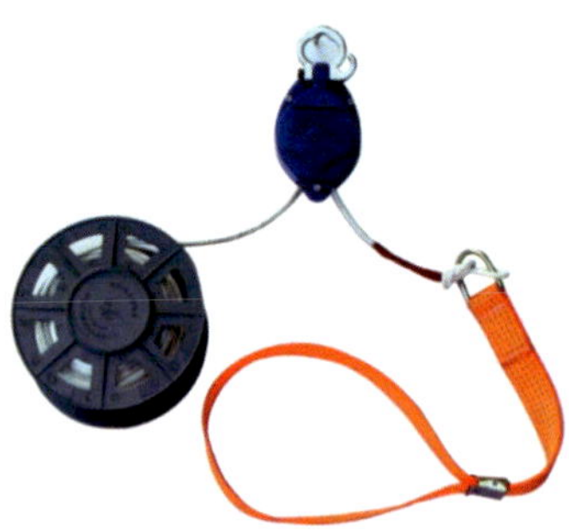

图 5.23　救生缓降器

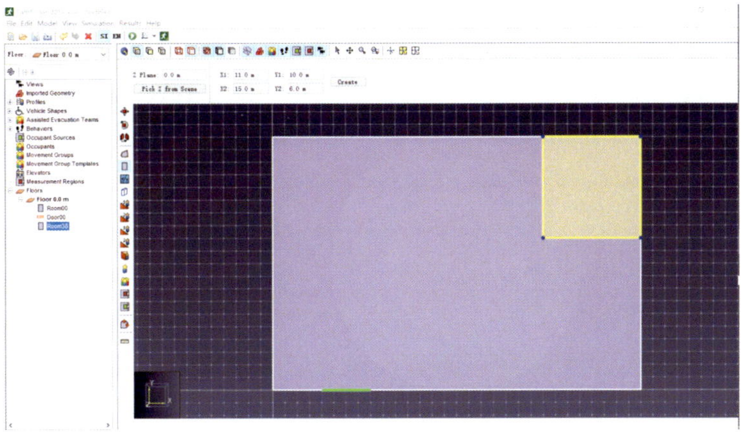

图 7.6　套间模型示意

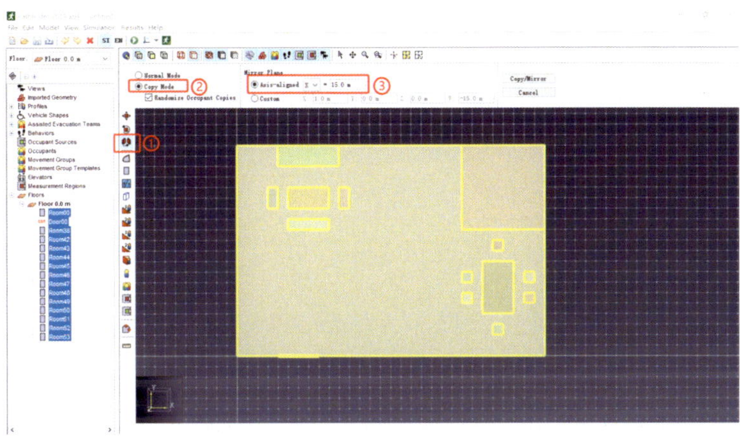

图 7.7　设置属性

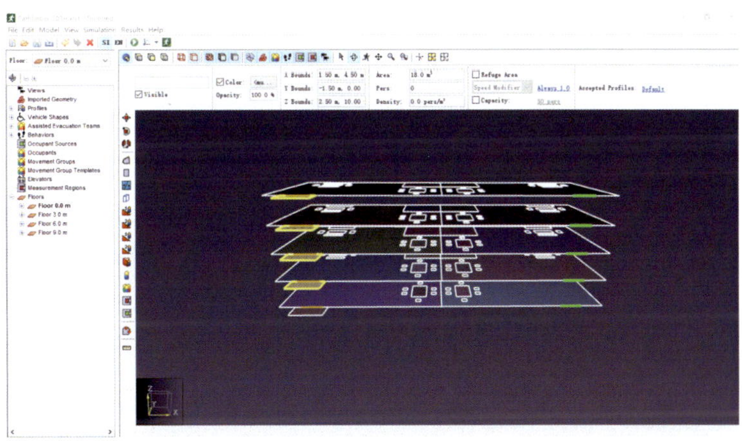

图 7.8　连接平面示意

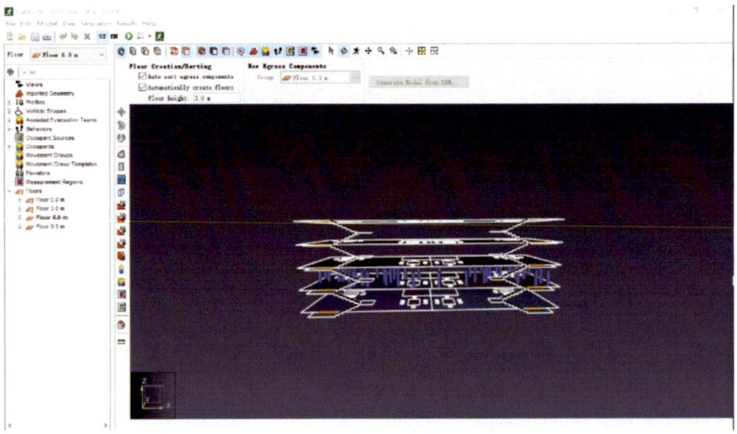

图 7.9　人员示意

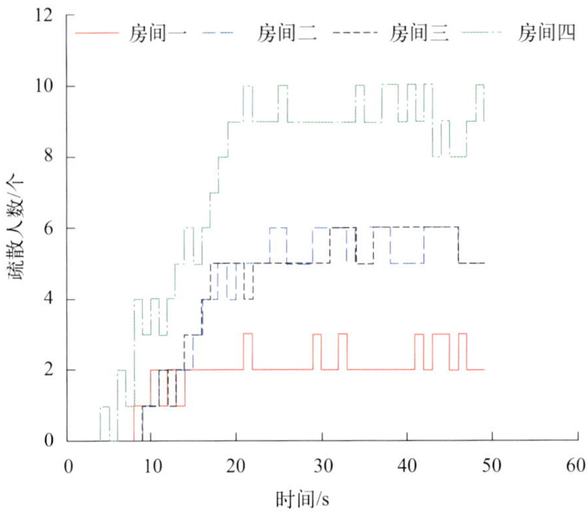

图 7.13　疏散人员数量随时间的变化

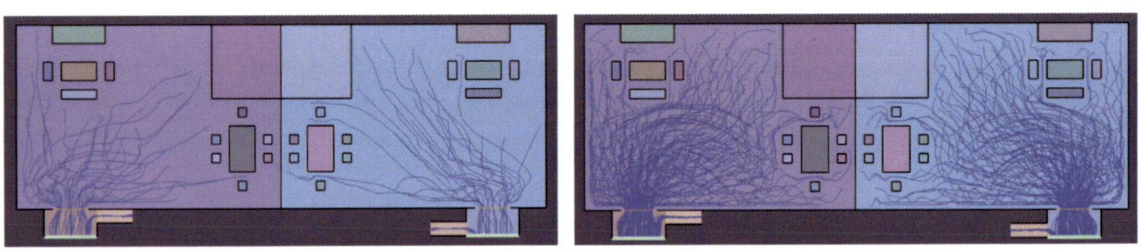

(a) 低密度条件下人员轨迹　　(b) 高密度条件下人员轨迹

图 7.15　疏散人员运动轨迹

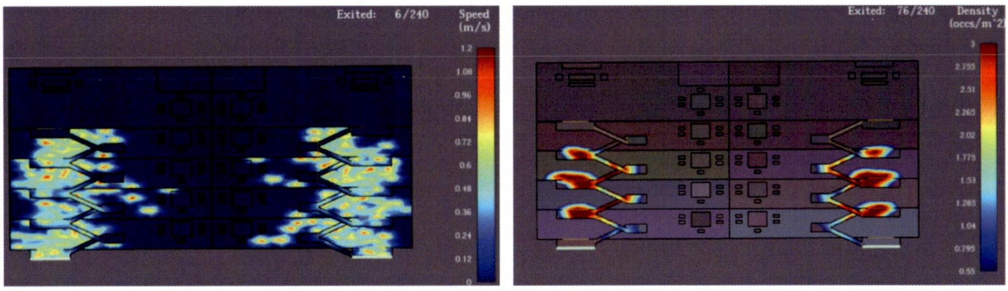

(a) 人员速度热力图　　　　(b) 人员密度热力图

图 7.16　人员速度与密度分布

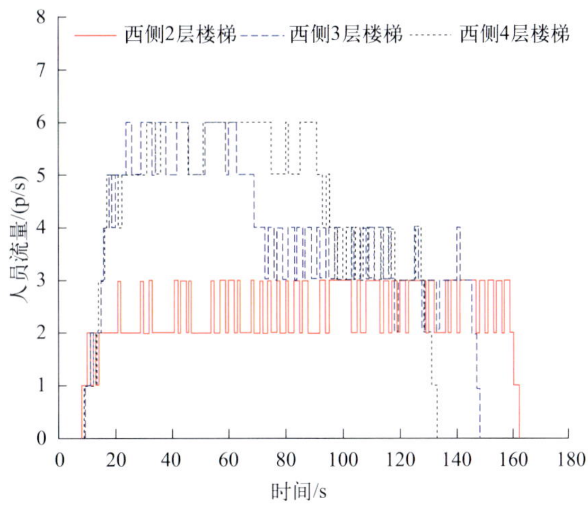

图 7.17　西侧楼梯口人流量变化情况

图 8.1　AHA 成人心肺复苏生存链（2020）

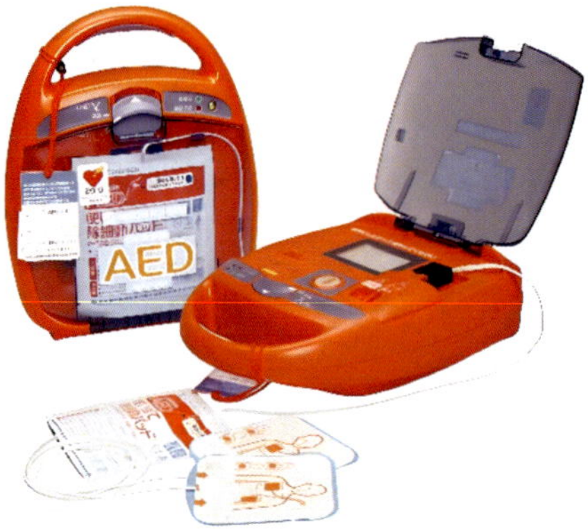

图 8.6　AED 设备

表 8.1　检伤分类标志

颜色	含义	伤情描述	标志
红色	需立即急救并迅速送往医院救治	伤情包括窒息、昏迷、休克、大出血、严重器官损伤、大面积烧伤、溺水、触电、中毒等	第一优先 TOP PRIORITY
黄色	伤情暂不危及生命，可在现场处理后于专人观察下送往医院	包括头部、胸部、颈部、腹部损伤，两处以上骨折，大面积烧伤等	第二优先 2nd PRIORITY
绿色	伤情较轻，能行走，或仅有一处骨折或软组织挫伤，可经门诊或手术处理后回家休养	包括皮肤割裂伤、擦挫伤等	第三优先 3nd PRIORITY
黑色	死亡	无呼吸，心跳停止，所有反射消失，瞳孔散大固定	死亡 DEAD

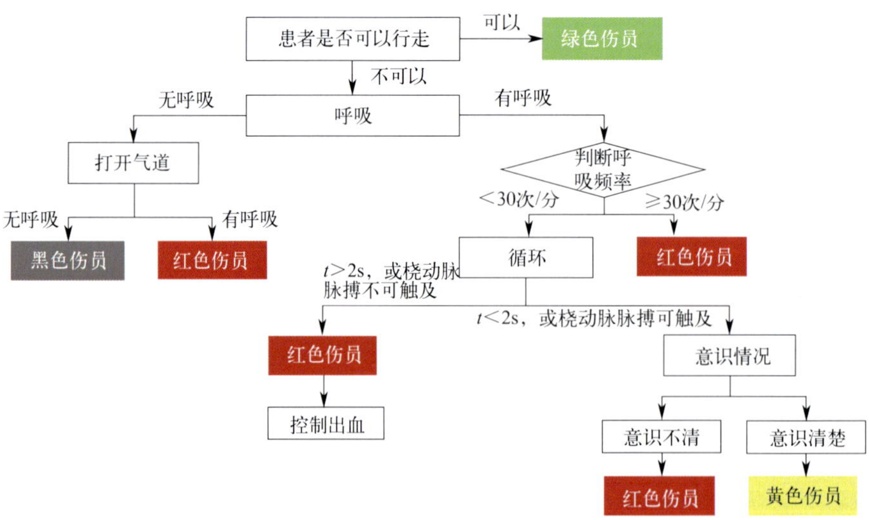

图 8.11　检伤分类的流程